U0151115

建筑是用石头写成的史书

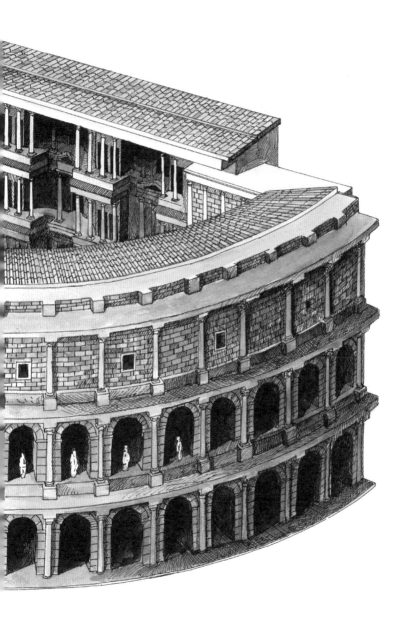

图解词典系列丛书

ILLUSTRATED DICTIONARY SERIES

西方建筑
图解词典

AN ILLUSTRATED
DICTIONARY OF WESTERN
ARCHITECTURE

王其钧 —— 编著

WANG QIJUN
Text Author and Illustrator

机械工业出版社
CHINA MACHINE PRESS

本书以高度专业性和独特视觉美学呈现西方建筑，是查询西方建筑相关词汇的知识图典，以历史断代为框架，内容涵盖从古埃及到近现代建筑的主要流派和建筑风格。全书汇集1000多个词条，常用的西方建筑词汇在书中都进行了解释，每个词条均附有精心绘制的插图。本书是建筑学、城市规划、室内设计专业人员必备的知识辞书，是实用的西方建筑史图典，对设计和历史理论研究具有参考价值。本书有助于直观认识西方建筑，也是大众读者解读西方建筑艺术的优秀读物。

图书在版编目（CIP）数据

西方建筑图解词典 / 王其钧编著. —2版. —北京：机械工业出版社，2019.8（2024.6重印）
（图解词典系列丛书）
ISBN 978-7-111-63411-9

Ⅰ. ①西… Ⅱ. ①王… Ⅲ. ①建筑史–西方国家–图解
Ⅳ. ①TU–091

中国版本图书馆CIP数据核字（2019）第172047号

机械工业出版社（北京市百万庄大街22号　邮政编码100037）
策划编辑：赵　荣　责任编辑：赵　荣　张维欣
责任校对：炊小云　封面设计：鞠　杨
责任印制：孙　炜
北京利丰雅高长城印刷有限公司印刷

2024年6月第2版第7次印刷
125mm×210mm・14.75印张・3插页・602千字
标准书号：ISBN 978-7-111-63411-9
定价：119.00元

电话服务　　　　　　　　　网络服务
客服电话：010-88361066　机　工　官　网：www.cmpbook.com
　　　　　010-88379833　机　工　官　博：weibo.com/cmp1952
　　　　　010-68326294　金　书　网：www.golden-book.com
封底无防伪标均为盗版　机工教育服务网：www.cmpedu.com

前　言

本书是汇集建筑学的各种知识，按照词典的形式分列词条，并辅以插图、加上言简意赅的说明文字而形成的工具书，具有查询和作为普及知识读本的双重作用。在西方国家，这种类型的建筑知识图典早已有出版，无论对于建筑师、学者查询考证，还是对于学生扩大知识面都大有益处。

1559 年，德国的鲍·斯卡利奇（Paul Scalich）编纂了一本百科全书，他把这本书起名为"Encyclopaedia"。书名源自于希腊文 Enkyklios 和 Paideia 两个单词。前一个单词的意思为"普通的"或"各方面的"，而后一个单词的意思为"教育"或"知识"。斯卡利奇想通过自己创造的这个新单词，让人感觉到他的这本书的内容有"普通教育"和"全面教育"的意思。关于 Encyclopaedia 这个单词，中国早期学者将其翻译为"百科全书"。斯卡利奇担心读者不懂他新创造的百科全书的意思，在"百科全书"书名后又注明"或神与世俗科学知识"之语加以补充。在世界知识与文明不断进步的今天，百科全书的内容不断被添加和更新，但形式几乎以它固定的模式呈现，这应该源于它的实用性。

我编著的这本书的形式，也是利用上述之实用性，在英语国家称为建筑图解词典（Architectural Visual Dictionary）。本书扼要地概述了西方建筑的知识和历史，还添加了反映当代建筑的最新成就。在本书的知识分类、编辑方式、图片配备、检索查询等方面都注重完备的系统化。

这是国内第一部自己编辑的西方建筑图解词典，编辑工作的困难是可想而知的。在资料收集方面非常不易，因此不可避免地有许多缺憾，我希望同行批评指正，并在今后再版时将问题与建议进行认真吸收和改正，使这本图解词典更加完美并具有权威性。

本书的内容按照历史进程的顺序分类，形成大的体系，再按建筑类型、特点或构件细分层次，以条目的形式编写。各历史时期所收录的条目比较详尽地阐述和介绍了它们所属的风格流派及基本知识，适合高中以上，相当于大专文化程度的广大读者使用。本书作为建筑学的参考工具书，也是读者进入建筑学领域并向其深度和广度前进的桥梁与阶梯。

王其钧

目 录 contents

第二章 古希腊建筑

第三章 古罗马建筑

目录

目录

第七章 文艺复兴建筑

文艺复兴风格的出现.................. 275

文艺复兴风格对建筑的影响........ 280

意大利文艺复兴初期建筑及 建筑师................................ 284

意大利文艺复兴中期建筑及 建筑师................................ 287

第十章　近现代建筑

现代主义建筑.................... 385

第一章 古埃及建筑

古埃及建筑历史背景

从上古王国时期开始，到新王国时期埃及的统一，再到最后古埃及被希腊的亚历山大王所占领而结束，古埃及的发展延续了三千多年的时间。埃及位于中东内陆地区，境内还被大面积的撒哈拉大沙漠覆盖，所以绝大多数人口都分布在尼罗河沿岸。奔腾不息的尼罗河水犹如生命带一般，不仅使埃及成为古代世界最为富饶和丰硕的国家，也孕育了古埃及高度发达的文明。整个古埃及的发展历史可以大致分为三个阶段：上古王国时期、中古王国时期和新王国时期，其中上古王国时期与新王国时期的建筑成就最高。

埃及的领土由尼罗河谷地区的上埃及，与河口三角洲地区的下埃及两大部分组成。从公元前3100年第一代法老美尼斯统一了上下埃及之后，古埃及进入第一个高速发展的繁荣阶段。法老是统治古埃及的王，是神与人的化身，所以其统治还兼有神崇拜的成分。古埃及的人们相信，人的灵魂是可以永远生存于世的，过了一定轮回的时间还可以回附到肉身上复活，而作为神派遣到人间的统治者——法老则更是如此。即使法老死后，其灵魂仍旧在巡视和护卫着自己的国家和人民，所以更要好好地保护好他的尸体。

布享城堡西门

布享城堡西门

随着强盛的古埃及不断向外扩充，在各个战略要地也开始修建城堡建筑。城堡内由密集的住宅区和大型的行政管理区及储藏区三大部分组成，新王国还增添了神庙等建筑。城堡外部通常设有壕沟，带雉堞的围墙上不仅设有女儿墙和供射击的垛口，还有通道相互连接。

1

埃及绘画比例

埃及绘画比例

在陵墓和神庙建筑中出现的壁画都有着相对固定的比例，这些壁画的创作也遵循一定的顺序，不同工种的匠人以流水线式的工作方式配合。古埃及壁画中的人物都采用"正面律"的画法，不管人物头部面向哪一边，其身体总是正对着我们的。人物的大小不一，但全身被分为 18 个等份，各部分的比例是固定的。

金字塔的初期形式

古王国时期是金字塔建筑发展的时期。古王国时期最初的陵墓是比照现实住宅的形式建造的，由墓室与祭祀厅组成。而地下墓室的地上部分是梯形土坡，多为单层，称之为马斯塔巴（mastaba），后来马斯塔巴的层数不断增多，其规模、形状、外观不断变化。为增加马斯塔巴的坚固性，以保护其中经过处理的尸体——木乃伊，还在马斯塔巴上覆以石材。最后，马斯塔巴终于形成了底部为正方形的成熟的金字塔形式，其建造材料也由土质全部改为石材了。

金字塔的发展

第一座通体由石头建造的金字塔，是大约建于公元前 3000 年的昭塞尔金字塔（Step Pyramid of Zoser, Sakkara），它的外观还是最初的阶梯形式，但制造金字塔所用的石材已经明显是经过加工的了，金字塔各部分间的比例也相当协调。除了金字塔本身外，早期的金字塔多是以建筑群的形式出现，在这点上昭塞尔金字塔也比较有代表性。金字塔作为整个陵墓区的主体，在其周围还分布着供祭祀用的神庙、柱廊以及其他贵族或官员的坟墓，不仅如此，还埋藏着太阳船。古埃及人相信，法老死后其灵魂将乘坐太阳船驶入天堂，因此通常都制造大的木船埋葬在金字塔周边以供其使用，在金字塔内以此为题材的壁画证实了这点。

马斯塔巴

马斯塔巴

马斯塔巴（mastaba）是埃及墓穴建筑中最古老的一种形式，多由石头或砖砌而成，墓室就建在马斯塔巴的地下。这种早期的陵墓平面多呈长方形，四边的墙面呈坡状。

位于阿拜多斯的国王墓

阿拜多斯国王墓

阿拜多斯（Abydos）是古埃及早王朝时期重要的墓地，马斯塔巴墓底部的墓室逐渐由木构向泥砖和石结构转变，内部规则排布各个墓室。在国王大墓的周围，还按顺序排布其他皇室成员或重要大臣的小型马斯塔巴墓。

赫尔奈特王后墓

赫尔奈特王后墓

在早期马斯塔巴墓的基础上，衍生出这种用砖砌且高出地面较多的大型陵墓形式，赫尔奈特（Herneith）王后墓这类的陵墓被认为是模仿宫殿建筑的样式，并且带有较强的美索布达米亚建筑风格痕迹。

阶梯形金字塔

阶梯形金字塔

随着马斯塔巴的层数不断增加，向上的每层都向内缩进一些，就形成了早期的阶梯形金字塔。这是初期形式马斯塔巴金字塔向成熟金字塔发展过程中的一个阶段，同时它也被认为是法老登上天国的阶梯，具有强烈的象征意味。

昭塞尔金字塔

昭塞尔金字塔

这种一种早期呈阶梯状的金字塔形式，是最早的一座由加工过的石块垒砌而成的金字塔。金字塔外形的发展经历了阶梯形、转角形等多种形式，最终才形成了平滑的外观形态。早期的金字塔是陵墓建筑群中的一个组成部分，金字塔旁边最普遍的建筑就是这种只设入口的祭祀殿堂，同样由石块砌成的殿堂内部十分昏暗。

顶部弯曲的金字塔

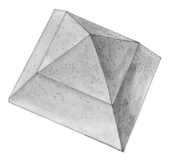

顶部弯曲的金字塔

这种金字塔也被称为折线形金字塔，是金字塔不断发展过程中产生的一种形式。由于在建造期间内部墓室空间变形，人们无法按原计划建成直线的金字塔而产生的奇异外形。此时的金字塔外表已经变为光滑的表面，顶部向内收是为了减轻对塔体内部空间的压力，金字塔整体结构还有待改进。

成熟的金字塔

除了由一座金字塔为主体而组成的建筑群外，由多个不同时期的金字塔组成的金字塔群也很常见。古王国时期最伟大也是最有代表性的金字塔群，是位于今开罗南面的吉萨（Giza）金字塔群。吉萨金字塔群建于第四王国时期，由三代统治者的金字塔：胡夫（Khufn）金字塔、哈弗拉（Khafra）金字塔和门卡乌拉（Menkaura）金字塔，以及著名的狮身人面像——斯芬克斯（Sphinx）组成。这三座金字塔都为正方锥体，其排列顺序正好与天上猎户座三颗最亮的星星一致。三座金字塔都由淡黄色的石灰石砌成，外面都砌着一层经磨光的白色石灰石面层，其中体积最大的胡夫金字塔的塔尖上最初都是包金的，上面还刻有祈祷的文字。这种做法既装饰了金字塔，也保护了内部的石材不受风沙侵蚀。但因战争的关系，金字塔外面的一层石材多被剥去了，所以如今我们看到的金字塔呈现出的表面多是凹凸不平的。

真实的金字塔

以吉萨金字塔群为代表的成熟金字塔形式，平面为正方形，由四个等边三角形组成的锥体，金字塔外表的墙面也由一层光滑的石材覆盖。

真实的金字塔

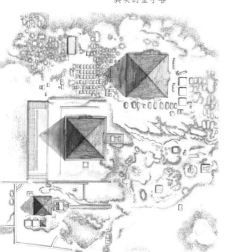

吉萨金字塔群俯瞰图

从俯瞰图中看，整个金字塔群由最上部的胡夫金字塔，中部的哈弗拉金字塔和底部的门卡乌拉金字塔为主体，三座金字塔以对角线为中心，坐落在同一条轴线上。每座金字塔前，面向尼罗河的一面，还都配套设有神庙和祭庙等建筑。金字塔后侧则是前王朝的马斯塔巴陵墓区和工匠区。

吉萨金字塔群俯瞰图

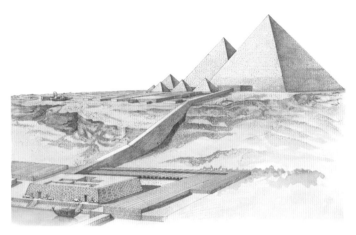

吉萨金字塔群总体规划

吉萨金字塔群总体规划

据考古发现的遗址推测，金字塔面对尼罗河的河岸处曾存在密集的建筑区，这些建筑包括各金字塔的祭庙、城市建筑与港口，并且在相当长的时期内都十分繁华兴盛。

胡夫金字塔

胡夫金字塔不仅是三座金字塔中最大的一座，也是古埃及诸金字塔中最大的。胡夫金字塔底部边长 230.6 米，高约 146.4 米，四个角分别对着指南针的四极，四面墙壁都是尺寸准确的等边三角形。金字塔北面距地面十多米的地方设入口，这也是大多数金字塔入口的设置位置。金字塔内部由上部国王墓室、中部王后墓室与地下墓室三部分组成，各部分之间由细窄的走廊相连。墓室与走廊是由光滑的石块砌成，并在石壁相互间的接缝十分紧密，代表了当时技术的最高水平。

胡夫金字塔剖面示意图

金字塔的入口位于北面中央偏东的位置，从入口处一直向下，有通道通往地下岩层中的墓室。通道的一侧又建有另一条通道，通往金字塔底部的皇后墓室。而法老的花岗岩墓室则位于最上端，与皇后墓室之间由一条塔内最宽大的通道相连接。国王墓室两侧还有两条通风口，通风口有着非常精确的角度，使得猎户座的三颗亮星每天都会从通风口上部通过。

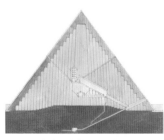

胡夫金字塔剖面示意图

胡夫金字塔大通廊

大通廊是胡夫金字塔中最特殊的通道，因为比其他通道都要高大得多。整个通廊长 46.63 米，高 8.54 米，由 7 层逐渐向外出挑的石灰岩组成的叠涩拱顶，使得大通廊高大而细窄。这种结构使得每层出挑的石块都相对独立地固定在墙面上的齿槽里，减少向下的压力，即使有一层石板滑落，也不会发生连锁反应，引起大规模塌陷。

胡夫金字塔大通廊剖透视图

胡夫金字塔内墓室减压石结构

胡夫金字塔内墓室减压石结构

墓室与通道间由一个类似于前厅的小室相连接，这个小室设有三道花岗岩的闸门。闸门后的国王墓室全部用花岗岩砌筑而成，其顶部平顶由 9 块花岗岩构成，平顶之上还有五层巨大花岗岩顶棚，前四层为平顶，最上一层为坡顶。特殊的结构使得整个国王墓室有 20 多米的高度，而采用这种结构可以有效地分散重量，以承受上部巨大的荷载，保护墓室。

哈弗拉金字塔

哈弗拉金字塔

哈弗拉金字塔略低于胡夫金字塔，但因其所处位置地面略高，且塔身比胡夫金字塔陡，所以显得与胡夫金字塔高度相当。哈弗拉金字塔前设有祭庙，庙前长长的堤道通向另一座河谷的神庙和狮身人面像。

新王国时期的墓构院落

新王国时期，金字塔的墓葬形式开始在民间流行，通常是由建立在山岩或二层基座上金字塔与带有柱廊的院落构成。金字塔入口在真正的棺木设置于金字塔所在的地下或金字塔墓室后即封闭，人们的祭祀活动在金字塔下的祭庙及院落中进行。

新王国时期的墓构院落

麦罗埃北墓地

麦罗埃北墓地

麦罗埃（Meroe）帝国（位于现努比亚境内，公元前300年—公元350年）的金字塔陵墓，由砖抹灰或石构的金字塔与塔东侧四柱支撑的木构祭庙构成，祭庙入口也都做成塔门的形式。此时金字塔陵墓的规范要小得多，最高的金字塔也只有20米左右，但仍展现了墓葬文化在古埃及文明没落后的深远影响。

石窟墓

中王国时期，在山体上开凿石窟墓的形式取代了金字塔形式的陵墓，这可能是为了增加陵墓的安全性。位于山体中的石窟墓也仿照地上住宅的形式开凿而成，墓室底部通常为矩形平面，顶部以平顶和拱顶为主。每个墓室的规模从一室到多室不等，墓室里面有支撑的圆柱，在最为隐蔽的内室中搁置着死者的棺椁。为迷惑盗墓者，保护真正的墓室，通常还建有假的墓室或陷阱等。但这些防盗手法显然很稚嫩，绝大多数的石窟墓都不同程度地被盗墓者毁坏。因缺少参考物，所以现今人们对于石窟墓的认知还十分有限。但可以肯定的是，随着石窟墓开凿规模的不断扩大，其组成部分也越来越多样，还出现了为祭祀活动专门设置的厅堂甚至庙宇，石窟墓也渐渐由山体上的简易墓室发展为以祭祀厅堂或庙宇为主体的陵墓建筑群。

哈特舍普苏特陵墓

石窟墓的形制到新王国时期发展成熟，最有代表性的石窟墓是哈特舍普苏特女王的陵墓（Queen Hatshepsut's funerary temple）。哈特舍普苏特是埃及历史上的第一位执政女法老，在她开明的统治和治理下，埃及在其执政期间无论是经济还是文化都得到了很大的发展，因此其石窟墓也建造得格外气势恢宏。哈特舍普苏特的陵墓开凿于一座陡峭的山壁前，由三层带柱廊的建筑组成的陵墓以水平线条为主，稳定的造型既与高大的山体形成对比，又显得庄重而威严，而就在陵墓的最顶层平面上，还设有祭祀太阳神的祭坛。

三层建筑前都有高大的柱廊支撑，一条阶梯形的坡道在中间贯穿而上。陵墓虽然有着高大的建筑与细密的柱廊，但总体装饰极其简单，柱廊中的柱子从四边到十六边不等，光滑的柱身没有雕刻装饰。但在陵墓内部，满墙壁上都雕刻以女王生前功绩为题材的壁画。通过这些壁画可以看到女王派遣船队和商队到其他国家进行贸易活动、带回大量财富的故事，在女王英勇的指挥下获胜军队归来的场景等。除了壁画，陵墓内原来还有女王头像的雕塑，但后来被继任的统治者破坏了。

哈特舍普苏特女王陵墓

哈特舍普苏特女王陵墓

哈特舍普苏特女王陵墓，位于尼罗河西岸的戴尔·巴哈利，与卡纳克神庙群相对。公元前 1520 年建造。埃及的神殿等建筑大多以尼罗河为背景，象征着尼罗河水一样源源不断的永恒力量。但这座建筑群却没有遵循这一传统，而是在山体上开凿出来。除作为女王陵墓，也是一处祭祀太阳神的祭坛。由于整个建筑背靠着巨大的山体，所以设计者巧妙地将上层的建筑直接插入山体中，这样不仅使建筑与山体结合得更加紧密，也使顶部山体走势与建筑形成了巨大的金字塔形，大大增加了整个建筑的气势。

门图霍特普陵庙

门图霍特普陵庙

第 11 王朝门图霍特普（Mentuhotep）王朝传位三世，这座陵庙有祭庙与岩墓的双重功能，位于底比斯附近的河谷沿岸与新王国时期女王哈特舍普苏特的祭庙临近，背靠山崖而建，从河谷地带起顺中轴线道路设置，由规则布满坑的前院，带斜坡柱廊的祭庙建筑与深入岩壁中的陵墓三大部分构成。祭庙建筑二层顶部已佚，目前有金字塔顶、拱顶和平顶三种形态的复原意见。

神庙建筑

新王国时期，不仅有经过统一规划的大型城市，神庙类建筑开始被大规模地建造起来，成为古埃及时期除金字塔外最重要的建筑。古埃及神庙是神权与王权的象征，是供奉太阳神阿蒙（Ammon）的庙宇，只有皇室成员和负责祭祀的祭司才能进入。神庙的建制大体相同：神庙前有长长的神道，两边各设成排的石制斯芬克斯雕像。神庙大门前面的空地是群众举行宗教仪式的场所，神庙的大门通常是由两堵梯形厚墙组成，中间留有门道。门前通常设置一对方尖碑（Obelisk）或法老雕像，两边门墙和方尖碑上都雕刻有记叙性的图形和文字，还布满了色彩斑斓的浮雕。大门以内是臣子们朝拜的大柱厅，再向里是由一圈柱廊组成的内庭院和只有法老及祭司才能入内的密室。神庙内的建筑按轴线式布置，一座接在另一座后面，空间也越来越小且私密。埃及神庙的另一个特点就是，从多柱厅开始，有阶梯向上升高，而两旁的屋顶则逐渐降低，使得最内部空间的地坪位于最高处，也最为阴暗，正好渲染神秘气氛。

纽塞拉太阳神庙

纽塞拉太阳神庙

纽塞拉（Nyuseere）是第五王朝的第六位国王，这座神庙的特别之处在于主体建筑并不是梁柱结构，而是一个设置在人工梯形立方体台座上的方尖碑。整个神庙通过一条带顶的堤道与下部的河谷神庙相连接。

纽塞拉太阳神庙平面图

纽塞拉太阳神庙平面图

神庙内部庭院中除设置方尖碑的高大台座外，还设有中心祭坛和祭坛旁的献祭区。在庭院外部，还有砖砌的太阳船遗址。

卡纳克神庙区

新王国时期最大的神庙是位于底比斯尼罗河西岸的卡纳克神庙（Great Temple of Amon at Karnak），这座神庙是为祭祀太阳神、万物之母及月亮神而修建的。由圣殿、柱廊大厅和院落组成的卡纳克神庙建筑群，是埃及新王国的宗教信仰中心，原本是举行纪念活动的主要场所，还允许平民进入。但随着之后世代法老不断地扩建，神庙建筑群不仅规模扩大了，其中的建筑也越来越华丽，成为古代世界规模最为庞大的宗教建筑群，同时也成为皇室专用的神庙区，将平民挡在了门外。卡纳克建筑群以供奉三神的神庙为主体，其中又包含了六座历代国王修建的祀塔，以及规模不同的各种院落，同时形成了神庙六层巨大的门，在整个神庙的周围还有湖、寺庙、住房和各种辅助建筑围绕。

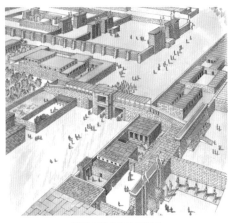

阿马尔纳中央区复原图

阿马尔纳中央区

这是古埃及向新王国时期过渡时期的城市中心区一角，此总体平面布局还没有统一规划，其三个区域的划分也不是按照使用功能而分的。但城市中的建筑已经带有明显的规划意识，大多按照轴线对称的方式建造而成。同等级的建筑在面积、形式等方面非常类似，大概是有统一的规划和设计。

艾西斯神庙柱厅

结构简单但装饰华丽，与大型神庙的院落、前厅形成一个局部露天的小型柱院。厅内的四壁和柱身上都雕刻着铭文和祭祀的场景。各个柱头上的装饰造型独特，华丽多姿。在柱厅中还随处可见国王标志，这种以太阳为中心两边带翅膀的标志也象征着王权来自神的赐予，是神庙中最突出的特点。

艾西斯神庙柱厅

古底比斯城

古底比斯城

古底比斯城最早在中王国时期的第 11 王朝初建，从新王国时期的 18 王朝时起，成为古埃及文明的重要城市，形成了王宫、神庙和居住区聚集的繁华城市样貌。

有翼的圆盘装饰

埃及式水波纹

有翼的圆盘装饰

这是一种为法老所专用的装饰图案（winged disk），中间的圆环象征着太阳、两边鹰的翅膀象征天神荷鲁斯，这两者都是古埃及人崇拜的保护神。太阳两边的眼镜蛇和王冠象征着有生杀大权的法老的统治，整个图案是神权与君权的象征，也说明法老的权力是由上天赋予并受神灵保护的。

埃及式水波纹

在埃及的建筑当中已经出现了装饰性的线脚，而线脚的图案也以卷曲的水波纹和卷绳纹（Egyptian running ornament）为主。虽然在埃及建筑装饰中没有出现曲线和几何线的图案，但这些卷曲的线脚装饰，却可以算得上是涡旋形装饰图案的最早使用范例了。

埃及式塔门

这是一种古埃及神庙建筑入口的建造模式，由两堵梯形的巨大墙壁、一个雕刻有太阳标记的大门和一对方尖碑组成。这些组成部分上都要雕刻展示祭祀活动或神话故事的场面，而象形文字则记述着颂扬法老及神明的词句。通向神庙的道路两边还要设置羊头狮身的斯芬克斯像。

埃及式塔门

13

卡纳克阿蒙－瑞神庙区的孔斯神庙

这座保存完好的神庙是为供奉月神孔斯而建，神庙面向南方与鲁克索神庙相对，并由两旁陈列着斯芬克斯像的大道相连接。神庙由两座标准的梯形塔门组成，门内是双重柱廊的院落，院落后是地面逐渐升高的中堂，中堂后的圣殿里摆放着神明的雕像，最后是一个小厅。这种空间的设置方式也是古埃及神庙采用的标准布局方式，厅与厅相连，地面逐渐升高，顶棚逐渐变矮，空间越来越隐蔽。

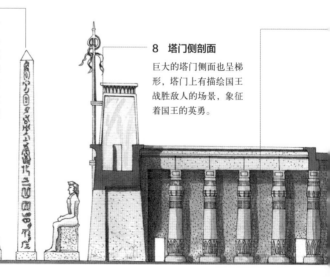

1 斯芬克斯

每尊巨大的羊头狮身斯芬克斯头像下都雕刻有一尊法老雕像，象征着神护佑下统治政权的记存。

2 院落

这是神庙中面积最大的一个空间，又被称为大柱厅，由双排的纸莎草巨柱支撑，象征着神秘境地的起点，国王也从这里开始进行一系列的祭祀活动。

7 方尖碑

神庙前巨大的方尖碑多是成对出现，碑上还雕刻着古埃及的象形文字，碑顶都由黄金装饰，在太阳下发出璀璨的光芒。

8 塔门侧剖面

巨大的塔门侧面也呈梯形，塔门上有描绘国王战胜敌人的场景，象征着国王的英勇。

6 侧高窗

建筑顶部的落差形成一个个侧高窗，这些窗既是神庙内主要的光照来源，也是重要的通风换气孔。

5 采光孔

位于神庙最后部的是几个祠堂建筑，里面陈设的方尖碑以及柱身、大门等都由珍贵的金银包裹，仅靠来自采光孔的光线照明，祠堂内部犹如星光灿烂的天幕。

4 圣舟祠堂

这里陈设着象征能将国王带入神界的神圣之船，圣舟的甲板上还藏着珍贵的圣像，每当大型祭祀活动时，圣舟还被人们扛在肩上进行神圣的巡礼活动。

3 柱厅

柱式与空间的变化是神庙的建筑模式，来自高侧窗的微弱光线将这个厅渲染出神境的氛围，四周的墙壁布满了描述国王与神明相会时的情景。

6 侧高窗

建筑顶部的落差形成一个个侧高窗，这些窗既是神庙内主要的光照来源，也是重要的通风换气孔。

9 双排柱廊

由于建筑主要由柱子支撑覆顶的石板，所以柱子不仅很粗壮，排列得也相当密集，如同巨柱丛林一般。

10 华丽柱式

内部柱厅的柱式更加华丽，如盛开的花朵造型，柱身还有精美的浮雕与艳丽的色彩装饰。

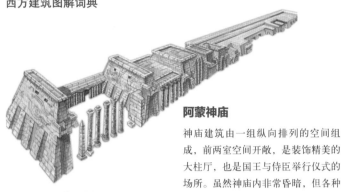

阿蒙神庙侧剖图

阿蒙神庙

神庙建筑由一组纵向排列的空间组成，前两室空间开敞，是装饰精美的大柱厅，也是国王与侍臣举行仪式的场所。虽然神庙内非常昏暗，但各种装饰和彩绘却极其精美，这些记录当时祭祀场景的壁画和文字，也成为现在珍贵的研究资料。

卡纳克的普罗皮轮大门

在古埃及的神庙建筑中，这种设在两堵高大梯形石墙组成的牌楼门间的大门被称为propylon。门的两侧以各式的雕刻图案进行装饰，作为主入口的大门上通常雕刻的都是歌颂神或法老的内容，而大门最上方檐部则都雕刻着法老专用的太阳徽记，这是神权的象征，因为太阳被古埃及人认为是他们的保护神。

卡纳克的普罗皮轮大门

卡纳克阿蒙－瑞神庙塔哈卡柱廊
复原轴测图

卡纳克阿蒙－瑞神庙塔哈卡柱廊

这个柱廊中的列柱都比较高大，而且柱身相对来说较细。柱头部分采用盛开的花朵样式，四周有纸莎草和莲花相间的图案装饰，柱身上雕刻着象形文字、祭祀场景以及植物图案等。由于柱廊列柱间的距离较远，所以考古学家推测，此柱廊没有屋顶覆盖。

卡纳克阿蒙－瑞神庙大柱厅及高处格窗构造示意图

卡纳克阿蒙－瑞神庙大柱厅及高处格窗构造

由密集立柱组成的神庙顶部设置如梁枋的横向支撑结构，而覆盖屋顶的石板就铺设在这些支撑结构上。阶梯式下降的顶部使两旁形成了高侧窗的形式，每个窗上又带有密集的石窗棂，阳光就从这里照射进神庙内部，斑驳的阳光也为神庙内增添了一丝神秘。

埃及卡纳克阿蒙－瑞神庙列柱大厅

卡纳克阿蒙－瑞神庙列柱大厅

列柱大厅采用纸莎草柱式，柱身上还雕刻着反映祭祀活动的场景以及代表法老的徽记。列柱大厅上部的高侧窗，虽然高高耸立在屋顶上，但其梁额及窗间的墙壁上也雕刻着精美的图案。带有埃及特色的水波纹及植物线脚、串珠饰等都是常用的边饰图案，窗间壁上则雕画着古埃及特有的象形文字，记述着举行祭祀活动时的场景。

何露斯神庙神生堂

何露斯神庙神生堂

位于埃得富（Edfu）的何露斯神庙中的神生堂（Mamisi）是古埃及文明末期古罗马控制的托勒密王朝（公元前323年—前30年）时期流行的神庙形式。此类神生堂旨在表现法老与神的紧密关系，通常建造在神庙塔门外。这座神生堂的突出特征，是同一座建筑中柱头样式变化多样且雕刻精美，风格华丽。

工匠村遗址

工匠村遗址

位于卡纳克地区的德尔埃麦地纳（Deir el-Medina）工匠村，是随着新王国时期历任国王在尼罗河西岸山谷中的墓葬与祭庙建造活动而产生的，在第18王朝至20王朝之间，大约兴盛地存在了450年。工匠村建在一圈坚固的围墙内，只有唯一出入口，村子内部的建筑明显经过统一规划，都规则地分布在南北向主街与东西向辅路之间。各独立住宅建筑都面向道路开门，内部纵向设置一至多个不同功能的套间。

卢克索神庙

卢克索神庙

图示为阿孟霍特普三世时修建的柱廊以及柱廊后方由双层纸莎草柱围合的庭院。庭院后部依次为大柱厅、两座小柱厅、摆有圣舟的祠堂和带有神像的祠堂。

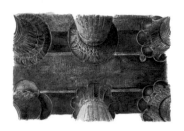

伊西斯神庙

伊西斯神庙

根据拿破仑时期艺术家记录古埃及神庙的画册来看，伊西斯神庙柱廊的列柱及柱间墙、檐壁上，均有特定图案的装饰，且因所处部位的不同，其线脚、颜色及装饰图案也各有不同。

阿布辛贝尔大岩庙

除了卡纳克神庙外，埃及各地都修建有大大小小的神庙建筑，这些神庙虽然没有卡纳克神庙规模巨大，气势宏伟，但也各具特色。如拉美西斯二世（Rameses Ⅱ）修建的阿布辛贝尔大岩神庙（Great Temple at Abu-Simbel），整个神庙开凿在一块巨大的岩石山体上，以入口及神庙内各式精美的雕刻而闻名。

阿布辛贝尔大岩庙入口

阿布辛贝尔大岩庙入口

阿布辛贝尔大岩庙入口，这是拉美西斯二世时期修建的，因此又被称为拉美西斯二世神庙。整个神庙是在岩石壁上凿制而成的，入口两旁雕刻着四座拉美西斯二世的雕像，像高达 20 米。巨大的雕像顶部岩壁上雕刻有精美的浮雕和文字，底部还雕刻有其他皇室成员的雕像。岩庙内只靠唯一的入口照明，因此最内部的中央神龛室终年黑暗，但在每年的 2 月 20 日和 10 月 20 日这两天，每当太阳出现并与尼罗河水齐平时，就会有一束光照射进中央神龛，并随着时间的变化分别照射到其中的三座神像上，而始终不被阳光照射到的神像则是黑暗之神。

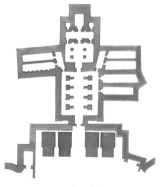

阿布辛贝尔大岩庙平面图

阿布辛贝尔大岩庙平面

整个神庙的最前部有四尊雕像的入口，接下来是两个以拉美西斯为原形雕刻的俄塞里斯柱厅，最后部是圣殿，这里供奉着三位神明以及拉美西斯二世的雕像。由于精确的计算，每年都有两天，太阳的光线能通过入口照射在圣殿内的三座神像上，而不能被太阳照射的雕像则是掌管着地府之神的普达神。

古埃及柱式

在各式雕刻中,以神庙建筑中最常用的巨大柱子为代表。柱上都已开始进行雕刻装饰,这表明支撑建筑的柱子开始受到人们的重视,柱式也开始了最初的发展。古埃及时期出现了最初的柱式,各种常见的植物图案不仅成为装饰柱子的图案,还是区别不同柱式的标志。

复合型柱头

这种由多种柱头形象和多种装饰图案组成的复杂柱头也是最美观和富于表现力的。此时不仅是柱头的变化更加丰富,柱身也开始有了凹凸的棱角。

复合型柱头

三层莲花柱头

装饰性纸莎草柱头

丰富的图案与颜色变化是使柱头更富感染力的主要手段,这是早期的写实表现手法向抽象性装饰图案过渡的产物。

装饰性纸莎草柱头

双层莲花柱头

密集式纸莎草柱头

由密集的纸莎草组成,仿佛是一丛生长茂盛的纸莎草,使柱子充满了生命力和动感。

密集式纸莎草柱头

简约形纸莎草柱头

花式柱头

柱头将纸莎草与莲花两种图案混合使用,同时还使用了凸出的涡卷形雕刻,柱式新颖。

花式柱头

早期罗马时期埃及柱头

三层莲花柱头

柱头由三层莲花装饰，每层花瓣相互交错，并通过花瓣的大小和颜色变化取得了风格上的统一。

花瓣式纸莎草柱头

这个柱头顶部本身采用花瓣的造型，在柱头上也分几个层次表现了植物不同的生长阶段。

花瓣式纸莎草柱头

双层莲花柱头

柱头四面都有两层盛开的莲花装饰，最底层花瓣与柱身凹槽一一对应，给人以浑然一体之感。

棕榈树柱头

细长的柱身与向上伸展的树叶将高大而挺拔的棕榈树形象地表现出来。

棕榈树柱头

简约形纸莎草柱头

这是一种高度简化的纸莎草式柱头，由简单的图形和颜色构成了柱式清丽的风格。

花卉柱头

柱头上除了纸莎草形象外，还出现了多种不同的花卉图案，表现一种繁花似锦的景象。

花卉柱头

莲花底座

古埃及的柱身上不仅已经出现卷杀，还出现了装饰性的线脚，且线脚很深，柱身平面已变为花瓣形。虽然古埃及的柱式大多由浮雕和彩绘来装饰，但线脚的出现却使柱身发生了变化，也预示着线脚将与柱头一样，成为影响柱式风格的重要因素。

莲花底座

早期罗马时期埃及柱头

传统的花瓣柱头加入古罗马风格的苕莨叶形象，是技术与艺术上的创新和进步。

后期罗马时期埃及柱头

此时的柱头不仅加入了更多的装饰元素，其形状也更加多样。

后期罗马时期埃及柱头

细密式纸莎草柱头

这个柱头表现的是盛开的纸莎草花形象，同时还加入莲花瓣和细密的纸莎草花蕾作为装饰。

细密式纸莎草柱头

纸莎草花蕾柱头

这是初期古埃及柱式的代表形式，柱头表现的是一个抽象化的纸莎草花蕾。

纸莎草花蕾柱头

纸莎草花束柱头

这是纸莎草柱头的另外一种形式，柱头表现的是多个纸莎草花蕾捆绑成一束的形象。

纸莎草花束柱头

古埃及神庙柱头

古埃及柱头上的图案后期开始出现层次，这个柱头上就出现了不同生长阶段的纸莎草形态。

古埃及神庙柱头

莲花形装饰

由盛开与闭合的莲花组成的连续花边（lotiform decorations），其表现手法已经相当简略概括。这种花边通常被用在柱头装饰中，还可与纸莎草、棕榈叶等其他装饰图案相搭配使用。

莲花形装饰

第二章　古希腊建筑

古希腊建筑风格的形成

古希腊被认为是西方文明的摇篮。早期的欧洲，古希腊社会发展得最为先进，文明最为发达。在以希腊本土、小亚细亚及爱琴海诸岛为中心的高度发达的古希腊文明影响下，各国建筑更是深受其影响，所以要研究西方各时代和各地区的建筑，也必以古希腊建筑作为开端。而作为古希腊建筑最重要的贡献，就是柱式以及以柱式为基准模数并以此为建筑造型的基本元素，及其决定建筑形制与风格。从古希腊开始，柱式成为以后千百年西方建筑中最具影响力的组成元素，虽然人们一直在试图突破柱式的局限，但也只是在对柱式的不断修改中摸索前进，并没有真正意义上脱离柱式的影响。

古希腊建筑的发展

古希腊包括诸多的岛屿地理范围，由于战争、自然灾害等多种因素的综合作用，其几千年的发展历史也变得错综复杂。从时间上来分，古希腊建筑的发展时期大体可分为早期爱琴时期（Aegean Architecture）、中期古希腊时期（Greek Architecture）和晚期希腊化时期（Hellenic Period）三大发展序列。而在建筑上则可以分为希腊本土和本土以外的爱琴海及地中海附近诸岛两大部分。

石陵墓

石陵墓

这种在石崖上开凿的陵墓（Rock-cut Lycian tomb）形式从古埃及时期就已经开始，而依照建筑样式雕刻陵墓立面的手法也是从古至今陵墓建筑的传统。从山花底部一个个圆截面和交叉的梁枋结构，可以明显看出当时木构建筑的样式。

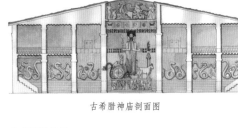

古希腊神庙剖面图

古希腊神庙

神庙内部由柱网支撑,其主要陈设是摆放神像的祭坛。由于神像普遍高大,所以祭坛往往设置在三角形屋顶的下方正中位置,且摆放神像的列柱间隔空间也较大。虽然古希腊神庙中大都十分黑暗,但内部的雕刻装饰却丝毫不马虎,仍旧同外部的雕刻一样细致优美。

古希腊螺旋形柱

除了主要的三种柱式外,古希腊建筑中的柱子形象也相当丰富,像这种螺旋形的柱子(Wreathed column),是由整块石头雕刻而成,柱头的形式也更加简洁、活泼。

古希腊螺旋形柱

古希腊帕厦龙大理石浮雕

这幅大理石浮雕(Marble relief from Pharsalos, Greece)真实地再现了古希腊人的衣着与打扮,但此时的雕刻技法略显稚嫩,对人物面部和身体的表现还很粗糙,且由于雕刻较浅,这种浮雕很容易因风化而毁坏,这也是许多此时期雕刻作品没有遗存下来的原因。

古希腊帕厦龙大理石浮雕

米诺斯文明的宫殿建筑

早期的爱琴时期主要以克里特的米诺斯文明和发源于希腊本土的迈锡尼文明为代表,克里特(Crete)的米诺斯文明以辉煌的宫殿建筑著称。早期的米诺斯建筑主要有单体建筑与群落建筑两种形式。单体建筑主要围绕一个长方形的院落建成,主体部分为一个对称的中堂。群落建筑是由许多单体建筑组合而成,但在总体布局上还不讲究对称,其组合方式比较随意。但这些单体建筑却已经按照不同的使用功能分成不同的区域,且在群落建筑中还出现了有阶梯的柱厅,这种古老的形制可能来源于古埃及的神庙建筑,说明当时的宫殿建筑已初具规模,而这也是希腊城市的起源。

米诺斯时期，克里特岛得到了统一，而宫殿建筑也大规模地被兴建起来。此时的宫殿虽然组成建筑更多，规模更大，但仍旧缺乏整体的布局与规划。整个宫殿位于一块高地上，面向大海而建，不仅没有规整的外围和平面，内部的通道也大多曲折回环，致使整个宫殿布局复杂而混乱，犹如一个迷宫。但有一点在宫殿建筑中已经非常明晰，按照使用功能的不同，宫殿区主要分为储藏建筑区、举行仪式的建筑区、王室居住建筑区和生活服务建筑区四大区域。整个宫殿已经有明确的分区，这也是古代居住建筑的一大进步。

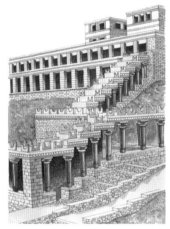

米诺斯王宫

米诺斯王宫

米诺斯王宫（Minoan palace of King Minos）位于埃及与希腊之间，地中海的克里特岛上距海边四公里的克诺索斯城中，这里曾经也是爱琴文明的中心。米诺斯王宫以极其复杂的地形而著称，有"迷宫"之称。与复杂的地形相契合，米诺斯王宫中大量错落的柱廊和院落也形成了曲折回环的壮丽景色。由于此地气候温和，王宫建筑大都有着宽大的门窗，而支撑这些门窗的上粗下细的柱子也极为特别。

米诺斯王宫遗迹

克诺索斯的米诺斯王宫本身依起伏的山势而建，建筑群内部又以多层建筑为主，高架式输水道上设置的道路将各区域建筑相连，因此建筑群内高差较大，布局复杂。

米诺斯王宫中房屋状陶片

米诺斯王宫遗迹

米诺斯王宫中房屋状陶片

在克诺索斯米诺斯王宫中发现的一种墙壁装饰陶片，这种陶片被做成了房屋的形象，从这些装饰中可见当时用修整过的规则石块砌筑墙体的形象。

迈锡尼文明的城防建筑

迈锡尼（Mycenae）文明以坚固而庞大的城防建筑为主。迈锡尼文明起源于希腊本土，这时期在建筑上取得的最大成就就是卫城及城中建筑的兴建。迈锡尼文明时期兴建的卫城也成为一种重要的建筑形制，并对以后整个希腊建筑的发展有着深远的影响，使之成为一种建筑传统，才创造出了后期辉煌的雅典卫城及城中不朽的神庙建筑。迈锡尼卫城多由巨石垒砌而成，有的还以黏土或小石块填缝，因此城防系统非常坚固。著名的狮子门（Lion Gate）就是迈锡尼卫城通往宫殿的一个城门。整个城门由加工整齐的巨石砌成，这些石的体积非常大，但加工精细。以门楣上的一块巨石为例，据估算，这块巨石重可达 25 吨，但这块石头顺应墙壁的走势，总体形状呈三角形，且表面还刻有双狮的装饰。

迈锡尼狮子门

迈锡尼狮子门细部

迈锡尼阿伽门农墓中的波纹

迈锡尼狮子门

迈锡尼文明植根于希腊本土，也受米诺斯文明的影响，对研究古希腊社会各个方面的发展具有非常重要的作用。作为迈锡尼卫城的主要入口，狮子门（Lion Gate）全部由巨大的石块垒砌而成，而且为了防止覆盖在大跨度空间上的石材断裂，在大门等处已使用叠涩出挑的砌筑方法。

迈锡尼狮子门细部

通过迈锡尼狮子门的细部（Detail of lions Gate）可以看出，在使用叠涩出挑方法砌筑的大门顶部，产生一个三角形的空档，这部分由雕刻着双狮图案的薄石板装饰，但为了增加图案的装饰性，狮子的头部采用圆雕的形式。狮子头部与身体通过木质的轴连接，这样头部还可以自由转动，但现存遗构中狮头部分已经遗失。

迈锡尼阿伽门农墓中的波纹

迈锡尼文明与米诺斯文明有着紧密地联系，在迈锡尼阿伽门农（Agamemnon）墓中的这种常见的连续波纹图案，就被认为来自米诺斯文明。

迈锡尼阿伽门农古墓前的柱子

迈锡尼阿伽门农古墓前的柱子

古希腊早期柱子的各个组成部分已经分开，而且已经注意到柱子的收分。细碎而重复的花纹从柱底一直延伸到柱头，这种华丽的装饰风格也是迈锡尼时期柱子的一大特色。此柱位于迈锡尼城中的阿伽门农古墓，即著名的阿特柔斯宝库（Treasury of Atreus）。

迈锡尼宫殿

卫城内的宫殿建筑位于城中央最高处，此时宫殿中的建筑已初具规划形制。整个宫殿的中心是一个面积较大的半开放式空间，这个空间以中心的大火塘为主体，其上方完全开敞，而火塘四周的空间则有屋顶覆盖，围绕火塘四角设置的巨大石制支柱，支撑着上方石板屋顶。围绕火塘相对封闭的空间设有摆放祭品的供桌、帝王座椅及神龛等物品，是宫殿中主要的活动场所。此时的建筑中已遍布彩绘图案的装饰，这可能也是古希腊建筑装饰的起源。迈锡尼的文明因多立安人的入侵而中止，此后，多立安人、亚细亚人、爱奥尼亚人开始了长达4个世纪的混战。在古希腊的发展史中，这段时期被称为黑暗时期，其文明和建筑发展极其有限，甚至以前所创造的丰硕成果也在战乱和迁徙中被损毁殆尽。

迈锡尼帝王室

帝王室也是整个迈锡尼王宫建筑的核心，由四根立柱支撑着屋顶，中心是带天井的大火塘，室内四壁和屋顶上都绘满了精美的壁画。国王的宝座、祭坛等陈设都围绕四壁摆放。

迈锡尼帝王室想象复原图

迈锡尼城堡内城

迈锡尼城堡内城

作为迈锡尼文明的全面体现，位于梯林斯的城堡向人们综合展示了当时建筑、装饰、绘画等的发展水平，以及人们的生活方式。城堡内也和普通住宅一样，以一个带大厅的中央庭院为中心展开。

古希腊建筑特点

希腊本土及诸岛建筑大的发展并取得巨大成就是在古希腊时期。此时，在长期的发展中，希腊已经形成了比较统一的宗教信仰，各城邦也大体趋于团结和统一的状态，有相同的语言和文化，而其建筑文化水平、建筑材料、建造技术也相对发展成熟。古希腊时期的多立克柱式、爱奥尼亚柱式和科林斯柱式都已出现，并在长期的发展中形成了比较固定的比例和形象，人们已经能够依循不同柱式特色，将其应用于各种不同类型的建筑中。于是，古希腊的建筑，尤其是各种神庙建筑开始迅速发展起来，并创造了在建筑发展史上具有非凡意义的雅典卫城（The Acropolis, Athens）及城中的神庙建筑。雅典卫城中的主要建筑包括山门、胜利女神庙、帕提农神庙和伊瑞克提翁神庙。雅典卫城此时已经不再是高墙壁垒的防御性围城，也不再是皇宫的所在地，而是城邦中供奉神明和定期举行庆典的场所，也是古希腊时期在建筑上所取得最高成就的展示所。

柱顶檐下的排档间饰

柱顶檐下的排档间饰

这是一种设置在三陇板或柱间壁上的雨珠状装饰（Mutule），其规律为六个点状凸出物为一排，最常出现在多立克式柱支撑的建筑中，被称为飞檐托块。

伊瑞克提翁神庙人像柱柱式

伊瑞克提翁神庙人像柱柱式

希腊雅典卫城的伊瑞克提翁（The Erechtheion）女像柱的顶部与柱顶垫板间采用了两层覆盆形的柱头过渡，这种逐渐向下缩小的形式既可以自然地与女像柱的头部相接，又可以使整个头部与柱顶垫板分离，更突出其立体性与整体性。

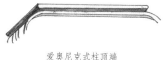

爱奥尼克式柱顶端

爱奥尼克式柱顶端

爱奥尼克柱顶端（Abacus of Ionic）较薄，主要使用简单平直的线脚装饰，底部与两边的大涡旋图案相接。因为柱头表现的主要部分是涡旋，因此顶端薄而简单的线脚与厚实的涡旋形成对比，突出了柱头涡旋的主要装饰作用。

古希腊三陇板之间的面板

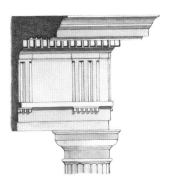

古希腊三陇板之间的面板

在古希腊多立克建筑中，柱顶上的横梁上对应柱子都要仿木结构建筑雕刻三陇板，三陇板与之间空白的部分称之为面板或柱间壁（Metope）。这部分可以雕刻成统一的图案装饰，也可以雕刻带有情节的连续场景。柱间壁与三陇板并不是随意设置的，而是有着严格的规定，还要根据底部支柱的柱距来确定要设置三陇板的数量。通常的做法是上部的三陇板与底部支柱相对应，即每根支柱上都设置一块三陇板，再根据柱间距的大小均匀地设置柱间三陇板的数量，如果柱间距过小，则可以不再设置距间三陇板。三陇板是一种三联浅槽的装饰面板，内部的凹槽断面呈三角形。

多立克式柱顶端

多立克式柱顶端

多立克式柱顶端（Abacus of Doric）是古希腊时期的一种非常朴素的柱式，整个柱式比较简洁。柱顶端略呈方形，有一小部分的出檐，用重复的正反线脚进行装饰，这种简约的风格也同粗壮的柱身相协调，显得坚固且充满力度。

早期爱奥尼克式柱头

早期爱奥尼克式柱头

这是原始的一种爱奥尼克式柱头（Proto-Ionic capital）形式，两个涡漩是主要的装饰图案，与整个柱子相比，原始的涡旋稍显大些，使柱子的顶部显得过于沉重，可见人们还没有掌握柱头与柱身的比例关系。

古希腊山花的构成方式

古希腊山花的构成方式

古希腊标志性的三角形山花，是建筑所不可少的结构部分。山花主要由斜向的挑檐边（Raking Cornice）与底部水平的挑檐边（Horizontal Cornice）组成，中间形成一个三角形的山墙面（Tympanum）。古希腊山花也是西方古典建筑最重要的构成元素之一。

古希腊式山花

古希腊式山花

希腊式山花最重要的特点是在三角形山墙上的雕刻装饰，山墙上的雕刻装饰题材极为广泛，常见的是植物和人物图案。植物多以希腊代表性的橄榄枝为主，还有各种经夸张或变形的植物形象。

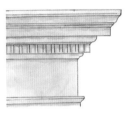

古希腊爱奥尼克柱顶檐

古希腊爱奥尼克柱顶檐

建筑同柱式的风格相协调也是古希腊建筑进步的表现之一，爱奥尼克柱式建筑的檐口通常用齿状的线脚装饰，檐部的装饰不如科林斯柱式那样精美。简洁的柱顶檐形式也是突出爱奥尼克精美的柱头涡旋图案。

古希腊雅典卫城

在古希腊，每个城邦都由下城和上城两部分组成，而上城即卫城，是城邦的神庙与宝库所在地，不仅位于城邦中地势最高的基址上，也是防御能力最强的部分。希腊雅典卫城（The Acropolis, Athens）建在雅典城中心区一个高出地面的小山顶上，卫城平面不规则，东西长而南北短，且城内东北角最高，西面则为斜坡，其他面为悬崖。人们巧妙地改造和利用了卫城不规则的地势，在最高处建造了帕提农神庙，而顺斜坡建造了高大的山门，在悬崖边筑起城墙，创造了一个古希腊文明的展示台。古希腊和平时期，卫城是古希腊大众的祭祀和公共活动场所。卫城总体面积不大，城中的建筑以神庙、广场和各种雕像为主。城中主要的帕提农神庙、胜利女神庙、伊瑞克提翁神庙等都分别建在地势高的地方，所以整个卫城中无论是建筑外观，还是总体构图都相当灵活，并不追求对称和朝向。但通过建筑本身体量、形制、位置的不同，自然地形成了清晰的主从关系，城中巨大的雅典娜女神像更是起到了统领全局的作用。

古希腊雅典卫城的想象画

古希腊克尼多斯狮子墓

古希腊克尼多斯狮子墓

古希腊克尼多斯地区狮子墓（Lion Tomb, Cnidos, Greece 350 B.C）的立面也采用了常见的神庙建筑形式，由底部的基座、中部的主体以及顶部的雕刻装饰三大部分组成。中部四根多立克式柱子以及柱顶上的陇间板装饰都与现实建筑立面相接近，这也是此类建筑成为研究其所在时代建筑特点的重要原因。

亚历山大里亚城

约建于公元前331年的埃及亚历山大里亚

亚历山大里亚城

城，是此时期最重要的城市，虽然沿海船港区的规划受到地理限制，但此时的城市主体追求严格的构图和轴线道路，并以庞大规模的建筑为特色，尤其以建在城外海上的法罗斯灯塔为代表。城市中开始追求几何图形的规划布局形式，并在重要区域建设广场、廊柱厅等公共建筑。

古希腊卫城山门

古希腊雅典山门（Propylaea）建在一块平面非常不规则，且级地落差悬殊的地基上，设计者通过巧妙的设计化解了这些不利因素，还在山门中同时使用了多立克（Doric）与爱奥尼克（Ionic）两种柱式，通过高度、角度和比例的变换，使山门不仅拥有庞大的气势，还与卫城中的其他建筑保持了风格的一致。

古希腊卫城山门及胜利神庙

山门总平面呈"H"形，前后共有5道大门，由中部的主体与两侧附属建筑构成，且各部分有其独立的屋顶。山门中内外使用了多立克与爱奥尼克两种不同的柱式。为适应落差较大的地面，爱奥尼克柱式的整个比例还做了调整，较之一般比例更纤细些。

古希腊卫城山门及胜利神庙

文艺复兴时期仿古希腊雅典
奖杯亭立面

文艺复兴时期仿古希腊雅典奖杯亭

古希腊奖杯亭的形象有规律可循，即建筑从底部向上，不仅所用材料变得越来越讲究，装饰图案也越来越复杂。这座奖杯亭的顶部从断续的科林斯柱头到连续的额枋装饰，再到顶部立体的圆雕，都严格遵循了这一规律。此外，将顶部雕刻为倒三角的形式也是古希腊纪念胜利的一种传统方式。

古希腊卫城雅典娜胜利神庙

古希腊卫城雅典娜胜利神庙

雅典娜胜利神庙（Temple of Athena Nike）是雅典卫城中最小的一座神庙，建于公元前437—前432年，坐落在山门旁的悬崖上，是为祭祀雅典娜而建成的一座小型神庙。神庙的主体形象为大理石垒砌的方形体块，前后各有四根爱奥尼克式柱子的门廊，栏板上一系列的女神浮雕，更是成为后世模仿的经典之作。这个神庙的规模虽然不大，但是却在公元前五世纪爱奥尼克柱式最成功的作品之一。爱奥尼克式柱子优雅大方却不显笨重。这座神庙檐壁的外观也极其精美，制作手法相当成熟，完全摆脱了古风时期的痕迹。

雅典娜胜利神庙细部

雅典娜胜利神庙细部

这座小型的神庙，以精美的雕刻、和谐的结构而著名。其前后的爱奥尼克式柱子幽雅而大方，与顶部横梁上精美的雕刻相辉映。这座建筑立面也反映了古希腊建筑的风格特点：首先，神庙多建在几级台基上，通过阶梯向地面过渡；其次，建筑立面的长度与柱子的数目有着紧密的联系，柱子的直径与高度都与整个建筑相协调；柱子上分别有三条层间腰线组成的额枋、浮雕装饰带的檐壁和细部线脚装饰的窗口。这座神庙的装饰都是以神话故事为题材。在古希腊建筑中，顶部三角形的山花内部也可以进行雕刻装饰，但在小型建筑中不多。

古希腊帕提农神庙正立面

古希腊雅典卫城帕提农神庙（Parthenon）是希腊本土最大的多立克式神庙，除高大、雄伟的体量和通身布满精美的雕刻装饰之外，最巧妙的设置是为了矫正观赏者视差所做的改变。神庙外立面多立克式柱子的高度相当于五个半直径，比一般的多立克式柱要修长一些。为使整个立面看上去端庄，立面中的所有列柱都微向内倾斜，且每根柱子的倾斜度都不相同，越向外则倾斜度越大。由于柱子过于高大，所以每根柱子也都相应做了卷杀，使人们无论从哪个角度看都是笔直的。

4 柱间距

为使立面的柱子看起来更匀称，柱子与柱子的间距也做了相应的调整。靠近中心的柱间距比较宽大，而越向外，两根柱子的间距就越小。尤其到了最边上的角柱，虽然柱身加粗，但柱间距最小。

2 多立克柱式

为保证神庙立面能得到均衡的视觉效果，立面中的多立克柱式做了相当大的改动。立面两边的角柱柱身被加粗，且所有柱子在向后微倾的同时，也向立面的中央微侧。如果从各柱头处加延长线的话，所有柱子的延长线将在神庙上空相交。柱子本身还做了卷杀，以保证整个柱子的挺拔。

5 立面

据考证，帕提农神庙也是卫城中装饰最为华丽的一座。整个神庙通身由白色大理石建造而成。正立面的铜制大门和山墙尖上的装饰都以纯金制作。无论建筑内壁还是外立面都满布雕刻装饰，且以红蓝为主色调的浓艳色彩装饰，这其中也相间着闪闪发光的金箔。

1 山花

帕提农神庙的山花上设置大型雕刻作品，东山花上雕刻着雅典娜诞生的故事，西山花上表现的是波赛冬与雅典娜争夺对雅典城保护权时的场景。此时山花上的雕刻图案不是一味追求对称，而是巧妙地安排场景和各种人物，使之在两边三角处结束，因此整个山花雕刻画面就不再有被截断之感。

3 台基

帕提农神庙的台基面尺寸为30.89米×69.54米，承托着这座希腊本土最大的多立克式神庙建筑。为了使长长的台基能得到平直的视觉效果，人们也对台基做了相应的改变。平面矩形的台基每一条边都在中间凸起，呈曲线状，凸起的高度为短边7厘米、长边11厘米。

古希腊卫城帕提农神庙

卫城中的主要建筑是帕提农神庙（Parthenon），这是一座建于伯里克利时期的多立克式神庙建筑，坐落在卫城中的一块高地之上，是供奉和祭祀雅典的保护女神雅典娜的神庙。神庙正立面采用了希腊建筑中少有的8柱式面宽，侧面的柱子也增加至17根。神庙全部由大理石建成，无论是外部的山花、陇间壁还是内部的墙壁上，都布满了以神话故事和庆典场面为题材的雕刻装饰，甚至在一些部位还出现了圆雕，这在古代建筑的雕刻装饰中是极其罕见的。整个神庙最精彩的是其建筑所包含的众多复杂而严谨的比例关系，以及建筑师为矫正视差所做的周密安排，例如：外部多立克式柱的上部都做了卷杀，而且卷杀的比例还根据柱子所处位置的不同有所变化。柱间距也不是相等的，根据视觉上的远近而有所变化。而各柱顶盘与柱高的总和与柱间距的比例却都保持着相同的比率，为使神庙整体的外部线条保持水平或垂直的视觉效果，从地基到檐口的所有横向部分都向中部稍隆起，而竖向的立柱则按照所处位置分别向内倾斜。然而，帕提农神庙的魅力还不止如此，此后历代的人们研究古希腊建筑，均以这座建筑为研究重点，而在历代对帕提农神庙的测量中，又几乎每次都能得到新的启示。

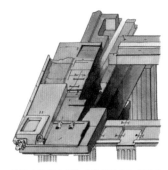

帕提农神庙中楣和出檐部位的细部结构

帕提农神庙中楣和出檐部位的细部结构

这是建筑顶部三角形山花的端头中楣（frieze）和飞檐块（conrnice blocks）的结构细部，三陇板间的石横梁都加铁钉连接在一起以保护顶部结构的坚固，其上端头部分也为石造。端头的正方形凹槽上设置角兽，这部分出檐也是石质，并有加固的铁钉将其与下面的结构相连接。

古希腊建筑檐下的连续雕刻带

古希腊建筑檐下的连续雕刻带

古希腊建筑檐下、柱顶垫石以上的部分也可以用连续的浮雕图案装饰，这种浮雕可以预先雕造好，再粘贴到建筑上。此图所表现的是一次大型战役的场景，来自公元前553年建造的小亚细亚的哈利克纳苏的莫索列姆陵墓（The Mausoleum, Halicarnassos 553B.C.）。

古希腊建筑山花顶尖处的石雕装饰

装饰性的人像与叶形图案作为建筑最顶部的装饰（Acroterion at peak of pediment），为使三座雕像保持平衡对称，还在山花上设置了小块的凸起基座。顶部所设置的装饰物要注意与建筑细部的装饰风格相协调。此石雕饰来自公元前490年建造的安吉那神庙（Temple at Aegina B.C.）。

古希腊建筑山花顶尖处的石雕装饰

阿达姆风格山花

阿达姆风格山花

这是一种最具代表性的古希腊山花形式，山墙内有大型雕刻作品，山墙外三角的中部及两端还设有不同的角饰。山墙内的大型雕刻作品一般是提前制作好，然后吊装上去。

古希腊山花脚饰

古希腊标志性的三角形山花上，一般都在中部及两端设置圆雕的动物或人物装饰（Acroterion on corner pediment），这些形象大都来源于古希腊的神话故事，其本身也具备一定的象征意义。此山花来自公元前490年建造的安吉那神庙（Temple at Aegina 490 B.C.）。

古希腊山花脚饰

陇间板雕刻

陇间板雕刻

古希腊建筑多立克柱式顶部的横梁外侧设置三陇板（triglyph），三陇板之间的面积可以留做空白，也可以进行装饰。在大多数情况下，一座建筑中陇间的装饰图案都是相同的，而且这些图案多以神话故事和具有象征意义的标志为题材。图中所示的图案描绘的就是一则古老的传说中英雄打败半是公牛、半是人身的怪物米诺陶的情景。

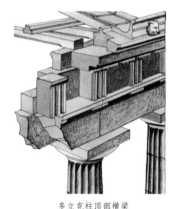

多立克柱顶部横梁

多立克柱顶部横梁

这是古希腊多立克柱式的顶部结构，从下至上依次为：方形的柱顶盘；连接各柱子的过梁，也称为束带，通常指的是建筑中的横梁（Lintel），采用石或木结构，是建筑中主要的承重构件；装饰性三垄板，柱上不可缺少的装饰性过梁，也可以雕刻成一条连通的装饰带；托檐石、泪石，以及最上部的檐冠，这三部分用不同的线脚组成斜檐的形式，还可以雕刻各种花纹进行装饰。

多立克式大门

多立克式大门

同多立克（Doric）柱式一样，多立克式的大门形象也相当简洁。大门的轮廓仿自柱式，由顶部逐级扩展的线脚、凸出的门头和简洁的门框组成，整个大门只通过最简单的直线线脚装饰，简洁而不失清秀，既朴素又大方。

古希腊女神梅杜萨

这是古希腊神话中致人死亡的三个丑陋女神之一，人们根据想象把她雕刻成多种形象。这种梅杜萨（Medusa）的形象几乎就是按照现实生活中的女性雕刻的，只是在头部加上诡异的翅膀以显示其神秘身份。梅杜萨的头像经常被作为装饰题材，以石雕的形式出现在古希腊建筑中。

古希腊女神梅杜萨

帕提农神庙的狮子头装饰细部

狮子图案的装饰细部（Detail of lion's head）是西方古典建筑中经常用到的。这种可以出挑的石雕装饰形式设置在屋顶檐部作排水口之用，是一种美观又实用的构件。

帕提农神庙的狮子头装饰细部

雅典埃莱夫西斯的得墨忒耳圣地围场

由于建筑顶部采用木结构的坡屋顶形式，因此只有在屋顶下较高的空间才能出现这种两层的雕刻形式。古希腊建筑屋面坡度平缓，墙面极少开窗，因此室内光线相当昏暗。尽管如此，建筑内部还是极尽装饰，其构图手法以水平和垂直线为基本原则，古典建筑的平缓、稳定、对称等特征得以深刻体现。

雅典埃莱夫西斯的得墨忒耳圣地围场
剖立面

古希腊卫城伊瑞克提翁神庙

伊瑞克提翁神庙（Erechtheion）是雅典卫城中的另一座主要的神庙建筑，为存放神圣的祭祀物品和纪念品而建，因与神话传说中的许多圣地有关，所以在古希腊时期也倍受人们的重视。伊瑞克提翁神庙所处地址的平面极不理想，为一处三段阶梯式的基址，只在中间一段有较为平坦的地面，所以神庙也因势而建成了三段式，由北部爱奥尼克的大柱廊、中部主体神庙部分、南部少女柱的小柱廊三大部分组成，并通过柱式高低的变化来达到总体的平衡。伊瑞克提翁神庙的另一个特征在于，中段柱廊门的两旁还各设有一个窗户，这对于大多数封闭的神庙建筑来说是十分罕见的。此外，神庙中遗存的门框雕刻装饰也十分精美，为后期诸多建筑多次仿效。

古希腊建筑的多立克柱式

古希腊建筑的多立克柱式

各种柱式檐部的主要结构是基本相同的，以多立克柱式为例，柱头上设置檐底托板，再向上是连接柱子的额枋，额枋通过一条细长的装饰边条与檐壁相连接，檐壁上由装饰性的三陇板与嵌板相间组成，再通过一条布满装饰的水平檐冠过渡，最上面就是建筑屋顶的檐口部分。

伊瑞克提翁神庙北侧柱廊

伊瑞克提翁神庙北侧柱廊

神庙主体采用爱奥尼克柱式，但在局部也注意变化。这个北门廊（North portico of the Erechtheion）采用了两个小壁柱的形式，虽然小壁柱有独立的柱头、柱身和柱础，但是无论在材质还是装饰图案上都与大柱相对应，形成了既有区别、又相联系的独特柱式，与旁边的爱奥尼克柱式产生对比，丰富了建筑面貌。

棕榈叶装饰

棕榈叶装饰

从古埃及就沿袭下来用抽象的自然植物形象作为装饰图案的传统，到了古希腊时期，即使同一种图案的样式也变得更加丰富了。以莨苕叶为原型的叶形图案，单独被用于建筑中的线脚、檐下及陇间壁上，给建筑带来了生命力。还组合成为柱头主要的装饰元素之一，而柱头上层叠的立体叶子形象也更富动感和活力。图示为位于埃得夫的奥鲁斯神庙（Palm capital, Temple of Horus, Edfu 257~237 B.C.）中的棕榈树柱头。

伊瑞克提翁神庙爱奥尼转角柱头

位于建筑拐角处的爱奥尼克式柱头上的两个涡旋要做成 45° 转角的涡旋形式，这样才能保证在正反两面都获得良好的视觉效果。

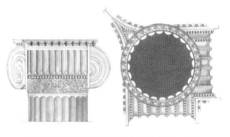

伊瑞克提翁神庙爱奥尼转角柱头立面、平面

伊瑞克提翁神庙爱奥尼克式大门

伊瑞克提翁神庙爱奥尼克式大门

伊瑞克提翁神殿中的大门（Ionic: Erechtheion, Athens 421~405 B.C.），也是古希腊唯一一扇保留下来的完整大门。与整个神庙所使用的爱奥尼克柱式相配合，神庙内部的大门也采用涡旋图案装饰，而带檐口的过梁和托座的苕莨叶装饰也是古希腊建筑中所普遍使用的一种装饰图案，细密的线脚把大门分成了多个层次。

伊瑞克提翁神庙门的装饰

伊瑞克提翁神庙门的装饰

大门采用了多层华丽的线脚装饰，由
于线脚分布在不同的层次上，且图案
较小，因此并没有破坏大门本身简洁
挺拔的形象。门楣上采用连续的莨苕
叶装饰，并在两侧对称设置了垂饰，
垂饰侧面有呈 S 形的反方向涡旋图案。

爱奥尼克柱头垫石

爱奥尼克柱头垫石

这是爱奥尼克式柱头侧面的栏杆式横
柱（Pulvinus），位于柱头与顶板之间，
同时也是柱子顶部的重要结构之一，
垫石的形状与装饰图案不仅要与柱头
协调，还要注意同整个建筑装饰图案
协调。

爱奥尼克涡卷装饰

爱奥尼克涡卷装饰

涡旋形图案是古希腊所有装饰性图案
中最特别的一种，各种花朵和植物的
尽端通常都以一个圆形的涡旋形状结
束。两边涡旋形图案之间的曲线再衍
生出若干叶片装饰，这些叶片都按照
植物的生长规律设置，越到涡旋形的
根部越短，而所有叶片的形态都是自
然的，犹如微风吹过般充满动感。爱
奥尼克式的涡卷（Ionic volute）比较
大，细部的变化更加多样。

伊瑞克提翁神庙南端立面

伊瑞克提翁神庙南端立面

伊瑞克提翁神庙南端用 6 根大理石雕刻的少女像柱顶起横梁。古希腊时期认为人体比例是最完美的一种比例关系，因此普遍将其应用于建筑中，包括人像柱在内的多种柱式就是古希腊人讲究和谐比例关系的突出体现。精确的比例关系不仅体现在柱式上，还包括建筑的基座、柱廊、顶部与建筑整体的关系，以及各部分相互的关系。

伊瑞克提翁神庙女像柱

伊瑞克提翁神庙女像柱

伊瑞克提翁神庙女像柱门廊中的女像柱（Caryatides on the Caryatid Porch）以雕刻精细、神态逼真而闻名。每个女像从头发到面部表情、再到充满褶皱的长袍都雕刻得栩栩如生，完全可以作为独立的雕塑。精美的女像柱不仅展示了古希腊时期雕刻技术的高超水平，也为人们了解和研究古希腊文化提供了重要参考。

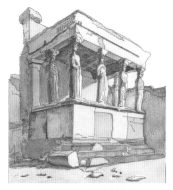

伊瑞克提翁神庙南侧柱廊

伊瑞克提翁神庙南侧柱廊

著名的伊瑞克提翁神庙女像柱所在的立面规模不是很大，其内部回廊顶部被均匀地分为小方格装饰，在女像柱脚下的出檐还围绕有扇贝图案的装饰。

伊瑞克提翁神庙西侧正视图

这座小神庙位于著名的帕提农神庙北侧，由于这座神庙正处于一个落差很大的断坎之上，因此整个神庙也顺应地面的起伏而分为三个不同的部分。西面和北面是爱奥尼克柱式组成的门廊，通过阶梯与中部神庙主体相连接，主体建筑以同样的柱式与门廊取得整体上的协调。神庙南端由六座少女柱式支撑的小门廊是这座建筑中最为精彩的部分，伊瑞克提翁神庙也因为这几尊少女柱式而闻名世界。

4 北柱廊

北柱廊是神庙中建造时间最早，规模最大的附属建筑。北柱廊所处地势较低，且相对于主殿建筑向北出跨，因此不仅在侧面角柱与端墙柱之间又另加一柱，而且柱廊中所有的柱子均增加了高度。柱廊内设一爱奥尼克式大门，通往祭祀雅典娜的祠堂。

5 爱奥尼克柱式

北柱廊中的爱奥尼克柱式装饰精美，是卫城建筑中爱奥尼克柱式的代表。此处爱奥尼克柱式柱头顶端有精美的莨苕叶、荷花、卵形线脚装饰，不仅涡旋大、装饰线脚深，而且还镶有铜针。这种设置是为了在节日时在柱头上悬挂花环等饰物。

3　神庙主殿

神庙主殿是一个平面为矩形的标准神庙制式，但因为受地势所限没有侧廊，因此在希腊语中又被称为"没有侧翼的神庙"。这座神庙的独特之处还在于柱廊后的主入口大门两旁各开设一个高窗，这在同时期的其他神庙中是绝无仅有的。神庙内共分为4个房间，建筑内部东部地势高，因此形成一间大殿，西面地势较低为内室。

2　栏墙窗

伊瑞克提翁神庙主殿的爱奥尼克柱为半柱式，柱间栏墙上还开设有四扇高大的窗，这也是现今发现在爱奥尼克式建筑中开设柱间窗的最早建筑实例。据推测，最早开设的四扇窗非常高大，窗高可直达楣梁，而且窗间都以铜棂格装饰。

1　女像柱廊

女像柱廊位于整个建筑的西南角，建筑在一座老神庙的基础上。女像柱中西面三个左腿略弯，东面三个右腿略弯，使得所有女像柱都向中部稍倾。这种柱子的处理同帕提农神庙如出一辙，但因为利用女像自然的姿态变化而显得更加巧妙。女像柱廊内东端有一小门与内殿相连通。

6　实墙

伊瑞克提翁神庙的西立面较矮，因此西侧底部加了一段实墙来平衡地势差。墙体底部偏南处还设置了一个小门洞。这种地势的高低之差也同样体现在神殿内部，并巧妙地利用地势的高低变化区分出房间的主次地位。

古希腊建筑的贡献

古希腊建筑是西方建筑文化最重要的开端，此时期在柱式、神庙建筑形制以及雕刻手法等方面所取得的非凡成就也成为古罗马建筑发展的基石。许多在此时形成的建筑模式和规范都成为以后一直沿用的建制标准，而其间所创造的许多辉煌而伟大的建筑，也成为不朽的典范。尤其是雅典卫城中的诸座建筑，更成为标准的建筑标本，这些建筑虽经战乱异常残破，但前来参观和研究的人们千百年来却络绎不绝。它们不只为古罗马建筑提供了很好的参照，为文艺复兴时期的人们争相推崇，就是对于现代的建筑师，也仍具有重要的参考价值。

古希腊利西亚昂提非鲁斯石刻基

古希腊利西亚昂提非鲁斯石刻基

这是一座在石壁上雕刻出的建筑立面形象，底部爱奥尼克式的柱子与简化的爱奥尼克式大门搭配非常协调。山花部分显然还是木结构的样式，而从山墙面的雕刻来看，这是一座形制较高的墓穴（Rock-cut tomb Antiphellus, Lycia）。

古希腊风格石碑

石碑是墓葬所在处的标志性纪念物，古希腊风格石碑其形制变化不大。碑身大多是下大上小，但收分并不明显，碑身上雕刻类似建筑物的边框，框内有浮雕装饰，碑顶则以各种植物图案结束。

古希腊风格石碑

简化的科林斯柱式

简化的科林斯柱式

科林斯柱式是古希腊最华丽和装饰性最强的柱式，但也有简化的做法，比如简化柱头装饰花叶的做法并搭配同样简化线条装饰的柱顶盘和上楣。

宙斯神庙

宙斯神庙（Temple of Olympian Zeus）位于西西里岛上的阿克拉加斯地区 (Akragas)，这里原是希腊人的殖民地，因保留了诸多古希腊时期的神庙而闻名于世。宙斯神庙不同于其他神庙的地方在于，这座神庙没有采用柱廊的形式，其四周都由封闭的石墙支撑，只是在围墙上采用半柱进行装饰。且神庙正立面的柱廊也采用了罕见的奇数，为 7 根，因而大门开设在最外两柱间，其形制可谓独特。

宙斯神庙复原图

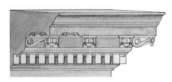

古希腊檐口托饰

古希腊建筑入口

古希腊爱神丘比特裸像

古希腊檐口托饰

这是一种在古希腊建筑檐口下支撑上部檐冠的托架（Modillion location），为了统一风格，檐下托架的样式一般都与装饰带上的图案相一致。托架的作用主要是为承托出挑檐部的重量，同时充当檐下装饰。

古希腊建筑入口

古希腊时期的建筑入口也大多处理成建筑立面的形式，但也相应做些改变。柱子底部的台基被加高以便和建筑底部相协调，檐下的三陇板被取消，但在门楣上增加了装饰性的嵌板。图示为古希腊式的入口处前厅（Prothyron）。

古希腊爱神丘比特裸像

丘比特是古希腊神话中的爱神，因此他总是被塑成一个长有翅膀的男童形象，而裸体的小童形象（putti, pl.of putto）也是古希腊时期造像的一大显著特征。工匠们通过高超的技艺能把人体在不同生长阶段的特点表现出来，丘比特着重表现的是一种饱满圆润的孩童形象。在建筑中，丘比特的形象常常以高浮雕的石刻形式出现。

古希腊屋顶斜座石

古希腊屋顶斜座石

连接屋顶的挑檐或屋顶端头称为斜座石（Skew corbels），是将一块石头嵌入山墙底部形成的建筑结构，这种结构可以有两种做法，一种是直接用砖成斜面的形式，另一种是向外出挑檐口，可以雕刻简单的线脚装饰，并另留排水沟。

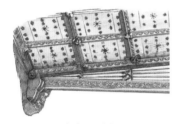

古希腊天花板

古希腊天花板

把一整块天花板区隔成多个小区域进行装饰的方法在各个时期的屋顶装饰中都很常见。古希腊时期，虽然雄伟的建筑由坚固的石块砌成，但这些建筑的屋顶却大多都是木构的，然后再通过与建筑主体相同的线脚和雕刻图案来取得总体风格的统一。木构件容易损坏，这也是留存的古建筑大多没有屋顶的主要原因。

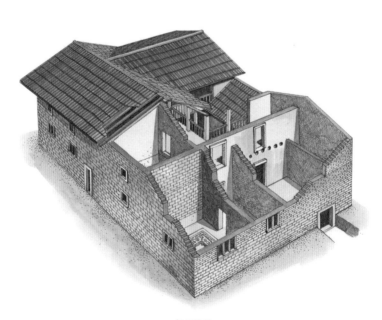

好运别墅

好运别墅

古希腊时期雅典和各个城邦已经初步进行分区，居民区大多经过规划，被分成规则的方格网状平面，每户都占有一块规整的方形土地。虽然建筑内部的布局与装饰各不相同，但基本格局还是极为相似的。图示为一种最具代表性的古希腊住宅形式。整个住宅平面呈矩形，主要建筑位于院落北部，一般是带有柱廊的楼房，房屋坐北朝南以利于采光通风。院落的其他三面可以随意设置建筑，但院落中心一般都要设置祭坛，且无论院落还是房屋中的地面都有大面积精美的马赛克装饰。此住宅位于古希腊奥林索斯地区。

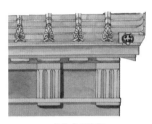

多立克三陇板

多立克三陇板

三陇板（Triglyph）是多立克柱式檐壁的典型装饰，由古老的木结构横梁凸出在外的模式演化而来，在石质的神庙建筑中，三陇板不具有任何结构功能，纯粹是一种装饰物，但也有比较严格的柱分法（Monotriglyphic）。三陇板通常都要正对着柱子的中心线设置，在柱间距大的建筑中，则在柱间也设一块三陇板，陇间可以空白，也可以雕刻图案。

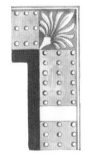

多立克柱式出檐底部的雨珠装饰

多立克柱式出檐底部的雨珠装饰

古希腊对于建筑的装饰是无所不在的，这种挑檐下的装饰图案（Cornice soffit viewed from below showing mutules）是人们偶尔仰视时才能见到的，以重复或简洁的图案为主。

特尔斐的古希腊宴会厅立面

特尔斐的古希腊宴会厅

这是古希腊城市中比较常见的一种公共建筑形式（Lesche at Delphi），也是一种有代表性的世俗建筑模式。建筑主要由石砌墙体承重，各柱子只作为一种装饰元素。这种建筑的面积通常比较大，采用木构屋顶形式。从平面上看，两端往往呈现半圆形。

古希腊爱奥尼克柱式

古希腊爱奥尼克柱式

一个完整的古希腊爱奥尼克柱式从底部到顶部应该具备的各种主要结构为：柱础、柱身、柱颈、帽托、涡卷、涡卷"眼"、额枋、檐壁和檐冠。

莱斯卡特纪念碑顶部

莱斯卡特纪念碑

这是古希腊为了纪念一次歌唱比赛取得胜利而建造的纪念碑细部（Detial of dome of the choragic monument of lysicrates），其形制具有代表性。在平面为圆形的基座上，6根科林斯柱式支撑着由整块大理石雕刻成的圆顶，圆顶底部有一个连续的雕刻带，镂空雕刻有立体涡旋形装饰，顶部是一个大体上呈三角形的立体雕刻，代表着胜利，这种建筑形式对于后世影响很大。

埃比道拉斯剧场

古希腊埃比道拉斯（Epidaurus）剧场位于伯罗奔尼撒东北部，兴建于公元前5世纪后期，至公元前4世纪基本建成，后续工程可能一直持续到公元前2世纪。作为此时期兴建保存最为完好，且目前仍可使用的剧场，规模也相当庞大。端头的布景建筑建成时的高度可能超过10米，前面圆形的表演场直径约20米，再向后主体半圆形的观众席直径约120米，分为下部34排座位与上部21排座位两个部分，纵向由13道带台阶的放射形走道分隔，可同时容纳1.2万名观众。

埃比道拉斯剧场

古希腊剧场

古希腊剧场

古希腊时期的剧场（Theatre）都是依靠自然的山坡地形开凿而成，逐层升高的观众席围绕着中央圆形的表演区域。埃比道拉斯剧场（Epidaurus 350～330 B.C.）的观众席整体呈半圆形，顺圆弧在座位前设有走道，每隔一定距离还设通层放射形的纵过道。这些设置可以保证观众快速进、离场。由于古希腊对声学研究已经颇有成就，这些剧场的音响效果都很好，如设在观众席中的铜瓮起着共鸣的作用，又保证了良好的音质效果。舞台与观众席由边道相区隔，表演区又被分为演奏区和合唱区。由于剧场是为在祭祀活动中演出祭神的剧目而建造的，因此在圆形的表演区中都设有一个小型祭坛，此后才是长方形供演出的舞台，在演出中心以外还设有供化妆和放置道具的小屋，这种建筑的外墙面以后也逐渐演化成了表演区的背景墙。

普里恩体育中心

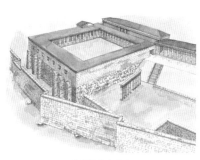

普里恩体育中心

这是一座兼具学校功能的古希腊体育中心，由正方形的建筑和与之相接的训练场构成。正方形平面的建筑边长约为 35 米，内部由每边 16 柱的柱廊环绕，与外部跑步场相接。公元前 4 世纪的体育场建筑已经相对成熟，主要以带柱廊的大厅为中心，四周分布有带洗浴功能的清理室、练习室，并有带跑道的训练场与大厅相接，一些训练场甚至还有屋顶。

古希腊石柱

古希腊石柱

图示为位于雅典的阿里萨克勒斯石柱（Stele of Aristokles,Athens），这也是古希腊一种人像柱的形式，是在承重柱上再雕刻人物形象，相当于柱身的装饰。

古希腊挡土墙的支柱

古希腊挡土墙的支柱

要支撑较大的侧推力时，除了主要墙体需具备一定的厚度，还要在墙体上设置支柱。这种古希腊古老的结构形式也是日后在哥特式建筑中大放异彩的飞扶壁的前身，其实这种形式早已出现，只是在那一时期尚未引起人们的重视而已。

古希腊小神庙立面

古希腊小神庙

这座小神庙采用了古希腊的科林斯柱式，其样式比较简单，柱身向上收分。古希腊神庙建筑底部多有高大的台基，所以有多级台阶作为过渡。建筑顶部采用三角形山墙，山墙内可镶嵌大型雕刻装饰，也可空置，直接裸露着石砌墙面。古希腊神庙建筑的大门开在山墙下正中，两侧不设窗户，神庙内比较昏暗。

海里卡那瑟斯纪念堂

这座古希腊纪念性建筑位于今土耳其的博德鲁姆（Bodrum），兴建于公元前355~350年间，（Mausoleum of Halicarnassos 355~350 B.C.）由底部高大的基座与上部的建筑两部分组成，在建筑的入口、墙角等处还设置了狮子和马的雕像。高大的基座与建筑顶部阶梯形的三角屋顶对建筑物的纪念性做了强调，其本身雄伟的体量也隐喻了一种不朽的精神。这座建筑15世纪被拆毁。

海里卡那瑟斯纪念堂

第三章　古罗马建筑

古罗马建筑

在伟大的古希腊文明发展的同时，建筑史上另一个同样拥有伟大成就的国家——古罗马也在蓬勃地发展着。尽管在古希腊已经取得惊人成就的时候，古罗马还只是意大利半岛上的一个小城邦，但勤劳勇敢的罗马人以他们的实干精神，将这个小城邦发展得越来越大，越来越强盛。古罗马最终取代了古希腊，成为几乎统一整个欧洲的强大帝国。同时古罗马文明也在继承了高度发达的古希腊文明的基础上，又向前迈进了一大步。自此，古希腊文明与古罗马文明成为欧洲文明发展的主干，从这个主干上又不断伸展出各个时期和各个地区的不同文明，欧洲文明之树从此繁荣不息，而在作为文明表现形式之一的建筑中，这种继承与发展的关系尤其突出。在古罗马长达几个世纪的发展史中，其建筑大致可分为三个时期，即共和时期的建筑、帝国时期的建筑和分裂以后的建筑。

古罗马拱券结构

古罗马拱券结构

拱券（Roman arch construction）被广泛地应用于各种建筑之中，同时也成为古罗马时期重要的建筑特色之一。由于采用了四柱支撑的十字形拱结构，使得建造连续的拱形空间成为可能，而且墙面被支柱所代替，也形成了通透的拱廊形式。

赛蒂玛斯色沃拉斯凯旋门

赛蒂玛斯色沃拉斯凯旋门

凯旋门（Memorial\Triumphal arch）是古罗马为纪念对外战争的胜利而建造的，出于炫耀功绩的需要，凯旋门通常都建造得相当雄伟。早期的凯旋门只有一个圆拱，后来发展成为如赛蒂玛斯色沃拉斯凯旋门（Arch of Septimus Severus）这样两个小圆拱中间一个大圆拱的样式。凯旋门的三段式结构也成为一种经典的建筑布局结构，尤其在文艺复兴时期更成为一种经典样式而被广泛使用。

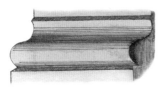

古罗马槽隔葱形线脚

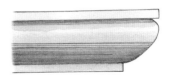

古罗马狭凹槽圆凸形线脚装饰

古罗马槽隔葱形线脚

古希腊时期的线脚都是徒手画成的，而古罗马时期则已经有了专门绘制线脚的精密仪器，这也令古罗马时期的线脚在有了更多变化的同时变得更加规范。槽隔葱形曲线线脚（Quirked ogee）有多个圆心，正是这些弧线的不同组合才有了各式各样的线脚。

古罗马狭凹槽圆凸形线脚装饰

线脚是建筑中不可少的装饰元素，曲线形线脚是由发端于一个圆心的圆弧上截取的一部分，有时一个简单的线脚也可能是由多个圆心上截取的曲线组成的，如图示的狭凹槽圆凸形线脚（Quirked ovolo）。

古罗马壁柱装饰

古罗马壁柱装饰

这是一种多用于壁柱装饰（Pilaster face, ancient Rome）的图案，也采用了普遍的莨苕叶涡卷纹。这种装饰图案在古罗马时期被用于各种建筑装饰，其特点在于，组成整个图案的各个细部叶片伸展方向较散发，因此图案很活泼，但也缺乏统一性，容易给人以混乱的感觉。

无釉赤陶浮雕

无釉赤陶浮雕

无釉赤土陶器（Roman terra-cottas）由耐火型的黏土制成，多用来做屋顶或地面砖的材料，因其具有较强的可塑性又很坚固，所以多用来做装饰材料。这种浮雕装饰在古罗马时期开始被使用。未上釉的赤土陶多用比较粗犷的手法进行装饰，所以更有一种原始的朴拙美。

石横梁

古罗马拱券

石横梁

这种古希腊风格的石横梁（Opening spanned by a lintel, Arch of the Gold-smiths, Rome）在古罗马时期常被采用。两边的底座采用了多立克式柱础，而上部则分为三个区域，两边是精美的混合式壁柱，中间是带有情节性的雕刻。横梁雕刻成了梁枋的结构，还有薄薄的出檐。底座与横梁顶部的线脚形成对应，加强了石横梁的整体性。

古罗马拱券

由于混凝土的广泛使用，古罗马拱券下部的柱式已经不具承重作用，而成为墙壁的装饰，正如同拱券上的装饰性石材贴面一样，柱子也多采用壁柱的形式。图中所示为二分之一壁柱式。这种壁柱之间的上部用拱券承托横梁的手法在古罗马时期常用。

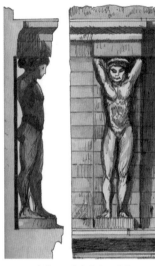

奥林匹亚的宙斯庙男像柱

奥林匹亚的宙斯庙男像柱

把建筑中的承重柱雕刻成人像的形式是古希腊建筑中比较常见的做法，这种传统也被古罗马建筑所继承。一般在建筑底层多用男像柱，并且着力刻画男像因受力绷紧的肌肉和努力托起建筑的形象。在建筑的上层则多用精美的女像柱，并突出其飘逸、优美的形象。图示为位于阿格瑞真托的宙斯神庙中的男像柱（Telamon: Temple of Zeus, Agrigentum 510~409 B.C.）。

早期希腊罗马式窗户

大约公元 3 世纪时早期希腊罗马式窗户在早期希腊罗马柱式（Early Greco-Roman window, Palace at Shakka c.3rd cent.A.D.）的基础上有所发展，并创造了多层建筑中柱式的设置规则。古罗马最常用的古希腊柱式是华丽的科林斯柱式，而且由于墙面成为建筑的主要承重结构，所以主要作为装饰元素的柱式应用也更加灵活和自由。

早期希腊罗马式窗户

波图纳斯神庙

波图纳斯神庙

这座位于罗马台河岸边的波图纳斯神庙（Temple of Portunus），是早期仿制希腊式神庙的建筑典范，但将一圈柱廊变成了半边柱廊，半边壁柱的形式。古罗马神庙追求高大的建筑体量，因此在比例上也较希腊神庙更大，显得更为高峻。

古罗马庞贝城神秘别墅室内墙饰

古罗马庞贝城神秘别墅室内墙饰

古罗马庞贝城的室内墙面彩绘都以模仿室外建筑形象作为装饰，其做法经历了一个演化过程，早期多在墙体上用灰泥做凸出的檐口和柱子形式，再在其间绘画装饰，后期则直接在墙上画出檐口、柱子等形象。神秘别墅的室内装饰是后期彩绘做法的代表作。

女灶神庙

这座公元前31年修建的神庙又称为韦斯太神庙（Temple of Vesta, restored view 31B.C.），因修建的年代比较久远，现在只剩小部分残迹，由圆形的神庙与方形的韦斯太之屋组成。神庙平面为圆形，外层有精美的科林斯柱式围廊，坐落在一个高大的方形台基上。神庙内存放着象征罗马生命的圣火。

女灶神庙正立面复原图

达瑞德纪念碑

由巨石垒砌的纪念性建筑（Druid monument）虽然外表粗糙，但已经展示了当时古罗马人们搬动和垒砌较大石材的能力。在此使用的石梁枋结构，也是一种古老的建筑结构，在此基础上才衍生出了更复杂和更多层的建筑。

达瑞德纪念碑

乌尔比亚巴西利卡

古罗马时期的巴西利卡经常同广场、纪功柱、神庙等建筑组成一个庞大的建筑群，如位于图拉真广场上的乌尔比亚巴西利卡是古罗马的一栋公共建筑。这座大厅是古罗马时期的一座大型巴西利卡式建筑，其支柱高达 10.65 米，中央大厅跨度达 25 米。中殿的四周是栓廊，高处设立侧窗采光。中殿长轴的两端各有一个半圆形龛。

乌尔比亚巴西利卡

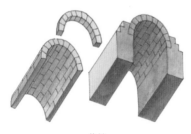

筒拱

筒拱

早期人们主要用筒拱的结构来支撑穹顶，所以筒拱底部一般都要砌筑厚墙壁以支撑这种侧推力，并将它传至地面。在建筑内部，由于筒拱与穹顶的组合，使得内部空间更加开敞。

塞尔维乌斯城墙

塞尔维乌斯（Servius）城墙是罗马文明早期的城墙建筑代表，由于灰浆胶结技术还未出现，因此这些城墙都是由雕刻成统一尺寸的石块砌筑而成的，为增加结构坚固性，有些部位在墙体外设置十堆维护。

塞尔维乌斯城墙

古罗马柱式发展

罗马人继承了古希腊的柱式，并在此基础上又发明了托斯卡纳（Toscan Order）和混合柱式（Composite Order），最终形成了完善的古罗马五柱式。而罗马人在建筑中取得的另一项重要成就，就是将古希腊时期没被重视的拱券技术发扬光大，并使之成为古罗马建筑中最重要的组成部分。由于混凝土和拱券技术的结合，罗马建筑更加高大、稳固，其建筑内部更通透，还出现了穹顶。拱券和墙体成为主要承重结构，各种柱式多采用壁柱形式，成为建筑中的装饰，但此时形成的柱式及柱式应用规范也固定下来，这种柱式规范的影响非常深远，至今仍在被广大建筑师所学习和模仿。由于建筑施工技术的简化，施工速度也大大加快，这也是古罗马时期比古希腊时期留下了更多、更珍贵的建筑实物的原因。

古罗马五种柱式

古罗马五种柱式

古罗马时期在古希腊原有柱式的基础上又进行了完善和改进，制定出了柱式的比例关系，形成了成熟的五种柱式，分别是塔司干柱式（Tuscan Order）、多立克柱式（Doric Order）、爱奥尼克柱式（Ionic Order）、科林斯柱式（Corinthian Order）和混合柱式（Composite Order）。这五种柱式也成为西方建筑的基本母题，并一直被后世所沿用。

托斯卡纳柱式

通过透视图（Tuscan order: perspective view）可以看到，这是一种将多立克柱式简化得到的新柱式，不仅柱身上没有凹槽装饰，其所在建筑檐部的装饰也非常简单，甚至没有装饰。通过柱上楣和柱头（Tuscan order entablature and capital）的放大结构可以看到，托斯卡纳柱式的中楣很平直，出挑的飞檐下也不设托檐石装饰。柱础（Tuscan order base）底部只有一块较薄的方形基座，而柱础本身则只有一个圆环面，并不像其他柱式的柱础那么高。

托斯卡纳柱式透视图

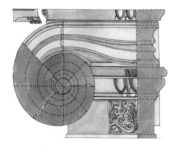

古罗马爱奥尼克柱头剖立面

古罗马爱奥尼克柱头

在爱奥尼克柱式中，柱头垫石下部的两个涡旋图案中心都有一个小圆面，这个中心圆面称为"小眼睛"。爱奥尼克柱头上的涡旋图案并不总是与柱身垂直的，在建筑拐角处设置的涡卷就要向外凸出。

科林斯柱式

科林斯柱式

罗马科林斯柱式的基座式样与爱奥尼克式相同，但柱径与柱高的比例为1∶10，柱身变得更加纤细和高大，柱身上有24个凹槽。柱头部分由两层毛茛叶和涡卷图案组成，涡卷图案多成对出现，柱头转角处的涡卷较大，立体性也较强，但平面上的涡卷也是越到中心越向外凸的造型。

阿巴西斯风格装饰

阿巴西斯风格装饰

用三角与菱形块组成的图案是一种中性的装饰纹样，几乎可以用在任何类型和功能的建筑中，同时这种纹饰可以雕刻、彩绘或由马赛克贴面而成，并在花纹和组合方式等方面增加变化。

混合式柱顶端

科林斯柱顶端

混合式柱顶端

混合柱（Composite Abacus）顶端与科林斯柱式极为相像，只是这种柱式较之科林斯式还要更加精美，因此柱顶盘较薄，以最大限度突出布满雕刻的柱头。

科林斯柱顶端

科林斯柱（Corinthian Abacus）顶端有多层线脚重叠，华丽的柱子顶端还有外凸的涡旋，柱顶端剖面呈不规则平面，这种复杂的顶端也与繁复的柱头风格相对应。

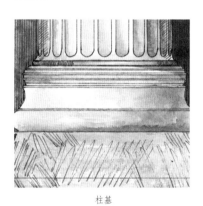

柱基

柱基

柱础一般处理成圆环面的形式，主要是用内凹或外凸的弧面线脚装饰。

科林斯式檐板和挑檐

科林斯柱式在罗马建筑中的使用很普遍。与华丽的柱头相协调，整个柱顶盘（Corinthian entablature）也常有精美而复杂的雕刻作为装饰。檐部各部分都有严格的比例关系，以保证檐部在比例上的协调。檐口最上部的檐冠常以狮头图案装饰，它也可以设置成为排水口，底部出挑的檐下则多以卷草纹装饰，檐壁则以神话故事为题材雕刻带有场景的装饰带，各部分之间还有各种图案的线脚作为过渡。

科林斯式檐板和挑檐

多立克柱式的飞檐

因为古罗马建筑的檐部多向
外出挑较深，形成飞檐的形
式，所以檐下就多了托檐石的
结构。托檐石通常与三垄板对
应设置，并雕刻成六个一排的
雨珠饰进行装饰，而出挑的飞
檐底部也要雕刻与之相对应
的图案。

多立克柱式的飞檐

埃皮达鲁斯圣地围场柱头

科林斯柱头上主体是由两层毛
茛叶组成的，每排都围绕底座
分为等距离的 8 排，第二列的
叶片稍大，并位于第一排小叶
子的分界处，这样就形成了层
叠的叶片形式。柱头上的涡卷
图案则是越接近中心就越向外
凸出，形成一个有层次表面。

埃皮达鲁斯圣地围场柱头立面

科林斯柱挑檐上部

柱子支撑的建筑檐下部，是人
们仰头才能看到的装饰图案，
其所处位置如同顶部的天花装
饰，因此装饰图案应该鲜明而
清晰。方格装饰内部的线脚
可以采用退缩的形式产生立体
感，回字纹的装饰图案也采用
了高浮雕雕刻而成，这些处理
手法都是加强图案表现力的有
效方法。

科林斯柱挑檐上部

塔司干壁柱细部处理

塔司干壁柱细部处理

塔司干柱式采用二分之一壁柱式，多用于建筑的底层立面装饰。壁柱根据显现柱身的比例可分为多种形式，二分之一的壁柱式立体性更强。对壁柱柱础、柱身和柱头等部分的处理则与真实柱式相同。

塔司干柱顶端

塔司干柱式

塔司干柱式

为了纠正视差，柱身部分要做一定的卷杀。塔司干柱式的柱础、柱头都只以简单的半圆线脚装饰，柱身无凹槽。与简约的柱身相对应，建筑檐部也直接裸露着结构部分，没有做任何装饰。这种简洁的形式也与建筑上部华丽的柱式形成对比，以突出坚实的底部结构。

塔司干柱顶端

塔司干柱顶端（Tuscan Abacus）同多利克柱式相似，但线脚装饰要少得多，是所有柱式中最简约的样式。这种朴素的样式也突出了整个柱式实际的承重功能。

古罗马建筑成就与建筑著作

古罗马建筑的发展建立在古希腊建筑所取得的一系列伟大成就上，其本身的起点就比较高，再加上整个古罗马时期高度发达的文化及古罗马人对建筑的偏爱，因此古罗马建筑无论从形制、工程技术还是建筑外观及种类上来说，都比古希腊时期的建筑要丰富和进步得多。不仅在实际的建筑活动中取得了突出的成就，在建筑教育和研究领域也比古希腊时期有了很大进步。古罗马有专门培养各种建筑人才的学校，还对当时的建筑活动予以记录。当时罗马人维特鲁威（Vitruvius）所著的总结性建筑著作《建筑十书》，就是欧洲第一本专门论述建筑的书籍。

费雷岛上的图拉真亭

在古罗马统治下的埃及也营造了许多大型的
建筑，图拉真亭（Kiosk of Trajan）就是代表
性建筑之一。这些建筑是综合了古埃及与古
罗马双重风格的产物。以棕榈树为原型的柱
子是古埃及的传统柱式这一，但在此时也有
所改变，柱头从平面形式变成立体形式，出
现了参差的叶片。

费雷岛上的图拉真亭

古罗马庞培城洗浴室

四通八达的输水管道将各种生活用水
直接送到居民家中，密集的居民区在
建筑时就预先铺设了上下水管，居民
家中也有了供专门洗浴的房间（La-
trina），甚至配备了可冲水的马桶。
这些先进的生活设施在古罗马城市的
居民家中已经相当普及。

古罗马庞培城洗浴室

拱形图案装饰

公元 2 世纪，潘可提坟墓（Tympanum
of door, Tomb of Pancrati, Rome 2nd
cent. A.D.）的这种装饰图案是在石膏
或灰泥墙上用浮雕和彩绘相结合的方
式制作而成，因此不仅有鲜艳的色彩，
还具有一定的立体感。整个墙面的构
图虽然使用了传统的对称形式，但在
细部也有变化。

拱形图案装饰

墙体碎石砌筑方法

墙体模板砌筑方法

古罗马时用模板砌筑墙体，一种为直接用石块垒砌的墙面做模板再在内部添入土或碎石建成的墙面。另一种是以木板为模板，再在中间夯土，或浇筑碎石与混凝土的混合物建成的墙体。为增加稳固性，用木板做模板时，要在木板外围楔柱加固。

墙体石块砌筑方法

墙体双式砌筑方法

古罗马时期墙面可以用红砖或石板贴面装饰，其内部砌筑的方法却有很多种：浇筑混凝土和碎石的模板可以用木板，待浇筑完成后取下，也可以用砖石墙，砌筑完成后不取下，而成为墙体的一部分。

墙体三角式砖砌筑方法

墙体规整石块砌筑方法

古罗马时期，用经过加工的规整石块砌筑的墙体是一般建筑所使用的，混凝土在这种墙壁中只作为一种黏合涂料，涂在砖块相接的面上。

墙体碎石砌筑方法

以碎石为骨料，混凝土为黏合材料砌筑成的墙体既坚固又大大减少了混凝土的使用量。建成的墙面可以贴砖面和大理石面装饰，这种做法给人们一种砖墙的错觉，这也是罗马建筑最普遍使用的一种砌墙方法。

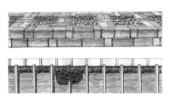

墙体模板砌筑方法

墙体石块砌筑方法

古罗马时期主要以不规则的石块砌筑墙体，只在石块间隙和接缝处用混凝土加固，最后用大理石贴面装饰。在这种墙体中，混凝土所占比例非常小，近似于灌缝的砂浆，但却起着重要的凝固作用。

墙体双式砌筑方法

墙体三角式砖砌筑方法

古罗马时期砖石墙可以按普通的方法垒砌，也可以采用一种三角形式砖或石块，尖角朝里，再在其中浇筑混凝土和碎石料。浇筑完成的墙体还要在外侧贴大理石板饰面，室内可以用马赛克拼贴成各种精美的图案。

墙体规整石块砌筑方法

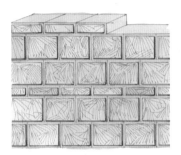

石雕刻工艺

石雕刻工艺

古罗马时期石雕刻工艺（Bossage）是一种朴素的墙面装饰工艺，通过砖石的不同砌筑方法形成变化而有规律的图案，墙壁砌筑完毕后，还要在砖石接缝处以细砂浆抹平，以突出石头的装饰，也可以指雕刻装饰前粗糙的石墙面。

凹墙

凹墙

凹墙（Allege）是一种较薄的墙体，出现在古罗马的建筑上，主要用在窗户下面的拱肩部位。

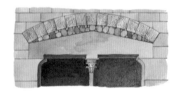

古罗马石横梁

古罗马石横梁

在墙面上设置门或窗需要在其顶部设置横梁（Stone Lintel），拱券有较好的承重性能，因此可以设置在最上部以支撑顶部墙体的巨大压力，而底部就需要一块略呈三角形的横梁，中部突起的角正可以支撑拱顶，在拱顶与石梁之间以混凝土加碎石填充，起到了很好的连接与缓冲作用。底部支撑的中柱主要起减弱石横梁承重力的作用。

穗状花纹

穗状花纹

这是一种旧式的石工技术，主要是将要砌筑的材料通过不同的交叉方式，以形成层次清楚的人字形图案或鱼骨状图案，可以美化和装饰墙面或地面，是古罗马的一种砌墙方法（Spicatum opus）。

狭凹槽正波纹线脚

狭凹槽反波纹线脚

鸟喙形线脚

这是曲线线脚中的一种狭凹槽形的装饰线脚（Quirked\Quirk molding），开始于古罗马时期也是建筑中使用最多的一种装饰线脚。鸟喙形线脚有多个变体形式，如图示的正波纹线脚（Quirked cyma recta）与反波纹线脚（Quirked cyma reversa）。在同一建筑部可以使用多个线脚，但应将大小、曲直的线脚组合使用，尽量避免相同造型和相同尺寸的线脚连用，那样会使装饰部分显得呆板，缺乏变化。

仅加工砌面的料石墙

仅加工砌面的料石墙

古罗马时期来自采石场的石料只被粗加工为方形或菱形直接砌筑墙壁（Quarry-faced masonry），用这种石块垒砌的墙面称之为料石墙面，多用于城墙、堡垒等大规模的建筑当中。

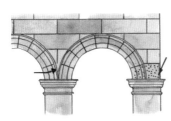

古罗马拱座

古罗马拱座

位于拱券与柱子之间的基座，基座部分的石块对上有倾斜的表面承接券的压力，并将其传导至柱子上，对下则与另一边拱券基石的推力互抵，保持连续拱券的平衡。虽然基石是拱券的一部分，但也作为重要的结构而单独存在，在英文中有其专属的名词，称为"skewback"。

多角石砌筑的墙体

多角石砌筑的墙体

在古罗马时期这种不规则的巨大石块垒砌的墙面（Polygonal masonry）多作为城防墙体，与粗面石墙体不同的是，这种大石块墙体在修筑完成后，都要对墙面进一步加工，使墙面光滑，这也是增加墙面防御性的措施之一。

西方建筑图解词典

长方形石料的砌筑法

古罗马时期出现了这种砌筑法。这种大小不一的石块都是经过加工的，只是在砌墙时采用了看似毫无规律的"乱砌法"（Random ashlar），这也是美化墙面的一种方法。实际上，为使墙面更加坚固，在石块的排列与组合上还是需要精心设计的。

长方形石料的砌筑法

锯齿状的护墙壁垒

在古罗马时期，有着高大围墙的城防建筑，都要在顶部的墙面上开设锯齿形的壁垒（Rampart with crenelled parapets），这种壁垒由一个墙垛组成，既方便平时观察外部情况，也利于战斗时射击。

锯齿状的护墙壁垒

波形瓦

古罗马时期出现的一种侧面呈 S 形的屋顶瓦片（Pantile），这种瓦可以很好地相互咬合在一起，形成波浪般起伏的屋面形式，既有利于排水，又起到很好的美化作用。

波形瓦

挑台

这种在堡垒大门上设置的挑台（Meshrebeeyeh），大都做成有垒的墙垛形式，并设置射击口等以加强对大门的保护。出现在古罗马时期。墙垛下面的支撑结构是从墙面上伸展出的石块雕刻而成，坡面和深深的锯齿形能够防止敌人从这里攻击。

挑台

罗马瓦

罗马瓦

罗马瓦是一种截面呈 U 字形、锥形的单折叠屋瓦形式（Roman tile），多用于覆盖屋脊或其他接缝处。

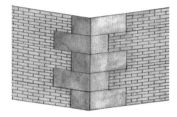

外角

外角

为了加固建筑拐角处的墙体，从古罗马时期起，人们经常在转角处设置此类外角（quoin\coign\coin），而出于装饰性的考虑，无论外角所用的加固材料与墙体是否相同，都使其与周围的墙面有明显的分别。这种区别可以通过不同材料的质感对比来获得，也可以通过对转角处使用的材料样式、规格等进行特殊的处理来获得。

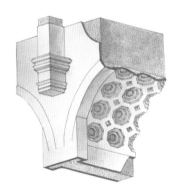

罗马拱顶建筑体系

罗马拱顶建筑体系

罗马拱顶建筑体系（Construction system of Roman vault）中已经很普遍地使用混凝土浇筑，但在主体的结构外侧都要进行贴面装饰，贴面的材料以各种砖、大理石板、马赛克镶嵌画为主，再加上柱式和精美的壁画等，这样处理的结果就使得建筑真实的结构被隐藏了起来。

莨苕叶涡卷形线脚

莨苕叶涡卷形线脚

涡卷形线脚是古罗马时期在连续的莨苕叶螺旋图案基础上，经简化而形成的涡旋线脚，主要采用大小螺旋相互配合的形式增加线脚的变化与表现力。图示线脚来自于公元前 334 年建造的莱西克拉特合唱团纪念碑（Scroll, Monument of Lysicrates c. 334 B.C.）。

三联浅槽装饰

三联浅槽装饰

这是多立克建筑檐下横额上的主要装饰图案，三联浅槽装饰（Triglyph）又称三竖线花纹装饰，由中部 V 字形凹槽分开的三个垂直的饰带组成，底部还有雨滴状的垂饰。

地牢内的死刑房间

地牢内的死刑房间

拱券的结构可以用较小的材料建设较大的使用空间，还具有很强的承重能力，因此也常被用来做地下空间的建筑结构使用，图示为古罗马地牢内建筑结构（Robur in ancient Rome）。

共和时期的广场建筑

共和时期，人们参政议政的热情高涨，因此各种中心广场（Forum）建筑被修建起来，以便为人们提供集会和高谈阔论的场所。这一时期的广场和广场中的建筑还沿袭着古希腊的传统，再加上罗马在攻陷希腊之后，大量的建筑和艺术珍品被运回了罗马，所以此时期的建筑还带有浓重的古希腊风格。此外，来自东方的文化对建筑产生了一定影响，这种影响也或多或少地反映在广场建筑当中，如建筑群采用轴线对称布置，各部分又通过层次变化形成不同的视觉重点等。

普洛尼斯特的命运神庙

这是古罗马共和时期的一座神庙建筑，因为神庙建在陡峭的坡面上，所以整个神庙依地势升高，被分为六层。最底层是一个巴西利卡式的集会厅，通过第二层阶梯形的平台与两侧的坡道，到达第三层带有两个半圆凹进部分的柱廊，第四层挡土墙上有石砌壁龛装饰，通过贯通三四层的台阶可以到达第五层，这是一个有柱廊的平台，周围环绕着带双柱的柱廊。第六层是一个带半圆形观众席的剧场，而主要的神庙，则设置在最后、最高的位置。

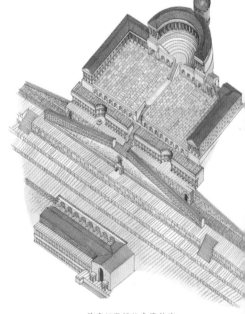

普洛尼斯特的命运神庙

圣赛巴斯蒂亚诺教堂的基座、柱础、柱头、
檐楣饰和挑檐下的浮雕装饰

圣赛巴斯蒂亚诺教堂的基座、柱础、柱头、檐楣饰和挑檐下的浮雕装饰

意大利圣赛巴斯蒂亚诺（Santo Sebastiano）教堂采用的混合柱式的基座、柱础、柱子整体比例，都与科林斯柱式大致相同，只是在细部上有变化，如柱础采用了枭混线脚。早期混合柱式的出现是为了简化过于修饰的细部，所以可以直接用于建筑之上以省略檐部的装饰，但到了后期，檐部也开始堆砌复杂的装饰元素，混合柱式也转变为最华丽的柱式。

纵横交错的砌砖结构

纵横交错的砌砖结构

这是由多种规格砖砌筑而成的纵横交错砖式结构（Reticulated brickwork）是古罗马常用的方法，最常见的就是长短砖结合的方式，这种方法技术含量低，也是最普及的一种砌法；方形饰面的砖，实际上是一种立体的三角形，砌筑时将其底部向外，尖头向内，形成犬牙交错的形式，其内部多以混凝土浇筑；双层砖体发券的拱门要以混凝土做砖体间的填充材料，要求有较高的砌筑技术，制作时通常在底部做拱形的模板支撑。

万神庙中的混合柱式

万神庙中的混合柱式

罗马万神庙中使用的是华丽的混合柱式，万神庙中的柱子都采用大理石或花岗岩雕刻而成，柱头贴金装饰。除希腊式柱廊中的柱子起承重的结构作用外，神庙中的壁柱与圆柱都为装饰性构件，在四周的神龛中还采用了两根圆柱式与两根壁柱式的彩色大理石柱装饰。

71

古罗马广场

这种开放型的广场（The Roman Forum）几乎都是罗马共和时期建造的，集商业、政治、宗教等多种功能于一身，是城市公共活动的中心。广场中设有罗马标志性的凯旋门，围绕广场四周则有元老院和各种殿堂及神庙建筑，广场中设有供民众发表政治观点的演讲台，以及纪念性的雕塑和石碑。

7 艾米利亚大教堂

这是现存最古老的一座殿堂建筑。艾米利亚大教堂是一座平面长方形的大厅式建筑，内部有两排柱廊支撑。艾米利亚大教堂外部开设两层连续的拱券装饰，每层顶部还设有各式人物雕像，内部装饰也十分讲究，整个大教堂以华丽的装饰著称。

1 元老院

元老院是古罗马共和时期国家的最高政治统治机关。由于元老院参与政事的人数众多，因此元老院是一座超大规模的建筑。此时的古罗马建筑仍带有一些古希腊的建筑风格，如元老院不但仍旧采用木构架屋顶，而且三角形的山墙面内也布满精美的雕刻装饰。

2 塞蒂米奥·塞韦罗拱门

这座拱门是现今古罗马广场中留存最为完好的一座建筑，其立面结构也非常具有代表性。拱门采用一大二小的三券式结构，拱券上布满了带有情节性的连续浮雕画面，两面还有华丽的壁柱装饰。

8　广场上的雕塑品

中心广场上设置有各式人物雕塑艺术品，位于中央区域摆放的是根据统治者形象雕刻的作品，十分具有纪念意义。同时，这种歌功颂德式的雕像也成为帝国时期广场中的主要陈列品。

6　韦斯太女神庙

这是一座平面为圆形的小型神庙，砖瓦结构建筑。韦斯太神庙中供奉着象征国家圣火，并有圣女居住其中以照看圣火，保证圣火永不熄灭。圣女一般从未成年的少女中选派，并终身居住在神庙中掌管相关的祭祀活动，被称为女祭司。

3　讲坛

这是古罗马公民聚集议事和发表意见的场所，讲坛面临的小型广场可以容纳从四处来的市民，每当元老院里颁发了新的政令也在此听取人们的意见。讲坛的设立也是古罗马民主统治的表现。

4　圣路

城市中的主要街道，圣路旁边多建造神庙建筑，通过宽阔的圣路也可以到达城市的中心地带。古罗马的道路铺设工作已经形成模式，从地基到铺设路面要经过多道工序，最后以碎石板铺设路面，而且路面中心略凸，两边还留有排水沟。

5　农神庙

这也是古罗马最古老的一座神庙建筑，主要用于存放全城的公共财产。农神庙建设在高大的台基上，前立面还设有爱奥尼克式柱廊，主体建筑采用混凝土浇筑，但也采用木结构屋顶，上覆罗马瓦。

凯撒广场

凯撒广场约建于公元前54年，作为古罗马广场群中兴建较早的一座，凯撒广场的构成较为简单，由一端的神庙和它前面的一个长方形广场构成，广场在两条长边实墙外，设置有柱廊以供人们使用。此后，以凯撒广场为开端，这种中轴线的一端设置神庙与两侧柱廊围合出的长方形广场，成为此后帝王纪念广场普遍采用的建筑形式。

凯撒广场

玛尔斯·乌尔托神殿

战神玛尔斯·乌尔托（Mars Ultor）神庙是奥古斯都广场上的主体建筑，这是一座立面8柱的科林斯柱式神庙，神庙所在的广场四周不再是柱廊，而是由高大的实墙与外界隔离开来，而且在靠近神庙的广场两侧，对称设置了两座半圆形平面带柱廊的功能空间，这种长方形广场与两侧半圆形的平面形式，也被后来规模庞大的图拉真广场沿用，成为古罗马帝国时期广场的特色。

玛尔斯·乌尔托神殿

提图斯凯旋门

提图斯凯旋门（Arch of Titus）约修建于公元82年，位于通向罗马广场的主要道路上，采用单孔洞形式，是为纪念提图斯公元70年在耶路撒冷取得的战争胜利而建，拱券内部雕刻有大幅高浮雕的战争胜利场景。

提图斯凯旋门

斜面处理

斜面处理

斜面（Splays）通常出现在古罗马建筑门、窗的侧面，这种设置可以使建筑一侧的开口大于另外一侧。斜面可以由一面倾斜的墙壁形成，也可以与另外的平面按一定的设置角度形成。在古罗马剧场建筑中，舞台前部的墙壁通常设置成斜面的形式。

柱上楣的下部

专门指任何建筑（如拱门、横梁、阳台、穹顶、拱券等）顶端暴露在下方的组件（soffit）。

柱上楣的下部

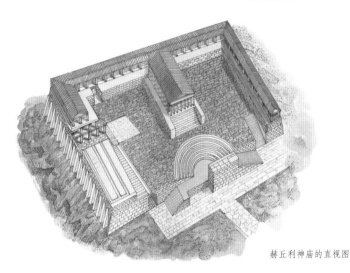

赫丘利神庙的直视图

赫丘利神庙

这座神庙建筑群建立在意大利蒂沃利的一座小山丘的人工平台上，神庙三面由双层柱廊围合，为了增加地基的稳定性，还在平台四周建设了加固的挡土墙。神庙建在平台中心的一座高台基之上，正面有八根柱子的面宽。此时的神庙已经采用混凝土结构，因而只在立面中使用了柱廊，两边则为封闭性的墙面。神庙入口处开凿了一座剧场，地势差被巧妙地开凿为阶梯形的剧场观众席，这种神庙之前建剧场的形式也是共和时期庙宇建筑群的一大特征。

75

共和时期公共建筑与平民建筑

共和时期公共建筑比古希腊时期有了很大发展。古希腊时期的剧场和音乐堂等建筑要依靠山坡而建，但古罗马时期此类建筑开始出现独立式。出现了区别于古希腊的竞技场建筑，此时的竞技场已经不再是体育运动的场所，而是人们观看角斗士和野兽搏杀的娱乐场所。出现了较大规模的公共浴池建筑，这是古罗马国力强盛的象征，也是建筑工程进步的一大标志性建筑。除了公共建筑外，罗马的平民建筑质量也大提高，在城市中出现了有层次的院落和多层公寓式住宅。

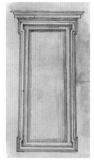

女灶神庙窗户的内景

女灶神庙窗户

女灶神庙又称为韦斯太神庙（Intemal view of window in Temple of Vesta）早期的窗户形象来自于此。门框两侧的上下都略有突出，就如同柱子的横剖面，而门头则是柱上楣和出挑的飞檐形式。图示窗位于意大利蒂沃利的女灶神庙，之中，约建于公元前80年。

蛀蚀状雕刻

蛀蚀状雕刻

这是古罗马砖石墙面的一种装饰方法，主要是在墙面上使用断续蜿蜒的刀法，造成弯曲的如虫蚀足迹的雕刻（Vermiculated work），类似的装饰方法还可以用在马赛克贴面的墙壁上。

古罗马住宅大门

古罗马住宅大门

建筑实际上是由混凝土浇筑而成，墙上的大理石饰面和门柱、门头形象都是装饰元素，本身不起任何的结构作用，因此这部分的雕刻也比较随意和自由，图案非常精美和细致，甚至暗示着建筑物本身的使用功能。图示大门来自庞培城潘莎房屋（Door, House of Pansa, Pompeii）。

古罗马马塞勒斯剧院

依靠建造技术与材料的进步，古罗马剧场成为单独的一种建筑类型。与希腊剧场建筑不同的是，古罗马剧场的观众席不超过半圆形，而且与舞台连在一起，观众席与背景墙上还都设有顶篷遮风挡雨。剧场的外围立面被壁柱分为三层，底部两层还开设了连续的拱廊。马塞勒斯剧场 The Theatre of Marcellus 从恺撒时期开始修建，到奥古斯都时期完成，可容纳2万名观众，属于较大型剧场。混凝土的应用使得古罗马的剧场得以摆脱地形的束缚，而作为一种单独的建筑形式修建在城市中，此时的剧场外部仍然使用拱券与柱式进行装饰，内部舞台的背景墙也使用柱式与壁龛，但背景墙内部设有可供演员出入的暗道，增加了表演的观赏性。舞台与观众席上也都有顶篷，使演出免受自然天气的影响。

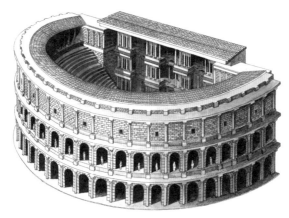

古罗马马塞勒斯剧院

圆花饰

古罗马的圆花饰是由层叠的花瓣组成的花朵图案（Rosette）有很强的立体性，虽然花瓣是由莨苕叶的形象转化而来，却没有生硬感。利用抽象的图案作为装饰纹样也说明古罗马人已经不满足于对现实世界的模仿，而是创造属于自己的新形象和新特点。

圆花饰

镶边饰带

古罗马浮雕的绸带纹样交织在一起的环柱扁带饰，通常都通过雕刻成凹凸不平形式增加图案的立体感，这种饰带镶边（Tresse）多用于装饰性的线脚。

镶边饰带

77

锻铁旋涡形装饰

锻铁旋涡形装饰

这是古罗马建筑中采用的一种在木造部分用金属烙烫形成的螺旋形花纹装饰（Wrought iron scrollwork），只用简单的曲线线条作为主要表现手段，烙烫形成的花纹还可以嵌入锻铁装饰，以增加其表现力。

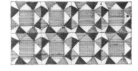

可分土墙

可分土墙

这是一种由石板、砖瓦、玻璃等材料形成的古罗马建筑铺面，每部分图案都有统一的尺寸，可根据铺设时的角度和拼接方法不同形成色彩丰富而且多种多样的图案，图示为两种墙面形式（Sectile opus）。

庞培城硬质路面上的马赛克

庞培城硬质路面上的马赛克

庞培城是古罗马公共设施建筑的代表，这种精美的马赛克装饰（Mosaic pavement, Pompeii）就是其取得的杰出成就之一。"回"字纹和重复的花朵图案是最多使用的装饰图案，而大面积白色与蓝色的使用则是庞培城在用色上的一大特点。

庞培古城墙面天花装饰

庞培古城墙面天花装饰

这种对称的天花装饰（Pompeian ceiling decoration）大多是在石膏或灰泥饰面上采用绘制或浮雕等方式制作完成的，其图案以各种动、植物或神话人物为主。

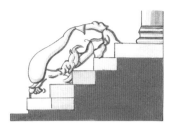

塞拉皮斯神庙门廊楼梯剖面

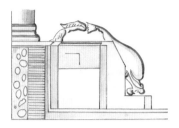

塞拉皮斯神庙门廊楼梯背面

塞拉皮斯神庙门廊楼梯

通过楼梯剖面可以看到台阶石板的排列，底层台阶的石板伸入到第二层之下，这是因为上部的阶梯会对下部产生一定的作用力，而加大底层石板的长度则有效地保护了楼梯的整体性。

塞拉皮斯神庙门廊楼梯背面

通过楼梯背面才可以看到真实的建筑基部，是采用石块与混凝土的混合结构浇注而成，柱子底部还做了特别的加固砌筑，而楼梯又起到了一定的扶壁作用。

塞拉皮斯神庙门廊

此神庙位于意大利那不勒斯泊滋勒斯镇，门廊已经可以成为单独的建筑形式，仅由高大的科林斯式柱与雕刻华美的柱顶檐部组成。这座门廊的特别之处在于只有中间四根柱子均匀分布，而两端头的柱子采用了双柱式。

塞拉皮斯神庙门廊立面

帝国时期的广场建筑

共和时期的广场因帝国时代的来临而转变了性质，不再是普通市民审议政策条例和讨论国事的场所，而成为帝王炫耀其功绩的纪念碑。与之相对应，广场建筑的面貌也发生了改变，开敞的广场变得封闭，原来广场中商业性和公共性的建筑被神庙、雕塑所取代，建筑外观更加高大、华丽。如图拉真广场（Forum of Trajan），这是由来自东方的叙利亚人设计的一组建筑群，是所有广场中规模最大，也最奢华的，全部建筑采用轴线对称方式建造。正门为凯旋门、内部柱廊环绕着广场。广场上设置图拉真皇帝的骑马青铜像，广场西面是古罗马最大的巴西利卡——乌尔皮亚（Basilica of Ulpia），最后是图书馆院落，院落中矗立着通身雕刻的图拉真纪功柱（Trajan's Column）。

庞培城广场

庞培城广场位于城市西南，以长约 150 米，宽约 30 米的广场为中心，这个广场是呈南北走向的窄长方形平面，四周由双层柱子围合而成，北部端头建有朱彼特神庙（Temple of Jupiter），广场东侧以一座市场和一座纺织类商业建筑为主，西侧则建有同样南北走向的阿波罗神庙和一座几乎与之垂直的巴西利卡式会堂建筑。

庞培城广场

庞培城广场巴西利卡会堂

这座会堂式的建筑规模庞大，四周有实墙体围合，在内部有 4×12 的一圈柱子，从柱间的跨度和未有屋顶残存的情况来推测，屋顶可能采用的是木质结构形式。

庞培城广场巴西利卡会堂

庞培城男像柱

庞培城男像柱

人像柱在建筑中非常多见，可以把整个支柱雕刻成人像的形式，也可以在柱子上采用浮雕的人像作为装饰。通常主要的承重柱都雕刻成肌肉发达的男像形式（Telamon），而室内或非承重柱则雕刻成优美的女性形象。

奥古斯都广场

奥古斯都广场

这是古罗马从共和时期向帝国时期转变阶段的广场，作为公共场所的开放性广场已经变为相对封闭的形式，广场建筑从赞颂伟大国家的纪念碑变成为帝王歌功颂德的纪念性神庙。奥古斯都广场建于公元前 42 年（Forum of Augustus 42 B.C.），四周有高大的围墙，广场内除供奉着战神的神庙和柱廊外，到处都摆放着奥古斯都的雕像，建筑高大的体量也显现出罗马帝国的强盛。

图拉真市场

图拉真市场示意图

由于市场建在一座小山丘上，采用了阶梯状的结构，有着非常复杂的结构。市场底部三层都采用筒形拱，以形成一个半圆的广场空间。市场二层商店向内缩进，形成了一条通道，而三层商店则与其他不规则的店铺以及顶部大厅相连接，形成一条室内街道。由于建筑内部结构复杂，纵横交错的筒拱还形成了肋拱的形式，这也成为以后哥特式建筑的主要特征之一。

图拉真凯旋门

图拉真凯旋门

图拉真凯旋门（Arch of Trajan）是依循传统修建的单拱样式，此时凯旋门作为已经被更具震撼性的图拉真纪功柱所替代。但作为一种纪念传统，各时期的帝王仍会在罗马修建凯旋门，至帝国后期，罗马城内的凯旋门数量达到了60多座。

图拉真广场

图拉真广场

整个图拉真广场由一座长方形的广场及广场两侧的半圆形空间，广场后部相接的横向长方形平面的乌尔比亚会堂，带有纪功柱的图书馆院和最后部的图拉真神庙这几部分构成。整组建筑中尤其以纪功柱和一侧半圆形平面的图拉真市场最为著名。

图拉真市场及附近区域

图拉真市场及附近区域

图拉真市场与广场之间有实墙相分隔，而市场呈阶梯状设置的多层商铺形式，既顺应了地形的高差，也为后部的广场地基起到了维护作用。市场上层最巧妙的是设置交叉形拱券，并在与边筒拱相接处留有孔洞，以便为内部采光，从这些孔洞透射进来的光甚至能照射到底层的过道上。

古罗马公共集会场所

混凝土技术与拱券结构的提高，使得古罗马人可以将建筑造得更加高大和宽敞，而巴西利卡（Basilica）的形式也正好为之提供了条件。建筑内部通常以马赛克贴面，并设置壁龛和雕塑作品，有时还要贴金箔装饰，完全将真实的建筑材料遮盖。

古罗马公共集会场所

罗马雕刻

罗马雕刻

带翅膀的飞兽与身体下部变为植物图案的天使形象是古罗马建筑中经常出现的装饰图案，在整个中楣的装饰带中，虽然所雕刻的形象众多，但各种形象中都暗含着一种螺旋的圆形图案，这种巧妙的设置使得整个雕刻有了很强的统一性。图示为图拉真广场建筑中楣上的雕刻图案，公元98~113年（Frieze, Forum of Trajan 98~113A.D.）。

波形卷涡饰

波形卷涡饰

螺旋形的图案在古典装饰中非常多见，这是一种由波浪形线条连接涡旋形成的波形卷涡饰（Vitruvian scroll），起源于古罗马时期，可以用于各种建筑的线脚及镶边。

帝国时期的神庙建筑

除了规模巨大的广场建筑外，代表着古罗马建筑综合水平的就是由哈德良皇帝主持建筑的罗马万神庙（Pantheon）了。万神庙的平面为圆形，其主体采用穹顶集中式结构建造而成，顶部穹顶的超大跨度也使之成为古代欧洲建筑中少有的大穹顶建筑之一。万神庙在结构、建筑材料、装饰等方面都是古罗马建筑的代表，这一阶段也是西方建筑发展史上的重要阶段。

罗马安东尼奥和弗斯汀拿庙

罗马安东尼奥和弗斯汀拿庙

古罗马的神庙外观已经同希腊式有所不同，修建于公元141年的这座神庙立面是古罗马代表性的神庙立面形式。由于混凝土的使用，墙面成为主要承重结构，神庙建筑外部环绕的柱廊都改为壁柱式，只是作为墙体的一种装饰。神庙正立面保留了柱廊，但柱廊同立面一样宽，大门前还有高高的台阶。

古罗马神庙侧立面的古希腊式入口

古罗马神庙侧立面的古希腊式入口

古罗马建筑中使用了很多古希腊建筑的元素。三角形的山花是古希腊建筑的标志性特征之一，在建筑的侧面使用简洁的入口形式，可以与主立面华丽的入口形成对比，突出其次要地位。门廊底部使用精美的科林斯柱式，并用变化的柱身，使简单的立面产生一些变化。直线与曲线互相调和，也避免大门过于单调。

古罗马神学院教堂柱头

古罗马神学院教堂柱头

柱头采用传统的莨苕叶进行装饰，顶部的叶形已经出现了涡卷形的趋势，是科林斯柱式向混合柱式过渡时期的一种柱头形式。这种灵活处理装饰图案的方法，在古罗马建筑的柱头装饰中被普遍使用，因而柱头样式更加活泼和多样。图示柱头来自阿沙芬堡的牧师会教堂（Romanesque capital, Collegiate Church, Aschaffenburg）。

古罗马万神庙

万神庙建造于公元120~124年（Pantheon 120~124A.D.），外部的台基很高，其门廊显得异常高大，使站在万神庙前的人们根本看不到后部的穹顶。而进神庙内部则又是另一番景象。底部环绕的壁龛和柱式都采用了正常的尺寸，而壁龛上，从底部一直延伸上去的五层凹格逐渐减小，更加强了穹顶的纵深感，使本来直径就达40多米的穹顶内部显得更加相当高敞。万神庙建成之初被作为广场兼法庭的作用，皇帝在此进行公审并签发敕令，神庙内还供奉着从古希腊承袭来的天界诸神。中世纪时万神庙被改为教堂，中央壁龛里设置了圣母子的雕像，周围的墙壁和壁龛还绘制了宗教题材的壁画。

古罗马万神庙

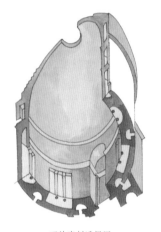

万神庙剖透视图

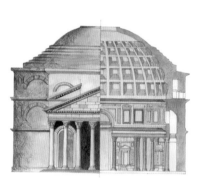

万神庙立面图及剖面图

万神庙剖视图

万神庙建筑还没有找到成熟的结构方法来削弱拱顶的侧推力，主要采用了材质的变化来减轻拱顶的重量，此外最重要的手段就是厚厚的墙壁。墙体采用了混凝土浇筑的方法制作而成，至顶部墙体变薄，还加入了大量质量很轻的浮石，从而大大减轻了穹顶的重量。

万神庙立面图及剖面图

从立面与剖面图（Pantheon: half elevation, half section）可以清楚地看到，整个穹顶似乎是由底部环形的墙面支撑，而神庙内部墙体上开设的壁龛与神龛似乎削弱了墙面的支撑作用。实际上，在四周的围墙之内，暗含着八组巨大的墩柱，这些墩柱承接了大穹顶主要的重量，才使得在墙面上开设壁龛成为可能。同时，这些壁龛也使得混凝土墙干得更快。

万神庙内壁龛

环绕万神殿四周都设有壁龛，这是拱券技术所取得的另一项成就。壁龛作为一种装饰母题，本身形象就来自于建筑立面。它作为墙面的装饰，又在大穹顶与底面之间形成过渡，使人们在感觉到神庙气势非凡的连通空间的同时，又不至于有孤立感。高大的建筑由于壁龛的加入而更具人性化，同时壁龛中还可设置神明或皇帝的雕像。

万神庙内壁龛

万神庙正立面

万神庙采用了圆形平面的穹顶集中式结构，由前部一个带有三角形山花的门廊和后部圆形的主体建筑组成，立面的大门两边各设一个高大的壁龛，里面分别供奉着奥古斯都和他助手的雕像。圆形的主体建筑整体都是由混凝土浇筑而成，从底部起，不仅墙逐渐变薄，砌墙所用的骨料也从底部沉重的岩石，逐渐过渡到中部的多孔火山岩、碎砖，直至顶部采用较轻的浮石。万神庙穹顶建筑的落成不仅丰富了建筑内部空间的变化，也开启了人们追求高大穹顶建筑的大门，使穹顶建造技术不断完善。其实早在尼禄皇帝在位期间，就已经出现了平面为圆形的宫殿建筑，只是穹顶结构还处于试验阶段，至万神庙建造完成后，古罗马时期又在各地修建了多座平面为圆形的穹顶神庙建筑。

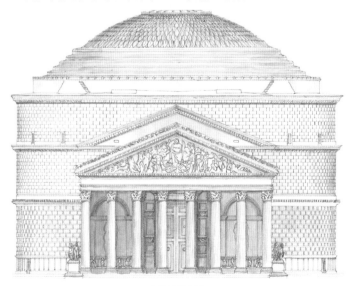

万神庙正立面

万神庙剖立面

万神庙由一个门廊与平面为圆形的穹顶建筑组成，是一座集中式构图的建筑。其穹顶使用分段的方式浇筑而成。首先要用楔形或弧面石料建造球面的胎膜，再在球形胎膜表面发券并浇筑混凝土。这种方法也为哥特式肋架券的出现奠定了基础。

1 门廊

万神庙门廊正面由 8 根华丽的科林斯柱式支撑，柱高 14.18 米。科林斯柱式的柱身部分由整块石材雕刻而成，而这些巨大的深红色花岗岩柱石全部是从埃及运来的。柱础、柱头和上部的檐板、横梁等都由希腊的白色大理石雕刻而成，山花和雕像等处则有金箔装饰。

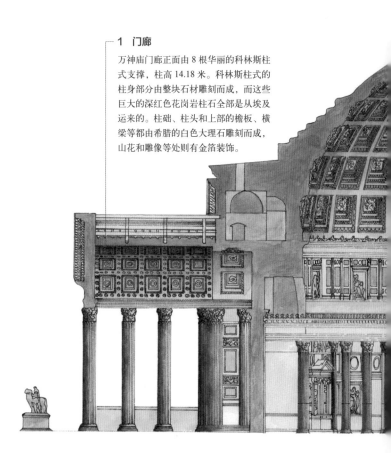

2　顶端圆洞

万神庙穹顶直径达 43.3 米，是古代社会最大的穹顶之一。穹顶中央还开有一个直径达 8.9 米的圆洞。这个圆洞不仅有排烟和照明的功能，还极具宗教的象征意义。

3　格状装饰

古罗马时期发明了一种新的混凝土浇筑方法，在砖券之间每隔一定距离就用砖带相连接，把整个拱顶划分为多个小格。这样可有效地防止混凝土外流。在穹顶上使用这种方法，又在内部产生了一定的美化作用，而内部凹陷的格状天花也装饰了穹顶。

4　墙体

由于穹顶主要靠墙体承重，因此万神庙的墙体很厚，最厚处达 6.2 米。底部的混凝土墙体由凝灰岩和灰华石做骨料，增加了墙体的稳固性。万神庙的穹顶大部分被墙体包裹，这也是为了削弱侧推力不得不采取的方法，因而使外露穹顶面积减少，缺乏饱满度。

万神庙附属建筑

万神庙附属建筑

万神庙旁边与之相连接的附属建筑，通过体量的变化与主体建筑相区分，同时又通过相同的柱式、相同的墙面，以及相同风格的雕塑作品与主体建筑产生相一致的关系。

万神庙内部墙面

万神庙内部墙面

万神庙内部墙面分为上下两层，都采用大理石贴面，还设置了壁龛和壁柱装饰。上下墙面层的壁柱尺度形成鲜明对比，底层柱高大粗壮，而上层柱矮小纤细。这种对比性很强的设置将内部空间衬托得更加高大。

万神庙穹顶

万神庙穹顶

整个穹顶直径达43.3米。这座穹窿顶是把混凝土灌入肋架内作为永久性框模，框模之间为较薄的藻井墙。平面为圆形的主建筑部分的墙体，总厚度达7米，外墙面为砖，内墙面为大理石。穹顶中央开一个直径达8.9米的天窗，使教堂内部与外部天空直接相通。穹顶上遍布的凹型藻井，每个藻井都有金箔包裹，里面还镶嵌着青铜花朵。它和天窗一样，不仅减轻了穹顶的重量，还达到了装饰的作用。制作手法相当巧妙。

万神庙剖面图

万神庙剖面

为了支撑巨大的穹顶，万神庙的墙体厚达 6.2 米，由混凝土浇筑而成，其中还加入了凝灰岩和灰华石为骨料。为了使墙体更加坚固，每隔 1 米左右，还要砌一层砖。砌筑好的墙体外以大理石板贴面，完全遮盖了混凝土墙壁。

古罗马多种柱子的组合形式

古罗马多种柱子的组合形式

除了古罗马的五种柱式以外，人们还在此基础上创造了更多样的柱子形式。图示的柱子就是在科林斯柱式的基础上变化而来的。布满莨苕叶与扭曲线脚装饰两根柱子与科林斯柱子相比更显细长，但三根柱子的柱头部分相同，建筑的基部、横梁、山花甚至大门和墙面都力求简单，以突显多变的柱式。

万神庙内部

万神庙大穹顶中央开设了一个没有镶玻璃的大圆洞，不仅是神庙内主要的采光和通风口，还有着丰富的寓意，阳光如神明一样从天而降，把光明带给人间。穹顶遍布凹形的花纹藻井。环绕还设有壁龛，供奉着罗马人已知的五大行星和太阳、月亮两个星体。壁龛在大穹顶与底面之间形成巧妙的过渡，使人们在感觉到神庙非凡的整体空间的同时，又不至于产生孤立感。庙内的地面也是依照帕提农神庙的地基上做了一些处理，中部较高而两边较低。这种处理不仅矫正了底面的视差，使之看起来更平坦，也使得人们站在神庙的中心观看四周时产生一种退缩感，加大了神庙的视觉范围，使神庙显得更加高大宽敞。

万神庙内部

梅宋卡瑞神庙

这座神庙位于法国尼姆（Maison Carree Nimes 16B.C.），是现今保存最完好的古罗马神庙，在外部形象上兼有古希腊与古罗马的双重风格特点。整个神庙建在高台基之上，四周有柱子围合，前面有深达四根柱子的门廊，这些都是古希腊神庙的特点，而高大华美的科林斯柱式，半圆的壁柱形式则又是罗马时期建筑的主要特征。

梅宋卡瑞神庙

莫索列姆陵墓局部立面

莫索列姆陵墓

位于哈利克纳苏的古罗马莫索列姆陵墓也采用三段式构图，由底层台基、中层立面与上层雕刻带构成。底部的台基被夸大，并设置了雕像装饰，虽然底层没有柱子，但多立克式大门与上层的爱奥尼克柱式也形成了变化关系。

哈德良神庙

哈德良神庙

罗马皇帝安东尼皮乌斯（Antoninus Pius）为纪念他的前任哈德良皇帝建造的神庙，建于公元 145 年前后。这座建筑的特别之处在于后世在原有遗址基础上进行改建，一直到近代仍被使用。在高近 15 米的古老列柱内，却有着现代建筑的玻璃窗。

帝国时期的宫殿建筑

除广场以外，皇帝们开始为自己建造辉煌的宫殿建筑，而尤以尼禄皇帝营造的金宫（Golden House）和哈德良行宫（Hardian's Villa,Tivoli）最为著名。在尼禄皇帝统治期间，罗马城发生了大火灾，而火灾过后大半个城市的废墟都被皇帝独自占有，修建了一座占地达 300 多英亩的新宫殿。这座宫殿不仅以其超大的占地面积和各种建筑形式俱全而著称，同时这组建筑异常华丽，用了大批的黄金作为装饰。宫殿中主要的穹顶建筑就因为被黄金装饰得灿烂夺目而被称之为金宫。另一座哈德良皇帝的行宫则以建筑面貌多样和景色秀丽而闻名。由于这位皇帝阅历丰富在这座行宫中集中了从埃及到希腊、罗马时期各个地方的著名建筑的微缩版本，行宫中的建筑和雕塑有相当一部分就是从所在的国家掠夺来的，可说得上是一座综合了各地精华的建筑博物馆。

墙中柱

墙中柱

墙中栓是古罗马时期出现的一种设置在墙面开口部分用以支撑上部重量的柱子。这种墙中柱分为承重和不承重两种，不承重的柱子主要作为一种装饰，因此柱子纤细、而且雕刻精美。而如图示中起承重作用的支柱，其柱身要粗壮许多，而且柱头上的装饰图案也以浅浮雕为主，以尽量少地破坏柱身结构。

古典浮雕装饰

古罗马人讲求精细的雕刻，在此时期的许多建筑中发现的雕刻装饰都极其细腻，而古罗马富足的生活使古罗马人在造就诸多伟大建筑的同时，也赋予这些装饰的花纹以欢快的风格。

古典浮雕装饰

朱比特神庙剖面

朱比特神庙

朱比特神庙平面为长方形，其内部则分为相对独立的两部分。每一部分都有巨大的筒拱屋顶，两部分的结合处则各有一个带交叉拱屋顶的半圆室。巨大的筒拱采用混凝土与砖墙砌筑而成，并采用与罗马万神庙相同的手法，将顶部砌造成格状的天花形式，既增加了顶部的装饰性，又减轻了拱顶的重量。

古罗马附近哈德良行宫

哈德良皇帝是罗马历史上著名的"建筑家皇帝"，他设计的这座别墅（Hardian's Villa）是一座包括了剧场、花园、建筑、浴室等多种类型的复杂建筑群，其中还包括了来自埃及、希腊等各地的代表性建筑。图示为别墅中著名的卡诺布斯大水池，水池周围有环绕的拱柱廊和大量雕塑作品，其中一排雕塑就仿自希腊伊瑞克提翁神庙中的女像柱。

古罗马附近哈德良行宫

古罗马科林斯柱顶部

古罗马的科林斯柱子上部采用束腰式，并有成排的忍冬草装饰。与古埃及时规整成束状的装饰图案相比，古罗马的装饰图案更加分散。而与古希腊时有着清晰轮廓的连续檐部雕刻相比，古罗马连续莨苕叶装饰的外廓更不明显，大小涡旋形的叶饰相间设置，不仅占满了所要装饰的区域，众多的叶片也似乎随时都会溢出边框。

古罗马科林斯柱顶端

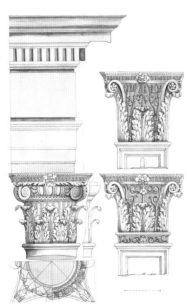

混合柱式的变化

混合柱式的变化

古罗马建筑中使用的混合式壁柱的变化多样，不仅柱身有圆形和方形两种，柱身上的雕刻也更加自由。柱头部分除了固定的莨苕叶与涡卷外，又加入了新的装饰元素。柱顶檐部的装饰也更加灵活，简洁的横梁与檐部连三陇板也省略掉，而繁复时则满布雕刻装饰，雕刻图案也不再限于记述战争场面的浮雕，各种植物、动物的造型也普遍被应用。

帝国时期的公共建筑

帝国时期在公共建筑方面取得了最为辉煌的成就，在此期间建造的诸多种类和形式的公共建筑都有着超大的规模和体量，巧妙的设计与施工技术暗含其中。如此高的建造水平与如此大的规模，在古罗马帝国以后很长时期都令后来的国家望尘莫及，也向天下人昭示着强大的罗马帝国曾有过的繁荣与昌盛。最令人瞩目的公共建筑非大斗兽场（Colosseum）与浴场（Thermae）莫属。

拱顶冠石

古罗马建筑的拱券顶部往往设置装饰性冠石（Agrafe），对拱顶的装饰一般都集中在中间一块拱心石上，可以用连续的涡旋形花饰或特定的标志物为装饰图案，如本图所示的人面形标志。

拱顶冠石

玛提约斯学院

玛提约斯学院建筑巨大的拱券由厚重的墙体支撑，而建筑顶部仍旧采用木结构屋顶。这所建筑是一座长方形的巴西利卡式建筑，一端还带有半圆形殿和两个圆形平面的小室。方形大厅采用木结构屋顶，而半圆形穹顶则采用混凝土浇筑，并有厚墙支撑其侧推力，但墙面与穹顶都采用红砖饰面，已经看不到真实的结构。

玛提约斯学院剖面图

纳沃纳广场

纳沃纳广场

在如今被称为纳沃纳的广场（Piazza Navona），在古罗马时期是图密善体育场（Stadium of Domitian），是图密善皇帝在公元86年左右，在原有帝国初期的体育场基础上，采用砖石结构改建的一座永久性的体育场。图密善体育场平面总体为长方形，一端为半圆形，长约700米，宽约50米，在场地内部一周设置两层拱券支撑的观众席。此后，人们在体育场周边建造了宫殿、教堂和其他城市建筑，但保留了原体育场地的总体平面形式，中心比赛场地设置了铺地并建造了喷泉，成为纳沃纳城市广场。

大竞技场和斗兽场之间的区域

罗马城中最为雄伟和庞大的建筑就是各种公共娱乐和服务性建筑，然后才是整齐规整的王宫。权贵和富人采用合院式的住宅，占地面积较大，且大多位于城市边缘。多数普通民众都居住在多层的公寓中，城市中的合院式建筑也常作出租，城里建筑密集，人口众多。高架桥的输水管线是城市主要的用水来源，贯穿整个城市。

古罗马城市中已经有了比较明确的分区，商业区、居民区、竞技场、剧场等相间分布。在罗马帝国最繁盛的时期，罗马城中人口众多，为解决这种人多地狭的状况，罗马居民区中的住宅越建越高，日渐密集，也造成了城市消防、供水、卫生等方面的诸多问题，政府还颁布了限制建筑高度的法令，这也是城市管理进步的表现之一。

大竞技场和斗兽场之间的区域

古罗马男像柱

古罗马男像柱

将支柱雕刻成人物形象从古埃及时期就已经开始，古希腊的人像柱也很普及，但都是在不破坏柱子本身结构的基础上的。古罗马的工匠已经掌握了建筑受力的规律，在这个看似玲珑的男像柱（Telamon）中，包含了一条主要的、略呈 S 形的受力线，将来自顶部的压力传至地面。

古罗马的四分肋筋立方体

古罗马的四分肋筋立方体

这是古罗马建筑中的一种在横梁交叉处设置的支柱头上的四面体装饰物（Ancient Roman quadrifrons），来自各个方向的过梁在此处交汇，其下的墩柱承担了这几条过梁传来的压力。在墩柱的上部雕刻着精美的人像装饰，这部分也就相当于墩柱的柱头。

古罗马大竞技场

古罗马大竞技场

竞技场（The Circus Maximus）位于罗马帕拉蒂诺山与阿文廷山之间的山谷中，总体呈长方形，两边抹圆。竞技场中心位置建有被称为山脊的矮墙，其上修建了各种纪念性建筑物作为点缀，实则是分割出两边的跑道。竞技场内可以容纳大约 25 万名观众，主要用于双驾或四驾马车的比赛。

竞技场或称体育场建筑也是从古希腊时期延续下来的建筑形式，主要用于进行各种体育比赛。竞技场平面长而窄，两边为半圆形，一边为出入口，另一边则为起跑点，竞技场中部有一道细长的中脊分隔，并设雕塑和各式纪念碑。由于马车竞赛运动在罗马颇受欢迎，因此竞技场建筑在罗马各地兴建，仅罗马城中就仍有 4 座此类的比赛场。

古罗马剧场

这座剧场位于法国奥朗日地区（Romn Theatre, Orange），剧场的座位席是沿山坡凿制而成的，可容纳大约一万名观众。对面的背景墙大约有五层，顶部还带有遮风避雨的屋顶，内墙上以拱券和壁柱装饰，各层上建有通道，可供演员进出场使用。背景墙中还设有嵌入的壁龛，设置着皇帝的巨大雕像。背景墙是主要的演出区，还设有可移动的舞台，舞台与观众席间则是乐队演出的乐池。

古罗马早期对剧场的兴建有严格规定，因此剧场也建造成神庙的样式。古罗马时期最早修建的永久性剧场建筑位于庞培城，此后在罗马帝国的各行省中也都修建有独立形式的剧场建筑，因为此时的戏剧表演已经不再是祭祀活动的一部分，而是人们一种休闲和娱乐的生活方式。

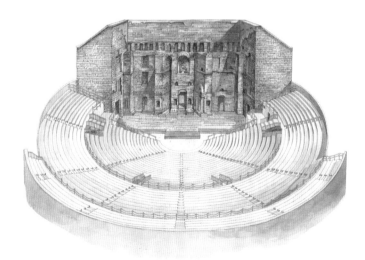

古罗马剧场

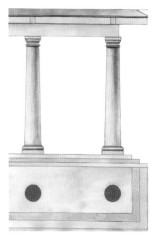

塔司干柱式详图

这是古罗马时期新创造出的一种柱式，柱径与柱高的比例为1：7，无论柱础与柱头都只有简单的线脚装饰，柱身粗壮。这种柱式通常用在多层建筑中的最底层，以其粗壮的柱式带给人稳重之感。

塔司干柱式详图

木星庙

古罗马的各种神庙建筑虽然大小、样式不同，但每种神庙都有其固定的建造标准与尺寸。这种平面为圆形的穹顶神庙最主要的比例是，神庙主体建筑圆形平面的直径与外围柱廊的柱子一样高，而除以顶部装饰的穹顶高度则为神庙平面直径的一半。

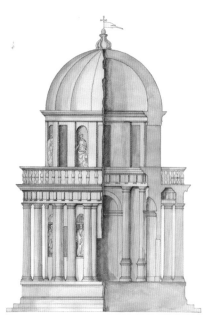

木星庙

古罗马剧场亚洲分剧场

这种由柱式及壁龛装饰墙面、顶部带有顶棚的背景墙是古罗马剧场的标准建筑模式。背景墙采用了双层带柱子的壁龛装饰，底部为爱奥尼克柱式，上部为科林斯柱式。壁龛不仅凹凸相间排列，顶部山花也采用了拱形和三角形两种形态，增加背景墙的变化。这座剧场位于小亚细亚的班菲利亚地区，约建造于公元161~180年（Scaene of Roman theatre at Aspendos, Pamphylia, Asia Minor c.161~180 A.D.）。

帝国时期几乎各个行省都有代表性的剧场建筑，从现今遗存在利比亚和约旦等地的剧场来看，这些剧场的形制基本与古罗马剧场相似，但因为有些地区并不具备充足的混凝土和石材等建筑材料，因此也采用依山势造的剧场形式，多位于城市边缘，且场内的装饰也带有明显的东方风格。

古罗马剧场亚洲分剧场

帝国时期斗兽场建筑

大斗兽场原名为弗拉维圆形露天剧场（Flavian Amphitheater），是古罗马最大的竞技场所，其平面为椭圆形，可容纳五万到七万观众，外围环绕有 80 个半圆拱回廊的出入口。大斗兽场共四层，由一层实墙和三层拱券组成，而每一层拱券都分别使用一种柱式，按照由简洁向复杂的柱式排列。而这些柱子并不是真正的承重结构，这是与古希腊建筑最为不同的一点。由于混凝土技术的使用，真正的承重结构部分被墙体代替，外围的柱式只是斗兽场的立面装饰而已。

古罗马圆形大角斗场中的入口

古罗马圆形大角斗场中的入口

古罗马的每一座剧场、竞技场都设有多个出入口，不同等级的人通过不同的入口进入，所以每个入口的大小、形制并不相同。大角斗场（Vomitorius, Colosseum, Rome）内部与入口相连接的通常是纵横的走廊或通道，以使人群可以迅速到达自己的位置。

古罗马斗兽场

整个斗兽场（The Colosseum）平面为椭圆形，由地上环形看台部分与复杂的地下部分组成。斗兽场主体结构外部采用石砌加混凝土，内部则用砖砌的结构建成，主要由墙面和支柱承重，外立面拱券及柱子都是装饰性部件，不起任何结构作用。斗兽场内部座位采用木结构，大大减轻了承重结构的负荷。斗兽场内地下部分有着复杂的结构，设置了包括走廊、升降系统、居室，在内的一整套完备的使用空间。

1 桅杆

斗兽场顶层设有一圈桅杆，这是为了固定支撑屋顶顶篷的支架而设置的。在这一层上有预先在墙面上留出支撑洞，人们将木桅杆固定在洞中，最后将巨大的遮阳帆布系于最外端的木桅杆上。这种可以方便拆卸的帆布顶篷既满足了人们的需要，又大大减轻了建筑顶部的承重量。

6 阁楼

斗兽场最高一层被称为阁楼层，因为这一层没有采用拱券装饰，而是以实墙为主，只在墙面上开设了连续的方形窗口，窗口外设置了方形的科林斯壁柱装饰，是斗兽场装饰最为独特的一层。

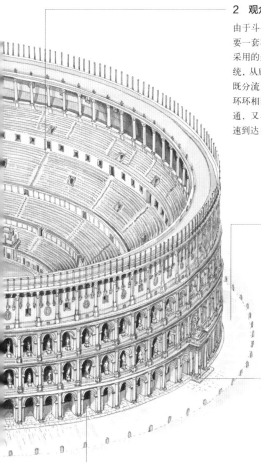

2　观众席过道系统

由于斗兽场内观众席过于庞大，因此就需要一套科学而完善的道路系统。斗兽场内采用的是环形与放射形通道相间的道路系统，从底部呈放射状的通道上下错开设置，既分流了人群，又减少了通道间的距离。环环相套的横向通道既将竖向通道相互联通，又与内部的拱廊联系，使人们能够快速到达自己的座位。

3　平面

圆形斗兽场的平面实际上为椭圆形，长 188 米，宽 156 米，其内部也是一个椭圆形的表演区，长 87.47 米，宽 54.86 米。中间的观众席有 60 排并按等级分区，表演席下为混凝土筒拱与十字拱支撑的服务性空间。

4　拱门

斗兽场外有多达 80 个的拱门以供人们出入，在这些拱门中还有少部分有专门用途。斗兽场为皇帝和贵族单独设置了看台和座椅，外部也与之相对应的设置专供其通行的拱门。沿斗兽场长轴东南面的门是专门运送在搏斗中死去的人和动物之用，因此又被称为"葬神门"。

5　柱式层

斗兽场虽然为混凝土和砖石建造而成，但其外部也设置了拱券和壁柱的装饰。最底层的入口拱券两边为多立克柱式，中层为爱奥尼克柱式，第三层则为圆形科林斯壁柱。这种随着建筑的加高而采用不同柱式的方式，也是古罗马的建筑特色之一。

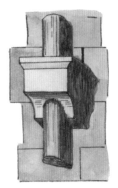

古罗马斗兽场的牙槽

古罗马斗兽场的牙槽

在垒砌古罗马斗兽场的墙面时特意出挑的一块砖石，其中间打洞，再穿入木杆或其他支撑物，主要设置在剧场顶部墙面上，用以支撑上部的雨篷。这种古罗马圆形剧场顶端墙面上带孔的石头称为牙槽（Socket, The Colosseum Rome）。

罗马风格多立克柱

罗马风格多立克柱

罗马柱式各组成部分间有严格的比例关系，各种柱式的基座与柱身、檐部的比例为 4：12：3。柱径与柱高的比例则因柱式的不同而有所差异，多立克柱式的比例为 1：8，整个柱身（Shaft of a Roman Doric column）显得比较粗壮，与古希腊时期简洁的多立克柱式风格相符。

输水管与道路系统

帝国时期为浴场和城市提供用水的输水管道（Aqueduct）和四通八达的道路网，也是古罗马公共建筑的杰出代表。修筑绵长的输水管线与遍布全国的道路系统这一活动，也从侧面证明了古罗马帝国国力的强盛。另一方面，健全的道路系统也促进了帝国各地文化的交流，使各地区的建筑活动得以交流和借鉴，这也促成了当时欧洲大陆各地区建筑风格的统一。

古罗马的道路

古罗马的道路

古罗马文明从很早就很注重城市道路的建设，常建设有石块砌筑的排水沟与道路相结合。城市道路形成了较为统一的建造方法和质量要求，通常底部是碎石，上层为大型石块或石板，路面中间向两边高度递减以利排水，道路一般从城市中呈辐射状向城外延伸。

法国尼姆水道桥

法国尼姆水道桥

位于现在法国尼姆的水道桥是古罗马文明时期修建的众多水道桥之一，这段桥体约在公元1世纪由奥古斯都下令建造，现存桥段高约53米，长约270米，由三层拱券组成。此时期建造的输水道多采用砖与混凝土灌注相结合的方式建造而成，结构坚固，有些水道一直到现在仍被作为城市水源使用。

阿卡塔拉大桥

位于现西班牙阿卡塔拉（Alcantara）地区，是图拉真皇帝在位时支持修建的，约建造于公元105年，由六个连续的拱券构成，跨越一条山谷的河流，总长超过200米，拱券高度超过60米，这些拱券由花岗岩雕刻而成的规则石块而砌筑。这座大桥在中世纪有所损坏，但在19世纪中后期经过维修，依然被继续使用。

阿卡塔拉大桥

古罗马庞培城的墓地街道

古罗马庞培城的墓地街道

通过这个墓地的街道（Street of Tombs）可以看出，中心街道可能是留给车辆使用，所以地面主要由碎石铺地，而两侧人行道的铺地则比较细致。城墙主要采用石砌而成，城墙上还有凹凸的垛口。

庞培城马赛克装饰人头像

庞培城马赛克装饰人头像

马赛克是一种使用小石块、瓷砖或玻璃等镶嵌出图案的拼贴艺术。古罗马的建筑和装饰风格糅合了来自各个地区的风格特点，这个大型马赛克作品的局部，带有阿拉伯风格的人头马赛克拼贴画（Portion of Pompeii mosaic of the Battle of Issus）就体现了这一特点。

古罗马高架渠上的开口

古罗马高架渠上的开口

罗马城中的水道每隔一段距离就设开口（Puteus），以供人们向外引水。罗马城中共有 11 条高架的拱形水道，这些水道主要为城市中的居民、浴场和喷泉提供日常用水。

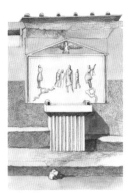

古罗马两条道路交汇处的神龛

古罗马两条道路交汇处的神龛

在古罗马道路的交叉处，每条道路都要设一座神龛，神龛多为石头仿建筑样式雕刻而成，上面雕刻着拉雷神的雕像，它是古罗马家庭的守护神。此外，在道路交叉处，通常还设立指路牌，标明道路终点以及将要经过的地名。

帝国时期浴场建筑

由于新材料和结构的发明，新技术的应用使得帝国时期浴场的规模大大超过了共和时期，以戴克利先大浴场（Thermae of Diocletium）和卡拉卡拉大浴场（Thermae of Caracalla）为代表。浴场已经形成了比较固定的组成模式，其主体建筑从前到后依次由冷水浴室（Frigidarium）、温水浴室（Tepidarium）和热水浴室（Caldarium）组成。在主体建筑的周围还配套建有蒸汽浴室（Laconicum）、更衣室、按摩室、休息室等。这些建筑都采用大穹顶的形式，由于解决了支撑结构的问题，这些前后左右的空间都连通在一起。在通透而高敞的内部，从地面到穹顶都有马赛克的贴画，浴场中还设有各种雕像作为装饰。除了高大与健全的各种房间，以及与沐浴相配套的建筑与设置以外，浴场中必不可少的还有小吃部、运动场、图书馆等齐全的服务性设施。可以说，除了高大雄伟的建筑，古罗马浴场建筑的另一大特点是其娱乐与休闲性。

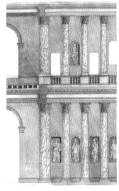

巴西利卡

巴西利卡

这种古罗马时期新创造出的建筑形式被称为巴西利卡（Basilica），是一种大型建筑的模式。多被用作交易市场、会场等公共服务性的建筑。巴西利卡平面为长方形，外侧有一圈柱廊，主入口在长边，短边有耳室。端头还可以设半圆形龛（Apse），由几列柱券结构支撑房顶，中央大厅（Nave）高敞而两边的侧廊（Aisle）略低矮。

古罗马戴克利先浴场

大型浴场是最能代表古罗马拱券结构成就的建筑，罗马最繁盛时遍布全国的浴场有几百所之多，戴克利先浴场（Tthermae of Diocletium）就是其典型代表。浴场中心轴线上依次坐落着冷水、温水、热水三座大浴室，还设有露天游泳池（Natatio）。浴场采用一纵列十字拱结构，十字拱主要由底部的墩柱支撑，而相互排列的形式也使十字拱相互平衡着侧推力。横向的侧推力由两侧的筒拱承接，而这些筒拱组成的空间则正好作为中心浴室的附属建筑。

6　露天游泳池

这是浴场中面积最大的浴池，同时也是浴场内的冷水浴池，利用太阳光来使水升温。露天游泳池周围的地面也由马赛克铺地，并与后部的浴池和各种服务性空间相互连通。

1　十字拱

支撑浴场高大体量的主要结构为十字拱券，拱券由火山灰的混凝土浇筑为一个整体，底部由几个巨大的墩柱支撑顶部的重力和推力，因此内部空间相当开敞，墩柱外还砌筑了与之垂直的矮墙加固。

3　高侧窗

十字拱高出筒拱的部分开设的大面积侧窗被称为高侧窗，高侧窗可以装饰玻璃，也可以只设窗洞。在筒拱外侧的上部也可以开设窗户，这些大面积的窗户既为室内带来充足阳光，又可以迅速地将室内的水蒸气排出。

2　筒拱

加固的矮墙上起筒拱，既起到了加固中央穹顶的作用又增加了建筑空间，这种做法在以后的拜占庭时期被发扬光大，甚至文艺复兴时期仍有此类结构出现。筒拱形成的空间也成为浴中的热水、温水或相关的服务性附属功能建筑。

5　地面

浴场地面以下是由拱券支撑的庞大地下室，供暖的锅炉、库房、服务性房间和通往浴场各处的过道都设在地下。浴场地面也铺设空心砖，并覆马赛克装饰，锅炉产生的热量便通过这些空心砖传导至浴场内部。

4　墙面

混凝土浇筑的墙面分为多层，最外部是一层实墙体，内部则是连通的空心砖。四通八达的空心砖就相当于一个暖气系统，将来自锅炉房的热气均匀地散发到室内各处。空心砖外建筑室内的墙面还镶嵌着一层精美的马赛克拼贴画。

古罗马戴克利先浴场残存建筑

古罗马戴克利先浴场残存建筑

戴克利先浴场建造在古罗马城市中心区，在古罗马文明结束后，这个庞大浴场建筑的不同部分分别于16世纪被改建为教堂，19世纪被改建为博物馆，足以证明了古罗马灰浆浇筑结构的坚固特性。

卡拉卡拉浴场

卡拉卡拉浴场

古罗马卡拉卡拉（Caracalla）浴场约建于公元212~216年间，这座浴场基本沿袭了之前图拉真浴场的平面形式，但在规模上更大，尤其明确了以中轴对称的方式设置各种功能用房。浴场除了主体洗浴空间外，还在外围设置庞大的室外体育场，并围绕设置图书馆、讲座室和学校，使浴场成为多功能城市生活中心。

温水浴室立面

温水浴室

古罗马浴室筒拱的序列式组合方式在内部形成了多层次的拱形，这些拱形也为装饰图案的分层提供了天然的分界。浴室内大理石、马赛克的贴面装饰可以从地面一直延伸到拱顶，墙壁底层开有壁龛，中层和拱顶则是大面积的壁画。图示立面来自古罗马蒂克特恩温泉浴场，公元302年（Restored view of one bay of the tepidarium of the Thermae of Diocletian, Rome 302A.D.）。

帝国时期的别墅建筑

帝国时期平民的住宅开始向郊区的独栋别墅发展，富裕起来的人们利用自然坡地或自造坡地把别墅建筑与植物、流水相互组合，形成阶梯状有地差的优美乡间别墅。这种始自古罗马时期的别墅也是意大利特有的别墅住宅形式，在以后，甚至当代都成为别墅建筑的优质典范。

庞培内墙装饰

庞培内墙装饰

古罗马庞培房屋内的墙面装饰（Pompeian house, wall decoration）不仅开设壁龛，还要对四周的墙壁进行装饰，早期主要用灰泥模仿大理石贴面，中期则添加了各式的彩色绘画，后期墙面的装饰图案日趋复杂和细腻，出现了过度装饰的手法。

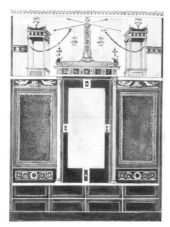

庞培墙面装饰构图

庞培墙面装饰构图

古罗马庞培建筑室内的墙面装饰（Pompeian wall decoration）多为三段式构图：墙壁大多都带有墙裙，其高度约占墙面高度的 1/6，而顶部的檐壁则多位于墙面的 3/4 处，而中间的部分则由壁柱分隔成多块镶板，其处理手法类似于建筑立面。墙面上使用的色彩都非常明快，以蓝、橙、红、黑等颜色为主。

古罗马庞培古城墙面装饰

古罗马庞培古城墙面装饰

庞培古城墙装饰对称的构图来自于古希腊的传统法则，但更加写实的图案以及复杂的组合却是古罗马的装饰特点。随着经济的发展，罗马风格的装饰开始向着不对称的构图和繁复的图案堆砌发展，变得富丽而华贵。

沙得罗雷神庙的混合柱式

沙得罗雷神庙由爱奥尼克柱式的大涡卷与毛茛叶组成了更加精美的柱式，又被称为混合式柱。混合柱式的柱身比例与科林斯柱式大体一致。这种柱式既避免了科林斯柱式过于纤细的柱头形式，又增加了装饰元素，是古罗马时期新创造出的一种精美柱式。

沙得罗雷神庙的混合柱式

混合柱式

混合柱式

这是塔司克和布鲁斯庙中的混合柱式，建筑基座与出檐都非常简洁，而装饰的重点就在柱头与横梁装饰上，精美的混合柱头与基座和檐部的简洁形成对比。横梁处连续的羊头与花饰更为特别，曲线的构图也丰富了立面的变化。

古罗马凯旋门建筑

在经过了漫长而辉煌的帝国时期后，强盛的古罗马开始走下坡路，分裂为东、西两大帝国。这时期由于战争造成社会动荡和经济急剧下滑，统治者再也无力建造大型的建筑。所以此时期唯一著名的建筑就只有君士坦丁大帝拼凑的君士坦丁凯旋门（Arch of Constantine）。虽然建造凯旋门的材料和凯旋门的各个组成部分都来自于帝国时期的建筑，但建成后的凯旋门反而具有纯正的罗马特点。因为这座建筑彻底摆脱了古希腊建筑的影响，真正体现出了古罗马建筑豪放、气势磅礴、华丽的风格特点。

济利亚麦泰拉陵墓石棺

建筑的影响是无所不在的，济利亚麦泰拉石棺外形中部层叠的出挑就采用了建筑檐部的形式。石棺总体立面虽然比较方正，但因为大面积曲线以及修长的涡旋图案装饰，使得其表面产生出一种不可思议的动态感。图示石棺是在罗马城附近发掘出的，在罗马帝国时期雕造（Sarcophagus of Cecilia Metella Rome）。

济利亚麦泰拉陵墓石棺剖面、立面

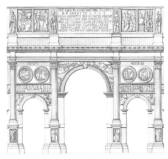

古罗马帝国君士坦丁大帝凯旋门

古罗马帝国君士坦丁大帝凯旋门

这是古罗马帝国走向衰亡时创造的最辉煌的建筑。虽然君士坦丁凯旋门（Arch of Constantine）的形制来源于罗马广场上的塞维鲁斯凯旋门，部分的柱子及雕像也取自前代的建筑物，但这座凯旋门已经彻底摆脱了希腊建筑风格的影响，是一座真正意义上的罗马风格建筑物。

石棺

石棺

古罗马的石棺（Sarcophagus）也大多使用建筑立面的形式进行装饰，图示石棺底部采用了柱础的形式，而上部则采用了有三垄板的檐部形象，其顶部还使用了爱奥尼克柱式中的涡旋图案作为横幅，上面雕刻着棺主姓名的缩写（Lucius Cornelius Scipio Barbatus），而相当于柱身的部分则雕满了纪念性的铭文。

古罗马卷形装饰

这是以莨苕叶为主体的螺旋形图案装饰（Ancient Roman acanthus scroll），连续的涡旋以叶束或花朵为中心，这种搭配图案的规则来自古希腊，植物的雕刻手法很写实。

古罗马卷形装饰

尼斯摩斯城女灶神庙

古罗马将建筑与雕塑和绘画更紧密地结合在了一起，这座女灶神庙采用了华丽的科林斯柱式，但柱顶横梁和山花却没有做过多的雕刻，而只以层叠的线脚装饰。柱头以上的檐部虽然没有雕刻装饰，但方、圆线脚变化丰富，而且与檐下的装饰形成对比，于简约中蕴含着精致。

尼斯摩斯城女灶神庙

圣玛丽亚马焦雷巴西利卡教堂

这座巴西利卡（basilica）教堂是罗马兴建的第一座献给圣母的教堂，同时是当时唯一采用三殿式结构的建筑，由一个高大宽敞的中殿与两侧较低窄的侧殿组成。中殿与侧殿由 40 根爱奥尼克柱分隔，墙面上还有马赛克镶画作装饰。

圣玛丽亚马焦雷巴西利卡教堂示意图

古罗马马来鲁斯剧场柱式细部

古罗马马来鲁斯剧场柱式细部

马来鲁斯剧场底层的多立克柱式与顶部的爱奥尼克柱式都采用了 3/4 的壁柱形式，虽然建筑上下两层大体相同，但通过柱式、装饰图案的不同使立面产生了变化。建筑的底层使用相对简单的柱式与装饰图案，而越向上柱式与装饰图案就变得越精美。

女灶神庙装饰

古罗马女灶神庙的立面由四根高大的爱奥尼克柱头装饰，通过柱子剖面可以看到柱子使用了二分之一壁柱式，而且柱头涡卷所占柱身比例已经非常小。整个神庙立面的装饰都集中在上部，从柱头涡旋到横梁上的装饰带，再到神庙顶部的雕塑，层次清楚。

女灶神（古罗马古神）庙，侧立面、柱头剖面、檐口装饰

哈德良陵墓

位于罗马城台伯河岸边的这座建筑，以后世被改造成堡垒后的名字圣安琪罗城堡（Castel Sant' Angelo）而闻名。这座陵墓在哈德良皇帝去世一年之后的公元140年建成，包括哈德良在内的多个帝国时期的皇帝都埋葬于此。陵墓底层是边长约90米，高约15米的方形基座，中层是覆土的圆锥形，底径约64米，高约21米，上部是方形平面的小神庙，其上原设有哈德良皇帝的车马雕像。圆锥形内部，从中心的螺旋楼梯并向外呈放射状设置承重结构，并在其中设置墓室。陵墓在中世纪被改造成堡垒式建筑。

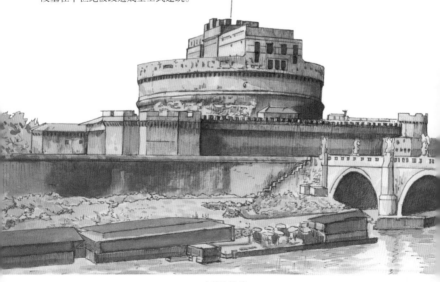

哈德良陵墓

第四章　早期基督教与拜占庭建筑

基督教建筑的出现

基督教从公元 1 世纪末诞生到公元 4 世纪初逐渐被承认前，相当长的一段时期内都处于被禁止和镇压的状态中。尤其在基督教诞生的最初两个世纪，基督徒们都是以一种小规模的秘密活动来进行各种宗教仪式。因此，前两个世纪的基督教活动没有留下什么实物的艺术品，基督教建筑更是无从谈起。

后两个世纪，随着基督教活动的扩大，残留下一些地下墓室（Catacomb）的艺术品。由于基督教徒们认为死去的人还可以复活，所以他们死后并不接受罗马传统的火葬，而是使用土葬的形式。由于早期社会对基督教的压制，基督徒们多在地下室等较隐蔽的地方集会，为避免墓地遭受破坏，因此也采用地下墓葬的形式。早期的地下墓室面积较大，有的还分为多层，存放着众多基督教徒的石棺。早期的基督教艺术品就发源于这种地下墓室中，人们在其中发现了简单的壁画、浮雕装饰的石棺和珍贵的雕像。

叶形连续花饰

叶形连续花饰

连续的叶形花饰（Floriated running ornament）在多种风格的建筑中都有所应用，这种很深的雕刻手法也同拜占庭式的柱头一样，近乎圆雕，使图案具有很强的立体感。

墙上的支承架石雕装饰

墙上的支承架石雕装饰

墙壁上突出的各种支架（Bracket）是拜占庭建筑上部重要的装饰，有时为增加建筑内的气氛还要设置一些这种支架，支架上的装饰大多以壁柱的形式出现，但在悬空的支架端头还可以做成可四面观赏的立体式。

求主祈怜的祷告处座椅

有了教堂建筑之后，在建筑室内的设置上就有一些适应宗教活动的家具。这是一种与现代剧院中椅子非常相似的椅子，其坐板可以向上折起，通常在椅板折起的背面也雕刻着富有宗教意义的雕刻。图示为英国牛津大学的座椅凸板及雕刻样式。

求主祈怜的祷告处座椅

拉提纳路旁地下墓穴

地下基督教建筑的产生大约有两方面原因，其一是在基督教未拥有合法地位前，基督徒们只能小心翼翼地聚集在团体中某人的家中活动，为了使集会更安全，就开始修建地下建筑；其二是基督们不采用罗马式的火葬习俗，而是喜欢与教友们合葬于地下，因此，这种地下墓穴（Catacomb）就被修建起来，早期的墓穴还采用地面建筑的形式，只是在通道两边设停放尸体的壁龛。

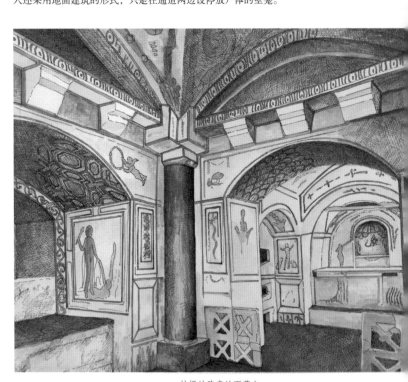

拉提纳路旁地下墓穴

双段式拜占庭式柱头

双段式拜占庭式柱头

受古罗马风格影响的拜占庭柱头，其装饰仍旧以莨苕叶和涡旋形的母题为主，只是形式更加灵活，装饰面分为上、下两段。柱头主要采用浮雕的手法装饰，这也是拜占庭式柱头的重要特点之一。

山墙内的装饰

山墙内的装饰

拜占庭建筑或大门的拱券上部出现的山墙面（Tympanum），通常是建筑上的重点装饰部位，来自古罗马的莨苕叶饰被雕刻得更加舒展和富于力度，仿佛带有生命一般。带有头光的绵羊图案是基督教的象征，头光和山墙面上出现的十字采用了一种被称为钢十字的样式。图示山墙来自建造于公元12世纪的瑙姆堡大教堂（Naumburg Cathedral 12th cent.）。

滴水石端头装饰

滴水石端头装饰

基督教建筑向外凸出的滴水石（Label stop）一般都雕刻成动物或人物进行装饰，这部分雕刻也是工匠们可以自由发挥的作品，因此各式各样的滴水石端头就成为建筑中最为精美、多样的部分。这尤其以巴黎圣母院顶端各种奇异的动物形象端头为代表。图示滴水石来自英国牛津郡默顿学院小礼拜堂（Merton College Chapel 1277 Oxford）。

门廊装饰

门廊装饰

教堂拱形门上的半圆形山墙装饰（Tympanum of doorway）是人们进入教堂前关注的重点，因此常要雕刻一些能带给观赏者震撼的场景，使人们在进入教堂之前就已经在精神上进入宗教氛围中。英格兰爱森汀教堂（Essendine England）鼓室上方的门廊装饰。

君士坦丁堡跑马场遗址

君士坦丁堡跑马场遗址

君士坦丁堡跑马场兴建于公元200年，但直到350年之后仍有增建工程在进行。跑马场延续了罗马帝国的长方形平面样式，长约850米，宽约120米，一端是带拱门的起点，另一端是带拱券和柱廊的半圆形，现存部分长方形的广场和一段高达20米的筒拱。

输水道

输水道

君士坦丁堡在城市中心和郊区都修建了完善的输水道与蓄水池，输水道从公元2世纪起从城市中心区修建，并随着城市的扩展而向外伸展，水道附近再设置蓄水池，且大部分蓄水池都有拱顶覆盖，以便为日益庞大的城市提供水源。

君士坦丁堡城墙现状

君士坦丁堡城墙现状

随着城市的扩大，君士坦丁堡的城墙在多个时期都有所修建，从古罗马帝国时期塞维鲁城墙，到330年由君士坦丁修建的城墙都有所遗存，但是以狄奥多西二世时期修建的城墙规模最大，为双层城墙，92座城楼。现存城墙主要是这一时期修建的。

狄奥多西二世城墙

狄奥多西二世城墙

现存最具代表性的城墙由狄奥多西二世修建，约建于412年，由主城墙、外城墙和护城河共同构成。主城墙和外城墙上都设置多边形的塔楼和6座城门，主城墙长约7.2公里，高9米，厚约4.8米，采用石块为主体建造，外部再砌砖饰，表现出亚洲建筑风格特征。

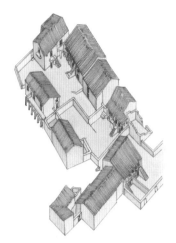

叙利亚村庄

叙利亚村庄

叙利亚地区 6 世纪遗存的建筑复原的村庄形象，建筑多为两层且上层带柱廊的形式，大多都面向内部庭院开窗，柱子和建筑的装饰较为保守，仍主要沿续古罗马风格和样式。

狄奥多西方尖碑基座浮雕

狄奥多西方尖碑基座浮雕

君士坦丁堡跑马场中央分道堤上设置狄奥多西方尖碑。底座上，以浮雕的形式表现了当时跑马场看台上的皇家座席区域的设置形式。

带卷曲莨苕叶的拜占庭式柱头

带卷曲莨苕叶的拜占庭式柱头

带有强烈古罗马风格影响的拜占庭式柱头，莨苕叶和涡漩都被重新演绎，不同的是莨苕叶被表现得更加夸张，而涡旋形则被减弱了，而且柱头上以不平衡的构图和生动的叶纹弥补了其相对于古罗马柱式略显轻浮的缺点。图示柱头来自君士坦丁堡的塞特克教堂，公元 10~12 世纪（Church of the Theotokos, Constantinople）。

基督教时期拜占庭式柱头装饰

基督教时期拜占庭式柱头装饰

早期基督教堂大都设有地下室，这里通常作为教徒的墓室使用。虽然地下室十分昏暗，但其内部柱头的雕刻却同地面建筑一样细致，只是其图案十分独特，似乎蕴含着某种深刻的意义。此外，互相缠绕的装饰也是构成复杂柱头装饰的重要图案。图示柱头位于英国坎特伯雷大教堂穹顶地窖（Crypt, Canterbury Cathedral 1070~1089）。

拜占庭时期柱头装饰

拜占庭时期柱头装饰

拜占庭时期的柱头已经向着方正的样式转变，柱头上的装饰也以浮雕为主。图示位于坎特伯雷教堂穹顶地窖里的柱头（Capital Canterbury Cathedral 1070~1089）采用了神话故事中的怪兽形象，而对称的涡旋形叶饰则带有强烈的古风，让人想起端庄的爱奥尼克柱式。

君士坦丁堡内遗存的柱头

君士坦丁堡内遗存的柱头

公元 4 世纪之后，随着古罗马帝国宫廷搬迁至君士坦丁堡，使传统的古罗马柱头开始与当地的亚洲装饰风格相融合，莨苕叶装饰形象虽然被保留，但雕刻手法明显开始变化。

君士坦丁堡柱头及雕像基座

君士坦丁堡柱头及雕像基座

6 世纪时期的君士坦丁堡建筑柱头，古罗马传统的涡旋和叶饰与新的装饰形象相组合，满足新的建筑结构需求，创造出了新的柱头风格和样式。

马西安柱

君士坦丁及其之后的几代统治者，都进行了大规模的城市建设，并依照古罗马帝国传统在城市中兴建纪念柱和带柱廊的广场等纪念性和公共性建筑。这些建筑残迹至今仍散落在伊斯坦布尔街头各处。这是拜占庭帝国狄奥多西王朝末代皇帝马西安(Marcian)建的纪念柱。

马西安柱

基督教建筑的发展

从公元 313 年罗马君士坦丁大帝颁布"米兰敕令"以后，基督教不仅成为合法的宗教，还被尊为国教而得到了民众的宣扬和传播。从此之后，不仅基督教的壁画、浮雕等艺术品得到了很大发展，基督教建筑也开始在各地大肆兴建。现在已知最早的基督教建筑是由私人的家宅改造而成，这座希腊式的礼拜堂主要由列柱组成，只能容纳不到 60 个人举行仪式。因为早期的基督徒只能以秘密的形式举行小型的祭祀活动，所以礼拜堂内既无装饰也没有任何基督教建筑的特征。而在基督教得到政府承认后，各种大型的基督教堂开始被兴建，并逐渐形成了基督教建筑特有的建筑形象和风格特点。

柱身起拱点

柱身起拱点

柱身起拱点是位于建筑中上部分一个带有水平花边装饰的位置，也是底部柱身与上部拱顶的过渡部分，在中世纪的建筑中柱身起拱点（Shafted impost）的形式非常多见。为使这种结构的过渡更加自然，通常都要雕刻一定的装饰图案，这种如倒置柱础的形式是一种应用最为普遍的形式。

纳兰科圣玛利亚"殿"

位于纳兰科的圣玛利亚殿（E1 "Pala-
cio" de Santa Maria del Naranco, Ovie-
do）兼有罗马建筑与拜占庭建筑的双
重风格，内部大殿采用筒形拱，侧面
则采用三圆形拱门。此教堂具代表性
的是其东西立面上，无论上下结构还
是左右墙面的分配，都采用三段式，
这种设置方法又被称为"三三制"
结构，是一种应用较为广泛的建筑
形式。

纳兰科圣玛利亚"殿"

彼特大主教墓地上的石碑

彼特大主教墓地上的石碑

在坟墓前雕刻纪念性的石碑（Tomb-
stone）是许多国家的墓葬传统，石碑
中所雕刻的图案也大多记叙墓主生前
或死后的情景，因此多带有一定的神
话色彩。图示为位于玛兹教堂彼特大
主教坟墓地上的石碑（Slab over the
grave of Archbishop Peter von Aspelt,
Cathedral of Mainz）。

拱形窗户里面的装饰

拱形窗饰

拱形窗上形成的半圆形区域是窗户主要的装饰区域，此区域的图案可以与底部窗楣相接，也可以单独雕刻图案。图示为叙利亚巴拉赫 5~6 世纪拱形窗户（Tympanum of window, El Barah, Syria 5th-6th cent.）里面的装饰。

早期基督教建筑的门廊

早期基督教建筑的门廊

底部采用了一种筒拱的门廊形式，细而高的柱子与沉重的拱廊形成对比。拱廊上部设置了三叶草样式的拱券和三角形尖顶，这与建筑结构成熟之后不断尝试新的建筑形式相适应。这期间也出现了一批类似于此图的建筑，虽然有着坚固结构，但在视觉上给人以不平衡感。图示为伯加姆市圣玛丽亚玛格尔教堂的北门廊，1353 年建成（North porch, Sta.Maria Maggiore Bergamo 1353）。

早期基督教聚会宅邸

早期基督教聚会宅邸

约公元 200 年至 400 年间的基督教早期聚会场所，多集中于教徒家中，主要由带主讲台的讲厅、小型洗礼厅和提供餐食的聚会厅等空间组成。

柯卡姆小修道院大门

柯卡姆小修道院大门

这种由多层次的柱子和拱券组成的入口形式，是哥特式建筑的原型。层层退后的柱子与拱券也产生出一种剥离的效果，使整个入口显得更加厚实，同时多层券柱上不同的图案也增加了整个大门的表现力。图示大门来自1180年修建的英国约克郡柯卡姆小修道院（Kirkham Priory, Yorkshire c.1180）。

圣器壁龛

圣器壁龛

这是一种专门设置在圣坛旁边墙壁上的器物龛（Ambry），主要用于放置举行仪式时的各种器具。

支撑石雕托架

教堂建筑中的支撑石雕托架（Corbel, Supporting a piscina）上各种雕刻图案构图的均衡可以通过不同的处理手法来实现，这种以人头为中心，两边设置植物图案的方法非常巧妙，虽然两边的植物图案并不相同，但对称的人头图案却加强了整个图案的平衡感。

支撑石雕托架

圣魏塔莱教堂

圣魏塔莱教堂

采用希腊十字形平面的教堂很容易被扩展成正方形或其他多边形，后来穹顶也转化为多边形形式，因为只要在正方形的四角加斜梁，就可以容易地形成八边形。这种结构虽然简单，但无法承受穹顶的重量和侧推力，所以教堂顶部就改由陶制或木制的结构支撑，屋顶形态也转化为两坡或金字塔状的尖屋顶形式。图示为位于拉芬纳的圣魏塔莱教堂（San Vitale），约建于公元540~548年。

天主教的圣体盘

天主教的圣体盘

教堂中各种神龛（Tabernacle）的形式很常见，龛内不设置雕像有很强的实用功能，而龛内设置雕像则具有深刻的宗教含义。图示为英格兰东部的诺福克郡修建于1160年的阿迪斯克教堂（Haddiscol Church, Norfolkshire c.1160）中的神龛。

127

装饰性风格的叶片形柱头

装饰性风格的叶片形柱头

装饰性柱头（Decorated）更加注重图案的表现，夸张的表现手法使叶片几乎与柱头等大，而写实的雕刻手法却让这些巨大的叶子显得更加真实，艺术的独特之处就在这些矛盾中显现出来。

装饰性风格的人物形柱头

装饰性风格的人物形柱头

呼之欲出的人物被雕刻在高高的柱头上，在极具装饰性的同时也蕴含着一定的宗教意义。

拜占庭式的叶纹装饰

拜占庭式的叶纹装饰

自拜占庭帝国后，历史上出现了多次拜占庭式风格的复兴，这种复兴不仅体现在建筑中出现的圆顶和圆拱窗上，还体现在这种深刻雕凿图案的技法上。图示为位于叙利亚的巴哈拉（Byzantine Type of foliage, E1 Barah, Syria）建筑上的拜占庭式的叶纹装饰。

教堂建筑的形成

在古罗马时期修建了大量用于公众集会、商业贸易和庭审的长方形柱廊大厅，这两边各有一排柱廊，一端为半圆形的大厅，被称之为巴西利卡，也是基督教建筑的原形。基督教有聚众教徒举行祭祀活动的传统，因此高大开敞的巴西利卡就成了首选的建筑形式，在巴西利卡的基础上，人们又将主要入口改在建筑长度较短的西侧，将中殿与袖廊连为一体，后来袖廊的长度又再加长，最终形成了基督教堂十字形平面的外观。随着基督教内部的分裂，又形成了东正教与天主教两大分支。教堂建筑虽然被分为拉丁十字形和希腊十字形两种不同的外观形态，但基督教堂平面十字形的传统却保留下来，成为教堂建筑的一大特征。除巴西利卡式外，古罗马时期的圆形、多边形平面的集中式建筑结构也被沿袭下来，广泛地运用在陵墓和王室小教堂中。

希腊十字教室平面

希腊十字教室平面

威尼斯的圣马可教堂平面为希腊十字形，其特点是十字的四个边长度相等。在许多教堂建筑中，还在十字的四周再加建一些附属建筑，这样处理之后，整个教堂的平面就呈正方形。

威尼斯圣马可教堂

威尼斯圣马可教堂

威尼斯曾是拜占庭的一座城市，原址上的第一座圣马可教堂建于公元 830 年，现有建筑是在 1063 年后在原址基础上新建的，也是拜占庭风格与西方教堂建筑风格相结合的产物，既保持了原建筑十字形的基础平面，又加建了一个东西向的筒拱会堂空间。此后修建与改造工程一直持续至 16 世纪，目前人们所见的五个洋葱形拱顶，是 15 世纪时在原来拱顶之外加建的。

拜占庭式希腊正教教堂

这是基督教分裂成希腊正教、罗马天主教两大派系后修建的正教教堂。正教堂的形制主要来自拜占庭帝国建筑风格，总体上采用四个边长相等的希腊十字形平面结构，顶部由一大穹顶统帅，在其四周另分布几个附属的小穹顶。正教的教堂主要分布在现在的希腊、巴尔干半岛诸国和俄罗斯等国家。

拜占庭式希腊正教教堂

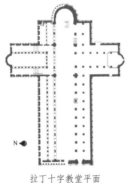

拉丁十字教堂平面

拉丁十字教堂平面

比萨大教堂是意大利罗马天主教堂的典型代表，平面为拉丁十字形，其特点是十字形横向边短，竖向边长。这种教堂建筑较长的十字边为中厅，通常南北设置，而较短的横边又称为侧翼，东西设置，并以西侧翼为教堂正立面。

新圣阿波利纳教堂

位于拉韦纳的这座教堂约建于490年,这种长方形后部带半圆形空间的平面形式,是当地的代表性教堂形象。教堂内部由柱廊分为主堂和两侧廊,由于两侧廊屋顶低于主堂,因此从两侧高窗透入的阳光正好将列柱上方大面积华丽的马赛克壁画照亮。

新圣阿波利纳教堂

库比利迪克教堂

库比利迪克教堂

位于卡斯托里亚的这座小型建筑,约建于公元10世纪,是此时期非常有代表性的一种建筑,多作为墓葬祠堂使用,采用十字或方形平面形式,再搭配以高鼓座式的屋顶。

教堂形制的分裂

在基督教发展的同时,伟大的古罗马帝国分裂为东西两部分,西罗马帝国在外族的侵略下分崩离析,而东罗马帝国则从君士坦丁(Constantine)大帝将首都迁至君士坦丁堡后,又创造出了一段辉煌灿烂的拜占庭帝国发展史。也正是在此期间，发生了教会大分裂运动，基督教从此分裂为东正教与天主教两大分支，这次宗教分裂运动也在一定意义上促进了教堂建筑形式的发展，使之影响到俄罗斯、保加利亚等地，并形成具有强烈特征的建筑风格。与宗教建筑相关的装饰也成为拜占庭时期建筑的主要特色之一。从此，整个欧洲分为东西两大部分，基督教成为全欧洲统一的宗教，虽然东西欧分别为东正教与天主教两大不同的教派所统治，但教堂和教会建筑却都成为中世纪最重要的建筑形式。西欧天主教建筑主要以古罗马的巴西利卡式风格为主，而东欧的正教建筑则以拜占庭式的集中制建筑风格为主。处于这种既分裂又统一的社会条件下，使当时的建筑在遵循教堂统一建制的同时，也形成了各自不同的地方特色。

古罗马圣彼得会堂

古罗马圣彼得会堂

君士坦丁皇帝支持兴建的一座大型会堂建筑，从公元 319 年开始，在原来的圣彼得祠堂基础上修建，地面上由带柱廊的前庭与后部的会堂构成。会堂由前部带双重边廊的本堂，后部与之垂直设置的祭坛空间和最后部半圆室共同组成。在主体建筑外，祭坛空间南部，后又加建了圆形平面的圆堂，地下还有规模庞大的墓构空间。

耶路撒冷圣墓教堂

耶路撒冷圣墓教堂

位于耶路撒冷的圣墓教堂，其建造历史可追溯到公元 20 年左右，约至 348 年形成了现在的建筑规模。由圆形平面的圣墓堂与另一端半圆形礼拜堂为主体构成。因为整组建筑是在不同历史时期逐渐修建完成的，因此无论整体建筑结构还是内部装饰，都体现出不同时期的风格特征。

拜占庭建筑风格的形成

拜占庭（Byzantium）帝国的基督教建筑在巴西利卡形式的基础上加入了东方风格的圆顶，还在墙垣上开连续的小窗，与早期的巴西利卡式教堂建筑有很大区别。此外，在长期的发展中，拜占庭式建筑无论从建筑材料还是建造技术上都已经发展成熟，并形成了自己的建筑形制和独特的穹顶外观。在建筑内部，拜占庭风格的柱式和内部装饰也发展成熟，以大面积、色彩饱满、精细的马赛克镶嵌画著称。拜占庭帝国在查士丁尼大帝统治时期达到鼎盛。其建筑在继承了罗马建筑成就的基础上又吸收了来自印度、中国等东方各国的建筑风格，同时还受阿拉伯建筑文化和叙利亚、波斯等两河流域文化的影响，创造出了独具特色的拜占庭文化。而作为拜占庭帝国时期所尊崇的基督教建筑也带有明显的拜占庭式风格，最伟大的代表性建筑就是位于君士坦丁堡的圣索菲亚大教堂。

圣索菲亚大教堂及周边区域

据考古推测，圣索菲亚大教堂在 6 世纪时，应该是独立占有一片封闭的院落，并通过著名的君士坦丁跑马场望向博斯普鲁斯海峡。

圣索菲亚大教堂及周边区域

圣索菲亚大教堂穹顶建造步骤

圣索菲亚大穹顶代表拜占庭时期穹面建筑的最高成就,其穹顶的建造分为多个步骤。此时形成的一整套穹顶建造方法也成为各地所仿效,在穹顶结构和穹顶建筑发展史上占有相当重要的作用。

砌筑方形基础

首先砌筑方形平面的墙体四角,再做好内部的支撑结构,使之成为一个长方体,并加固这些支架,使之能承受一定的压力。穹顶建成以后,方形墙体的四个角就成为底部支撑的四根墩柱。

砌筑帆拱

在四边券顶的中心做水平切口,并砌鼓座,鼓座下切口处形成的三角形拱壳就是帆拱。鼓座与帆拱的穹顶结构是拜占庭时期新创造的穹顶建造形式,解决了在方形或多边形平面上建造穹顶的结构问题,而且在鼓座上设置的高窗也使穹顶摆脱了万神庙穹顶封闭的形式。

穹顶

底部的筒拱与鼓座等支撑结构建造完成后,就可以建造顶部的大穹顶,由于底部层叠的筒拱与粗壮的墩柱解决了穹顶的承重与侧推力问题,因此穹顶本身的建造相当简单。为增加建筑内部的采光和穹顶表现力,还围绕鼓座四周开设了连续的顶窗。

发券

方形基础打好后,就要沿方形平面的四边发券,也就是砌筑筒形拱来削弱穹顶的侧推力,且大穹顶的重量也由这些拱券过渡到底部四根墩柱上。这种由柱代墙的设计不仅使方形平面与圆形穹顶的衔接更加自然,也增加了室内的连通性。

二层发券

为了平衡穹顶向四面巨大的侧推力,除要在四面砌筑支撑筒拱外,还要在筒拱两侧再发券。这些外层拱券里面的支撑柱脚就落在支撑穹顶四根墩柱上,顶部再做四分之一圆的小穹顶或拱顶覆盖,但这些小穹顶又要低于主穹顶。建筑外部就形成了大穹顶统帅下众多小穹顶的形象。

扶壁墙

在圣索菲亚大教堂的前后部,还有未设置二层发券的两个边,这是为了使穹顶获得更完整视觉效果。在未发券的这两边,与筒拱相连接的加固结构就是扶壁墙。在一些小型的穹顶教堂当中,扶壁墙的使用更加普遍一些,扶壁墙经常被砌筑为向上逐渐缩小的塔形,但还没有哥特建筑的尖塔设置。

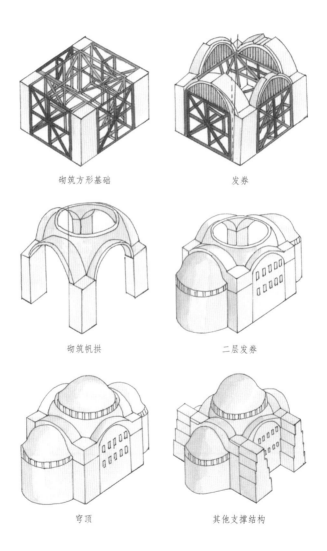

砌筑方形基础　　　　　　　发券

砌筑帆拱　　　　　　　　　二层发券

穹顶　　　　　　　　　　　其他支撑结构

清真寺入口

清真寺入口

拜占庭穹顶建筑对伊斯兰教建筑影响很大，但伊斯兰教建筑也有其特色，通过这个圆顶尖塔侧面入口（Minarets flanking portal with dome）展示出来。洋葱顶、尖拱门、邦克楼都是其标志形象，而建筑表面用伊斯兰文撰写经文装饰图案也是此类建筑的突出特点。

砖砌十字拱

这种由砖砌的连续性十字拱（Cross Vault），具有很强的承重力和灵活的延续性，且由于拱顶内部主要靠柱网支撑，使得建筑空间比较开敞。此种结构多用于教堂建筑的主殿，在伊斯兰教国家中建造供大型集会使用的礼拜堂。

砖砌十字拱

断面带褶的拜占庭式柱头

断面带褶的拜占庭式柱头

柱头的横剖面为褶皱形式，而柱头上交互缠绕的枝蔓则因为镂空的雕刻而更显得纤细而脆弱，整个柱头因独特的形态与精美的雕刻而焕发出勃勃生机。

圣马可教堂柱头

隔折

这是一种呈弯曲状的枕梁结构（Pen-
dentive Bracketing），多用于穹顶建
筑的屋顶部分，可以起到一定的支撑
作用，也可以利用隔折在穹顶底部开
窗，不仅为室内增加光照，也是建筑
顶部的一种装饰。

基督教堂的尖塔

这是哥特式建筑兴起前的建筑样式，
房屋尖顶（Pinnacle）中层叠的柱子与
尖拱都已经出现。但此时的尖塔还缺
乏通透感，与底部的连通的拱券相比，
其上部略显沉重。

哥特式教堂的回廊

圣马可教堂柱头

意大利威尼斯圣马可教堂（Church of
St.Mark, Venice 1063~1085）柱头中既
有古希腊式的涡旋图案，又有古罗马
标志性的莨苕叶，还有半圆及卵形线
脚，其中所包括的装饰元素很多样。
而上部顶板与柱头装饰图案的统一也
使得整个柱头更加华丽。

隔折

基督教堂的尖塔

哥特式教堂的回廊

回廊（Ambulatory）中已经出现了十
字拱顶和底部支撑的多层次柱式，这
些都是哥特式教堂建筑中常见形式，
也是教堂建筑结构逐渐成熟的标志。

罗亚那塔式柱头

罗亚那塔式柱头

罗亚那塔式柱头（Rayonnant）采用了大小柱式组合的形式，从底部看是两个柱子，但其柱头上却采用了连续的雕刻装饰。这种装饰仿照自然界生长的植物样式，用一种自然的方式将两个柱头联系在一起的做法在古典建筑中也非常新颖。

早期基督教建筑中的石膏板

早期基督教建筑中的石膏板

这是英国牛津大街上的一种浮雕装饰（Pargeting, High Street, Oxford），用石膏或灰泥在墙壁上做成，尤其是在粉饰的墙上，这种装饰最为常见，主要通过凹凸的线条变化来达到装饰的目的，可以作为线脚，也可用于整个建筑的外部装饰。

马蹄拱门

马蹄拱门

这是一种有大半个圆形的拱券形式，拱券主要由墙面支撑，底部的柱子则是装饰性的壁柱。这种在矩形门中设置马蹄形拱券的形式被称为阿符兹（Alfiz），在摩尔人的建筑中非常多见。

葡萄藤饰

葡萄藤饰

依靠植物本身的特性雕刻叶形卷曲的连续性纹（Vinette）饰是一种比较自然的装饰方法，但在实际使用时也要对自然的植物形象做相应的改变，使之更适用于雕刻。

圣索菲亚大教堂

由查士丁尼皇帝亲自主持兴建的索菲亚大教堂（Santa Sophia 532~537），是拜占庭式建筑的杰出典范，也代表着新时期的高超建筑技术水平。大教堂采用了不同于以往的集中式穹顶结构，这在使教堂本身拥有与众不同外观的同时，也打破了以往的建筑结构束缚，使穹顶结构在古罗马之后有新的发展。由索菲亚大教堂所创造的这种新的建筑形制，是此类建筑中最为雄伟的一座，虽然在这之后各地又都仿照它修建了不少类似的教堂。

圣索菲亚大教堂坐落于东罗马帝国首都君士坦丁堡（今伊斯坦布尔），是拜占庭盛期，由查士丁尼皇帝主持建造完成的。大教堂在技术上的一大进步是，解决了方形底部与圆形穹顶的衔接问题，并发明了帆拱结构。这座大教堂也代表着拜占庭时期建筑所取得的最高成就。

圣索菲亚大教堂

圣索菲亚大教堂平面图

圣索菲亚大教堂平面图

大教堂东西长 77.0 米，南北长 71.7 米，原来在教堂前还环建有一圈带柱廊的庭院，庭院中有供施洗的水池，教堂入口与庭院间还有个两跨的柱廊。教堂内部平面近似于方形，由中央大厅与两边的侧厅组成，侧厅的连券柱廊在两边拐角处呈弧线形过渡，就形成了教堂椭圆形的中央大厅形式，同时加大了中厅的纵深感。

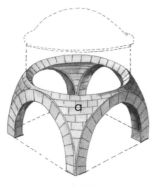

三角穹窿

三角穹窿

这种带帆拱（Pendentive）的穹顶是拜占庭时期建筑的主要特征，不仅使穹顶可以与底部任意正多边形的平面相搭配，还让建筑内部空间更加连通和集中，是此时期在穹顶建造技术上所取得的最大成就。帆拱、鼓座与穹顶相配套的构造方法，也被以后欧洲各地的穹顶建筑所广泛使用。

公山羊饰

公山羊饰

山羊在基督教中具有特殊的意义，又被称为神的小羊（Agnus dei），代表着耶稣或传道的牧师，因此普遍出现在教堂、祭坛的装饰中，有山羊头和头现灵光的整头山羊等多种形式。

过渡时期的叶片式柱头

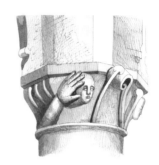

过渡时期的人像式柱头

过渡时期的叶片式柱头

在过渡时期的柱头（Transition）中，植物被以一种略显诡异的手法表现了出来，每个叶片都好像是带有表情一样，给人以强烈的生命感，因此也就使观赏者忽略了上部强大柱头的压力。

过渡时期的人像式柱头

除去繁复的装饰，只依靠形体变化和简单图案依然可以使柱头焕发出勃勃生机，而怪异的图案则带给人们更多的遐想。

圣索菲亚大教堂剖透视

圣索菲亚大教堂剖透视

圣索菲亚大教堂的结构相当复杂，支撑顶部大穹顶的结构除巨大的筒拱和厚墙之外，鼓座与帆拱使得大穹顶可以脱离繁重的结构，获得了比较完整的外观。教堂内部支撑穹顶墩柱之间以拱券相连接，纵横的拱券结构不仅区隔出不同的使用空间，也均衡了内部的受力结构，起到了有效的支撑作用。开设在鼓座上的连续拱窗既增加了建筑外部的表现力，又增加了建筑内部的采光量。

圣索菲亚大教堂结构

教堂采用集中式的建筑结构，内部大厅与东西两侧相连通，但与南北两侧则由列柱和拱券隔开，从而增加了教堂内部的纵深感。大穹顶周围的小穹顶也为教堂内部提供了更多的复合空间，但所有小房间都以大穹顶为中心分布，使内部充分变化而不显凌乱。

4 窗口

环绕在穹顶底部的连续窗带本身包含了 40 扇窗户，在四边的筒拱、四分之一穹顶以及侧翼上也都开设有成排的窗带。众多的开窗也保证了教堂内部充足的光源，使人们能够尽情欣赏教堂内华丽的装饰和精美的镶嵌壁画。

3 小穹顶

中央穹顶在东西两侧各有一个四分之一穹顶支撑，而在四分之一穹顶外侧又有筒拱支撑，这也就形成了大穹顶两边的四分之一穹顶，以及筒形穹顶样式。圣索菲亚大教堂刚建成时，所有穹顶都由铅皮覆盖，这些铅皮通过拱顶上设置的木条固定。而一般的教堂建筑为了减少穹顶的承重，多覆瓦片。

2 扶壁

在教堂东西面的末端和南北向的筒拱前，都设置了加固的扶壁墙。此时的扶壁墙面上已经出现半圆拱形的装饰，而且扶壁墙顶与建筑顶部覆盖同样的瓦片，以使其与整体建筑相协调。随着扶壁在建筑中的使用和不断完善，在哥特式建筑中，扶壁结构最终成为建筑中的主要承重结构。

5　帆拱

帆拱不仅是穹顶所必不可少的结构部分，在教堂内部也成为一个单独的装饰区域，通常四面帆拱上的装饰图案一致，在穹顶装饰与底部墙面装饰间起过渡作用。

6　墩柱

作为主要承重结构的墩柱非常粗壮，为保证其坚固的承重结构不被破坏，墩柱上一般不做雕刻。圣索菲亚大教堂中的墩柱采用方柱式，并在表面贴有彩色大理石板装饰。有些墩柱下还围绕砌筑了连续的小拱券，既装饰了墩柱，又可作为壁龛使用。

7　柱式

圣索菲亚大教堂除了承重的墩柱以外，还有两排连券廊，柱廊是典型的拜占庭风格柱式。拜占庭风格的柱头样式更为自由，多为上大下小的倒梯形，还有不规则平面的褶皱形式。这种柱头最特别的是采用高浮雕的手法雕刻细碎的花纹，还施以鲜艳的色彩，使柱头形成如刺绣般精美的表面。

1　平面

圣索菲亚教堂为集中式结构，其平面近似于希腊十字形，而内部则为巴西利卡式结构。以墩柱为基准设置的两排连券廊将内部空间划分为一个中厅和两个侧翼，但与巴西利卡大厅不同的是，连券廊一端拐角呈弧形，与教堂另一端的半圆形殿遥相对应。

圣索菲亚大教堂内部

与教堂外部朴素的面貌相比,圣索菲亚大教堂内部的装饰要豪华和漂亮得多。教堂内部从地面起直到穹顶都有大理石和精美的马赛克镶嵌画装饰。各种颜色的大理石板组成变化丰富的图案,马赛克组成的十字形和各种叶饰纹出现在穹隆、柱间和墙上,顶部是大面积连续的耶稣镶嵌画像。大教堂内部到处是象牙、宝石和金银,从穹顶的窗带中透射进的阳光照射在教堂中,处处都闪耀着璀璨的光芒。圣索菲亚大教堂是拜占庭帝国的象征,由于国王亲自主持建造工作,而教堂又主要由砖和三合土砌筑而成,所以整个大教堂只用了5年多的时间就建成了,并马上成为世界上最伟大的建筑之一。

教堂中的小型讲坛

教堂中的小型讲坛

位于佛斯林费堡的讲坛,修建于公元1440年(Pulpit, Fotheringhay, Northamptonshire)。这是牧师布道时的台子,这种讲坛虽小,但也必须由顶部的华盖、放置圣经的台座所组成,只是这种小型讲坛的形制更加灵活。

马赛克装饰图案

马赛克装饰图案

拜占庭时期的马赛克装饰传统承袭自古罗马,但由于制作工艺的提高使得马赛克的色彩与种类更多样,样式更加活泼,风格更加奢华。此时的马赛克不仅用来装饰地面和墙面,还被镶嵌在建筑顶部,并出现了表面镶嵌金箔的马赛克。图示来自君士坦丁堡的哈基亚索菲亚教堂(Byzantine mosaic from Hagia Sophia Constantinople)。

席纹装饰

席纹装饰

这是一种仿照编织物的样式雕刻或绘制出的装饰图案(Natte),由交错的线条组成。通常对这种装饰物上色时也仿照席制品的样式,以表现一种编织物特有的质感。

双教合一的建筑风格

在此之后，君士坦丁堡和各地都以圣索菲亚大教堂为榜样，开始了大规模的建造或改造教堂工作，至今在欧洲大地上还有不少当时修建教堂的遗迹，但再没有出现像圣索菲亚大教堂这样雄伟的、能够代表拜占庭时期建筑最高水平的建筑了。15 世纪时，土耳其人的侵略使拜占庭帝国一去不复返，胜利者毁坏了绝大多数的建筑，但也折服于圣索菲亚大教堂的魅力，他们在大教堂四周兴建了四座高瘦的邦克楼，用涂料掩盖了精美的马赛克镶嵌画，将大教堂改造成了清真寺。然而大教堂并未因此而显得不伦不类，四座高高的塔楼反而使大教堂显得更轻盈和美观。

苏莱曼清真寺

穹顶向各个方向都有侧推力，古罗马时期，人们通过加厚底部墙体的方法来承担这种侧推力，这样不仅墙体较厚，也破坏了室内的连通性。拜占庭时期，人们通过在穹顶下的帆拱下砌筒拱、再在筒拱下做发券的方式，分级消除了穹顶侧推力，从而形成这种以大穹顶为中心，小穹顶簇拥在旁边的建筑形态。因为教堂内部只有支撑穹顶的柱墩，所以内部空间不仅十分空敞，其分隔与组合方式也更加灵活。图示建筑为公元 1557 年建造的君士坦丁堡苏莱曼清真寺（Section of Suleiman Mosque, Constantinople 1557）。

苏莱曼清真寺

苏莱曼清真寺剖面图

苏莱曼清真寺主体采用了与圣索菲亚大教堂同样的穹顶结构，而且底部还多了一个由连续拱廊支撑的大厅，并出现了尖拱形，是一座由拱券与穹顶为主要结构组成的建筑。在圣索菲亚大教堂的影响下，当时的君士坦丁堡兴建了诸多如此形式的建筑，但其规模都远小于圣索菲亚大教堂。

清真寺内部的拱廊多为长方形，其形制与巴西利卡十分相似，而拱廊的拱券采用了不同颜色的条石垒砌拱券，这种利用建筑材质天然色彩作为装饰的方法在此时期修建的许多建筑中都可以看到。

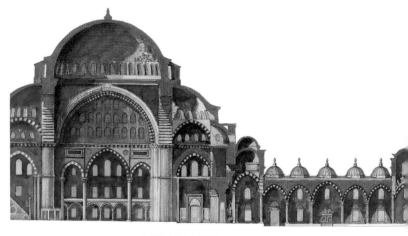

苏莱曼清真寺剖面图

圣索菲亚大教堂的影响

在经历了土耳其人的入侵和十字军东征两次大规模的战争后，君士坦丁堡除了圣索菲亚大教堂以外所有的建筑几乎都被毁了，拜占庭帝国早期的辉煌成为历史。而中期的拜占庭帝国以马其顿王朝所统治的时期为代表，中期的拜占庭帝国虽然社会比较平稳，但在此期间不仅经历了圣像破坏运动，还经历了东正教与天主教的大分裂运动。所以这时期的建筑中的装饰多以几何图案和各种植物图案为主，建筑的内部和外部都呈现出简朴的风格。而与建筑简朴的风格相反的是，此时建筑的形制大大丰富了起来，受圣索菲亚大教堂的影响，各地都纷纷仿照它修建起具有地方风格的教堂建筑。

在希腊地区，新型的八边形穹顶建筑形式、希腊式十字八边形等新的建筑形制都极为盛行。此外，一种被称为梅花式的集中十字形建筑样式，也因其清晰连贯的结构，发展成为受人喜爱的建筑样式。中期的拜占庭建筑与早期的一人区别还表现在建筑的外观上，这时期人们对教堂外观的装饰也更加重视起来，出现了以薄砖沿石块的边缘砌筑图案的"景泰蓝式"装饰方法。建筑外部也因此有了波浪形、鱼脊形等富于变化的曲线装饰，在此基础上，建筑上还出现了装饰性的壁柱、壁龛、拱券窗等形象。

带圆点的扭索状装饰

带圆点的扭索状装饰

由两条或多条缠绕的带子组成的连续性图案，如同编织物一样。扭索状装饰（Types of guillochess）之间的空白部分通常都设置圆形装饰物，也可以留作空白。

修道院教堂

希腊达夫尼（Daphni）地区分布着许多拜占庭风格的建筑，尤其以修道院为主。这些建筑仅从表面就可以明显看出其希腊十字形的平面结构。图示小修道院的屋顶也有着大小穹顶相间的形式，其内部结构与圣索菲亚大教堂如出一辙。它的特别之处在于，没有在大穹顶周围建更多的小穹顶，而是在侧面设置了扶壁结构，这种结构也是中世纪哥特式建筑的先声。

修道院教堂

水风筒式入口

水风筒式入口

这种半穹顶式大门入口（Trompe）的门头也采用了半圆形拱顶饰，但因为大门开设在转角处，就使得整个装饰图案被分为既分隔又相连的两部分，原本平淡的门顶饰也因特殊的位置而独特起来。

赛萨洛尼卡圣徒教堂

这座小教堂的顶部也采用了类似圣索菲亚大教堂的穹顶形式，由中部穹顶统领周围四个小穹顶构成。五个穹顶都采用高鼓座的形式，并围绕鼓座开高侧窗，也形成了起伏的檐部形式，而且因为穹顶距离较近，从空中俯瞰，整个教堂顶部还形成了独特的梅花状平面。教堂外部入口处还设有一个 U 形的门厅。

穹顶结构的完善，使得各地都建造了诸多穹顶建筑，但此时的教堂只是以穹顶建筑为核心，再搭配不同的附属建筑，教堂的整体建造模式还未形成固定的模式，这也是此时期出现各种奇特教堂建筑形式的原因。

赛萨洛尼卡圣徒教堂

拉文纳式柱头

拉文纳式柱头

作为东罗马帝国重要的行省，拉文纳
（Ravenna）地区如今还保留着相当
数量的拜占庭式建筑。这种犹如刺绣
般精细雕刻的柱头，使用了近乎圆雕
的高浮雕手法制成，但其繁复的图案
已经趋于模式化。

带窗间柱的拱窗

带窗间柱的拱窗

这个早期基督教堂中的窗户有着拜占
庭式的拱顶，两边还有折线形的装饰
带，而窗间柱头则雕刻了带有表情的
怪异形象。柱头上的装饰图案一内一
外非常特别。图示窗户来自于 1160 年
修建的英国伯克希尔地区兰伯恩教堂
（Lambourne Berkshire c.1160）。

拜占庭建筑风格的流传

到了拜占庭帝国后期，对建筑外观的修饰变得更加细致和精美，各种美丽的线
脚、券、壁柱和雕刻的装饰等元素被普遍用在建筑外部。除建筑外观有了显著
改善外，穹顶的形式在各个地区的表现也各不相同。如在俄罗斯地区，由于当
地冬季积雪很厚，所以穹顶变化为洋葱顶的形式，教堂建筑的色彩也更加丰富，
形成了如童话中的城堡一样的教堂形象，是最为特别也最为美观的一种变形。
总体上来说，虽然拜占庭帝国后期建筑规模远不及盛期的圣索菲亚大教堂，但
是其发展的地区与建筑的形式却更加广泛，整体建筑外观显得更加匀称和舒展，
并显现出各地不同的风采。虽然后期的建筑装饰比不上盛期时那样奢华，但其
细部处理却更加精致和丰富。

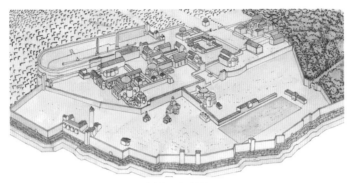

君士坦丁堡宫殿区

君士坦丁堡宫殿区

君士坦丁堡宫殿区域大约从公元 4 世纪已经开始建造，此后不断增建的工作至少持续到公元 9 世纪，由于这一区域被留存至今的苏丹艾哈迈德清真寺所占据，因此对宫殿区域具体的建筑情况，此时仍不甚明确。

宫殿区建筑结构遗存

宫殿区建筑结构遗存

从君士坦丁堡宫殿区域的遗存结构可以看到，与城墙建设采用相似的做法，由大量使用拱券和石材作为结构，外部再用砖砌进行美化。

带涡旋的拜占庭式柱头

带涡旋的拜占庭式柱头

这种拜占庭式柱头上的莨苕叶与爱奥尼克式的涡旋都受古罗马风格的影响，但柱子弧形的曲线和细碎而深刻的图案却是纯正的拜占庭风格。

拱形线脚

拱形线脚

由整个半圆和中间断裂的半圆相间组成的线脚（Interrupted arched molding），底部还有半个凸出的钉状物，如同在一个完整的图案中截取下来的一样，这也是一种独特的"不完整性"装饰线脚。

早期拜占庭式窗户

早期拜占庭式窗户

由于早期窗户是在石墙上开凿而成，因此也有按照建筑立面的形象雕刻窗户的传统。而窗户内依照绳结雕刻成的窗棂，其透雕技艺非常高超。

帆拱、鼓座、半穹窿、穹窿

帆拱、鼓座、半穹窿、穹窿

四周支撑穹顶的筒拱与帆拱（Pendentives, supporting the drum of a cupola）在建筑内部与中央空间形成一个开敞的空间，在教堂建筑中，这块区域通常被用作主殿，而富于变化的结构，也使得这些区域上的壁画更具感染力。

砖砌拱廊

砖砌拱廊

砖砌的拱券交错而紧密地排列在一起，这种结构的好处就是利用拱廊相互之间的侧推力加强了建筑整体的牢固性。图示拱廊来自修建于 1120 年的英国考切斯特圣波特夫教堂（St. Botoph's, Colchester c.1120）。

圣伊雷妮圆顶

圣司提法诺圆堂

建于公元 468—483 年罗马的圣司提法诺圆堂，直径约 64 米，是现存最大的圆形教堂式建筑。圆堂内部由一圈柱廊和一圈带墙体围护的柱廊分隔，呈十字形在四个方位上设置礼拜堂。中心作为本堂的部分在顶部也设置了一圈高窗，为室内提供自然采光。

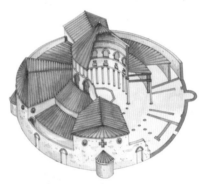

圣司提法诺圆堂

博德鲁姆清真寺

圣伊雷妮圆顶

支撑穹顶向外的侧推力，最常用的做法是在拱顶下设扶壁和筒形拱地。这种用鼓座支撑穹顶的方式使得穹顶可以完全暴露出来，而鼓座上的扶壁，鼓座下的筒拱又成为建筑本身的一种装饰或实用结构。图示为君士坦丁堡的圣伊瑞尼教堂穹顶半剖面、半立面（Half section, half elevation, Dome of St.Irene, Constantinople）。

博德鲁姆清真寺

位于今土耳其伊斯坦布尔提赫区的博德鲁姆清真寺（Bodrum Camii）的前身是约在公元 920 年建造的迈雷莱翁教堂。建筑内部由于交叉拱顶的形式，因此空间变化多样，且各侧面拱结构上都开窗，使内部采光极佳。建筑内部原为大理石与马赛克装饰。

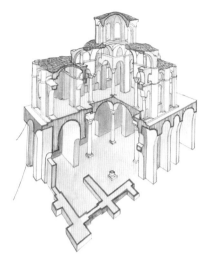

博德鲁姆清真寺剖视图

博德鲁姆清真寺剖视图

博德鲁姆清真寺的建筑为梅花式平面，这也是9世纪之后在君士坦丁堡及其各行省所流行的平面形式。建筑底部为砖与石混合砌筑的基础，上部高耸的结构部分则全部由砖砌筑而成，高高的鼓座上接南瓜式穹顶，底部为十字筒拱交叉组合的形式，被后世所普遍采用的十字交叉式拱已经出现。

霍西奥斯卢卡斯圣母教堂二联窗

霍西奥斯·卢卡斯（Hosios Loukas）圣母教堂的这种二联或三联窗与彩色外墙相组合的形式，是10世纪后直到12世纪，希腊教堂所普遍采用的建筑手法。另外，在此时期的教堂建筑墙面，也多由砖砌筑成回形纹或齿状带饰。

霍西奥斯卢卡斯圣母教堂二联窗

霍西奥斯卢卡斯修道院教堂

霍西奥斯卢卡斯修道院教堂

希腊霍西奥斯·卢卡斯修道院教堂这座建筑的外墙采用当时流行的砖石拼接法，由白石块与红砖相间组合砌筑，搭配此时流行的窄长二联窗和齿形带饰，构成了具有浓郁拜占庭风格的建筑立面形象。

阿尔塔帕戈里蒂萨教堂

阿尔塔帕戈里蒂萨教堂

在 13 世纪晚期建造的这座教堂，采用了 11 世纪之前在希腊地区出现的十字八角形平面形式，且外部全部由实墙围合，使整座建筑犹如一座宫殿。

阿尔塔帕戈里蒂萨教堂剖视图

阿尔塔帕戈里蒂萨教堂剖视图

阿尔塔帕戈里蒂萨教堂中央穹顶高鼓座之外，周边各拱顶与底部的拱券组合在一起，再加上主体十字形结构外围三面的拱券结构，使得内部可利用空间不大，且多为柱子与墙体分隔，除了主体空间之外，并不十分宽敞。

圣狄奥多罗伊教堂

圣狄奥多罗伊教堂

这座教堂建于 13 世纪晚期，也是一座采用十字八角形平面的教堂建筑，但内部仅一层，除主穹顶下的空间外，在方形平面的四角还各设一座小礼拜堂。

普里兹伦的列维斯卡圣母教堂

普里兹伦的列维斯卡圣母教堂

这座教堂初建于 11 世纪，在 14 世纪经过改建，增加了一座带有高耸塔楼的前堂。

耶路撒冷清真寺

耶路撒冷清真寺

这座建筑被称为岩石穹顶（Dome of Rock），建于公元 688 年至 692 年间。八角形平面的建筑，在拜占庭风格中，常被用来作为高级陵墓的地上建筑部分，属于墓葬建筑，因此通常与另外建造的会堂建筑组合出现。在耶路撒冷地区则被作为重要纪念建筑类型，多为独立的单体建筑。

镶嵌格子装饰线脚

这种带钉头的镶嵌格子式装饰线脚（A studded trellis molding）来自于木条式嵌镶装饰，满布的钉子起加固与装饰的双重作用。在石雕图案中，这种图案表面凹凸变化最为丰富，也可用于平面的马赛克装饰图案。

镶嵌格子装饰线脚

苏兰哈森清真寺

1462 年修建于埃及开罗的苏兰哈森清真寺（Section of Mosque of Sultan Hassan, Cairo 1462）的穹顶同拜占庭式建筑穹顶一样，都是其标志性的建筑特征。但清真寺的穹顶四周不设筒拱，往往只靠厚墙壁支撑其侧推力，其内部的拱形顶部只是一种如藻井形式的装饰。

清真寺建筑中的穹顶或尖拱顶，顶多与呼唤教们朝拜面向供阿訇宣

穹顶同拜占庭式穹顶略有不同，多采用洋葱式顶部的尖顶大大削弱了向四周的侧推力，且穹众的邦克楼相结合。伊斯兰清真寺要保证人圣城麦加的方向，且清真寺内部并不设圣坛，讲的高台也设在教堂一隅。

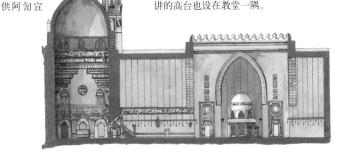

苏兰哈森清真寺剖面

圣马可大教堂

位于威尼斯的圣马可教堂（St.Mark's Ba-
silica,Venice）是晚期拜占庭风格的建筑，
其平面为希腊十字形，中央及十字形的四
个顶端各有一座圆顶，其中部的穹顶直径
达 12.8 米。圣马可教堂西立面连续设置了
五个半圆形山墙，且每个山墙面都有彩绘
的壁画装饰，而教堂内部则以精细的雕刻
和金碧辉煌的装饰闻名。

1 尖塔

圣马可大教堂初建时，顶部并没有现在的
这些尖塔。现在所见的尖塔、壁龛、拱形
山墙上的桃尖形装饰，都是在公元 12~15
世纪的哥特式流行时期加建的。屋顶和山
墙间设置的尖塔都是透空壁龛的形式，塔
中还设置了生动的人物雕像，而桃尖形山
墙上也都设置了密密麻麻的人物雕像，构
成了一个有着热闹气氛的教堂顶部。

4 拱门

圣马可教堂西侧入口为其
正立面，立面设置了五个
半圆形拱券大门，以中间
大门的拱券最大，两旁边
四个拱券略小。每个拱券
大门都采用了退缩柱式，
拱券门上还都进行了雕
刻和彩绘装饰。两旁边的
小拱券门左右对称设置大
门样式和装饰图案，但以
中央大门装饰的最为精美。

2　内部

圣马可教堂是在福音传道者圣马可（St Mark the Evangelist）的圣陵基础上改建为教堂建筑的，其平面为希腊十字形，内部以中央穹顶为中心。圣马可教堂内大部分墙面和穹顶都由黄金镶嵌装饰，上面还布满了宗教题材的壁画，而教堂中的许多精美的装饰品则都是从各地搜刮来的珍宝。

3　穹顶

圣马可教堂的中心与十字四壁的端头都设有一个穹顶，各穹顶之间以筒拱相互连接，是奇特的五穹顶结构。五个穹顶以中部与前部穹顶最大，直径达12.8米，其余三个较小。人们所看到的穹顶并不是真正的穹顶形状，而是鼓身部分加了木结构穹顶和尖塔之后的样式，这样做的目的是使穹顶显得更高大。

5　山墙

在拱门上还一一对应修建了五个半圆形的山墙面，中部山墙最大，只在拱券周围设置了一个半圆环的雕刻带，底部是从君士坦丁堡掠夺来的铜马像，山墙大部分都是为教堂内部提供光线的玻璃窗。两旁四个略小的山墙面则是以宗教故事为题材的彩绘壁画装饰。

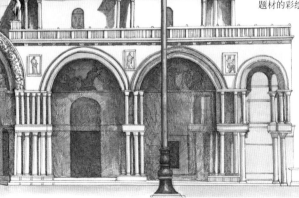

拜占庭风格的庭院

拜占庭风格的庭院

这是一座最古老的清真寺院，院落内由附墙柱的砖墩嵌入砖的模内支撑尖拱门，而且建筑中的拱腹、柱头以及底座都是平面形式。图示来自现存最早期的本图伦清真寺中的庭院（Mosque of ibn Tulun:courtyard）。

枝蔓缠绕的拜占庭式柱头

枝蔓缠绕的拜占庭式柱头

柱头以缠绕的枝蔓为主要装饰图案，追求剔透而繁复的效果，是拜占庭柱式发展后期的重要特点。

拜占庭式窗户缠绕花纹

拜占庭式窗户缠绕花纹

拱形窗与半圆顶是拜占庭风格的标志性图形，而令人眼花缭乱的缠绕花纹，则是根据一种最早来源于美索不达米亚地区的绠带套环饰不断变化而来的，图示窗来自塔尔塔姆的伊什可汗教堂中（Byzantine windows Ish Khan Church, Tortoom）。

拜占庭式拱券窗户

拜占庭式拱券窗户

拜占庭风格的拱券形式影响深远，许多地区都将这种拱券形式的窗子作为首选，因为这种窗形不仅开口较大，还不需要支撑中柱，窗子的完整性得以保留。图示窗户来自公元670年修建的纳斯达克的博里克沃尔斯教堂（Brixworth, Northants c.670 A.D.）。

贝壳装饰

贝壳装饰

各种装饰图案都来自于人们生活的自然界，贝壳形装饰（Shell ornament frieze）也是西方古典建筑中常用到的装饰图案，因其表面凹凸不平，所以能在光影下产生诸多变化。

圣巴塞尔大教堂

圣巴塞尔大教堂

拜占庭式的穹顶传播到寒冷的俄罗斯地区，为了防止顶部被积雪压垮，此地的穹顶变成更加陡峭的洋葱形顶，这也形成了富有俄罗斯民族特色的建筑外观。各式的洋葱形顶被饰以鲜艳的色彩，将整个教堂装饰得犹如热闹的马戏团，这种欢乐的气氛也正适于为庆祝战争胜利而建造的这所教堂。

错齿形的弓形棒嵌饰

错齿形的弓形棒嵌饰

这种装饰线脚由断续的半圆柱形组成，仿佛线脚的另一半就埋没于墙壁当中。这种弓棒式的嵌饰（Segmental billet）也使装饰面的起伏变化非常大，且可以适应不规则的墙面。

贝壳饰柱头

贝壳饰柱头

作为建筑术语，贝壳饰柱头（Scalloped capital）专指中世纪时期的一种柱头形式，这种柱头的每个面都呈弧形，并有几个锥体面的石块装饰。锥体的弧形类似于弓形，上大下小，也是装饰线脚的一种。

"之"字形线脚

"之"字形线脚

这种线脚又被称为反Z形线脚（Reversed zigzag molding），也是应用最为广泛的线脚图案之一，不仅可以用在主体建筑的檐下、墙面，还可以用来装饰柱身、窗棂，且其间还可点缀不同的花纹或图案。

枪尖形叶饰

这是一种由叶形（Leaf）或心形（Heart）图案与状似枪尖（Dart）形式构成的装饰图案，可以根据雕刻手法变幻出诸多的花样。

枪尖形叶饰

坡屋顶

坡屋顶

设置在门窗等处的单斜顶棚（Pentice），也被称为遮篷或雨篷。这种坡屋顶多用木材制作而成，既便于制作又易于取换，是一种非常实用的建筑构件。还有一种在人字形屋顶部形成的小阁楼形式，被称为屋顶房间（Penthouse）。

墙壁上提示用石碑

这是一种固定在墙壁上的石碑（Tablets）形式，既可以作为墙面的装饰，同时其中心部位刻字，有一定的提示功能。

固定在墙壁上作提示用石碑

固定在墙上作纪念用的石碑

雕刻在木头上的梅花图案装饰

星形线脚

波浪形线脚

缠枝花纹

墙壁上纪念用石碑

固定在墙面上的石碑也可以按照建筑立面的形式进行雕刻，多作为牌匾使用。

木雕梅花图案装饰

由于木材相对于石材来说质地较软，所以更容易雕刻较为精细的图案。在木质材料上以写真的方式雕刻出的图案（Carved-wood ramma），在这种自然的材质上更能显现出较强的生命力，而这种边饰的线脚还带有一丝中国的风格。

星形线脚

由连续凸出的星形（Star molding）图案组成，星形还可以雕刻成 3 个角组成。这是一种诺曼式的装饰花边，在建筑或各种木制品中都可以应用。

波浪形线脚

波浪形线脚（Wave molding）早在古埃及时就已经出现，在不断的变化中又演绎出许多种不同的造型，本图所示的是一种 S 形的波浪线脚形式，可用于雕刻、彩绘、丝织物的装饰花边图案。

缠枝花纹

这种缠枝花纹（Rinceau）的图案是由一条起伏曲折、大小相间的涡卷形纹组成，涡卷形的中心可以用植物、动物的图案来装饰，是变化最为繁多的一种线脚装饰。

叠涩梁托

叠涩梁托

叠涩梁托（Corbel）的形式经常出现在建筑内部壁柱的底端，这些壁柱作为一种结构或装饰性的元素通常从横梁处开始。而梁托就作为壁柱与横梁接口处的装饰而设置。图示二梁托来自英国牛津大学默顿学院小教堂（Merton College Chapel, Oxford 1277）。

格子图案的拱廊

格子图案的拱廊

拜占庭风格在不同的国家呈现出不同的建筑面貌，英国所出现的拱廊（Arcade）式建筑就加入了本土化的装饰风格，这种标志性的格子图案是英国所特有的。图示拱廊来自英国东南部坎特伯里圣奥古斯汀（St.Augustine's Canterbury）。

涡卷形线脚

涡卷形线脚

这是一种圆柱形线脚的变体螺旋形线脚形式（Scroll molding），其截面由两个半径不相等的圆形重合而成，也像一个不完整的涡旋形图案，多用于大型建筑的装饰线脚当中。

副翼

副翼

位于屋顶或走廊侧面墙角处的山墙面被称为副翼（Aileron），这种山墙面是左右对称出现的，因此其装饰图案都是左右对应的，同时要用饱满的线条消除墙角的凹陷感。

门环

门环

这种设置在大门外侧带有金属环的旋钮（Door knocker, St.Mark's, Venice）通常由金属制成，起门铃的作用。

怪兽形门环

怪兽形门环

许多国家都有门环的设置，其图案也因地区、风俗、民族的不同而有所不同。图示为英国15世纪门环样式（Door knocker, England 15th cent.）。

旋转楼梯平面图

旋转楼梯

围绕一根中心柱螺旋上升的楼梯形式，又被称为旋梯。楼梯的样式也从侧面代表着不同时期的建筑水平，在文艺复兴时期还出现了分为上下走廊的复杂旋梯形式。图示为螺旋楼梯正视（Elevation）与平面图（Plan）。

旋转楼梯正视图

蔓草花式

蔓草花式

蔓草花样式（Vignette）是一种多用在窗栏中的花式，这种花式大多是由生铁制成，并设置在窗口上起防护作用，也可以与叶形或卷形图案搭配用于雕刻图案。

维尔摩斯僧侣大教堂窗户

维尔摩斯僧侣大教堂窗户

这种早期的教堂还呈现出明显的拜占庭穹顶式建筑特点，窗户也采用的是圆拱的双窗形式，窗间柱采用了两头小中间大的梭柱，而且梭柱本身的弧线外观也正与圆顶相对应。图示为公元 671 年盎格鲁撒克逊人的维尔摩斯僧侣大教堂中的窗户样式(AngloSaxon windows, Monkswearmouth Church c.671A. D.)。

嵌板

嵌板

嵌板也是一种应用较为广泛的装饰物，可以由石板或木板雕刻而成，多数情况下嵌板都是多幅连续设置，这是一种常见的连续性曲线花纹，还带有细密的锯齿（Panels, Layer Marney Essex c.1530 ）。

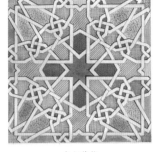

交织花纹

交织花纹

这种由交织的线条所组成的图案形式（Interlace）可以用于彩绘和雕刻之中，尤其是雕刻出的图案，借助于凹凸的层次感更富于变化。

第五章 罗马式建筑

罗马式建筑风格的出现及代表性建筑

罗马式（Romanesque）建筑是指欧洲各国 11 世纪至 12 世纪中后期的一段时间内，在古罗马拱券和砌筑法基础上发展起来的一种建筑风格。这种尤其在古罗马筒形拱结构基础上的模仿与创新，在法兰西、日耳曼、西班牙和英格兰及意大利等地都极为普遍。此时上述区域大都以古罗马时期的拱券结构与教堂建筑相结合的方式发展，通过不断尝试改进和变化拱券拱顶形式，创造更具实用性和观赏性的教堂内部空间，尤其是中央大厅空间结构形象。

此时期由于罗马式风格影响的大部分地区基督教的主导地位已经形成，因此各地教堂及其相关建筑的兴建活动频繁。各地教堂建筑在古罗马拱券基础上不断变化、探索和发展，为哥特时期成熟的拱券结构奠定了基础，对后世建筑面貌的改变产生了深远的影响，所以罗马式建筑风格又可以说是哥特建筑风格的早期发展阶段。

罗马式建筑风格拱顶形式

罗马式建筑风格拱顶形式

从最初的十字拱开始，以此为基础，开始出现十字拱间设置横断肋的做法，此后转变为两边的墙肋与横断肋之间设置椭圆形到圆形的对角十字肋形式，简化了十字拱的结构。在此基础上，又出现了不同程度提高横断肋或墙肋的多种拱顶形式。最后，在此基础上，出现了由对角十字肋、横断肋、墙肋及墙肋间的小拱肋构成的六分拱顶形式，使拱顶达结构发展到了成熟阶段。

诺曼风格柱顶端

诺曼风格柱顶端（Abacus of Norman）是流行于英国的一种柱子形式，柱顶端头的装饰线脚变大，而且只用两个大小相间的圆凹线脚，柱顶端形态变得棱角分明，给人以硬朗之感。

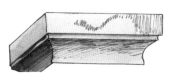

诺曼风格柱顶端

诺曼风格祭司席

诺曼风格祭司席

开设在墙面上的祭司席（Sedile）采用连续拱券式壁龛，增加了墙面的通透感，同时与建筑外墙面上的拱窗、拱顶相协调，而细小的支柱则与拱券形成对比，也与建筑粗大的墩柱形成对比。这种追求变化的细部处理在此时期的建筑尤为多见。

罗马风多立克式挑檐

罗马风多立克式挑檐

这是一种经常出现在罗马风多利克式建筑中三陇板上部或柱间壁中楣上的装饰（Mutule），由排列整齐的圆柱状或雨珠状凸出物组成。图示为设置此种装饰的位置，可以与三陇板一一对应着设置，是一种非常简洁的装饰图案。

卵形装饰

这种卵形（Ovum）与枪尖形的组合式线脚，由于二者都采用了较为简单的表现形式，所以整个线脚也显得简练而大方。卵形或叶片形的弧形面通常是圆或椭圆形的四分之一个面。

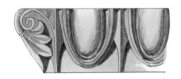

卵形装饰

卵形的线脚装饰从古希腊时期就已经出现，其样式也经历了一个由简到繁、再由繁到简的过程。各个国家对古典建筑及装饰样式的接受程度不同，表现方式也不同，图示线脚就同时出现了涡旋与叶饰作为线脚的分隔端头，使线脚也带有一些古朴之美。

斜块拱座

在砖砌拱券的墙面与拱券连接处，都要设置一块有倾斜表面的石头（Skewback）作为支撑点。石头的作用在于将砖券分散的侧推力集中地施加在后部支撑墙体上，避免砖块因受力不匀产生变形或塌陷。

斜块拱座

诺曼式的柱和拱

诺曼式的柱和拱

相对于低矮的墩柱来说，这种高大的柱式更容易营造出雄伟的气势，但拱券的表现力被削弱，因此必须借助于精美的装饰来强化拱券，而材质的变化也是建筑装饰的一个重要部分。拱和柱来自于英国格洛斯特大教堂（Norman arch and pillars, Gloucester Cathedral）。

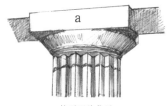

柱顶石的位置

柱顶石的位置

柱头上的柱顶垫石（a）通常是一块简单的正方形石板，此种结构是从木结构建筑中承袭而来。在早期的木结构建筑中，通常在柱顶端设置一块平坦的石板来加大柱头的面积，以使顶部承托的横梁结构更加稳固。在石质建筑中，柱顶石也发挥同样的作用。

圣吉莱教堂的洗礼池

圣吉莱教堂的洗礼池

大型的墩柱可以被雕刻成许多小柱的集中形式，如同许多小柱子被捆绑到一起。主要承重由中心柱承担，还可以在外围雕刻独立的柱子，使整个束柱形式更具立体性。图示为英国早期风格（Early English style）洗礼池，来自英国牛津郡圣吉莱教堂（St. Giles, Oxford c.1200）。

柱头上莨苕叶的装饰

柱头莨苕叶装饰

莨苕叶是古罗马的一种重要的装饰母题，通过其形体及雕刻手法的不同可以有多种诠释方法。图示的这种平板形叶饰（Acanthus）来自地中海地区的一个名为克林斯的地区，是一种独特的立体图案。

三层拱券立面

三层拱券

这种立面的结构通常设置在教堂中殿，由底部承重拱（Pier Arch）、中层的拱券（Triforium）和顶层高侧窗（Clerestory）组成。这种三层拱券组成的立面形式，也是源自古罗马时的建筑传统。

早期英国风格柱顶端

早期英国风格柱顶端

这种逐渐缩小的环状顶端头样式简洁，但在上下圆环的面上都还环绕刻有细密的线脚装饰。柱础部分也有同样的双环状柱基装饰，因此这是一种柱头与柱础通用的端头装饰。

建筑下的排檐

建筑下的排檐

排檐是西方古典建筑顶部凸出的条石状出挑，这部分经常被人们雕刻成各种奇怪的形象，其中尤其以鬼脸和动物图案最常见，也算是西方建筑中的一种传统。图示为汉普郡罗姆塞教堂的排檐（Corbel table, Romsey Church, Hampshire c.1180）。

半圆形穹顶

半圆形穹顶

这种半圆形的穹顶多出现于教堂建筑的后殿中，内部的穹面上可以彩绘或以马赛克贴饰各种图案，虽然大多也是以宗教题材为主，但其画面可以更活泼。

罗马风爱奥尼克柱式

罗马风爱奥尼克柱式

这种柱式特别高贵而美观，柱础部分堆积的细密线脚与柱身较大距离的凹槽形成对比，柱头上的卵形线脚与建筑装饰带上的卵形线脚相呼应，此外装饰带上的小涡旋图案也与柱头上的大涡旋互相配合。柱子中各处出现的横竖曲线形式，也为柱式奠定了温柔、优雅的特点。

罗马风式柱头

对于这种上部大而底部小的柱子形式，宽大而富于动感的柱头是很好的过渡方法，它可以使人们的视线集中在装饰部分，而简略柱子本身的承接关系。图示为英国早期风格林肯主教堂（Capital,Lincoln Cathedral）。

罗马风式柱头

英国罗马式建筑

自从 1066 年威廉征服了哈斯丁斯（地名）后，英国的建筑和艺术迎来了一个崭新大发展时期。统治英国的诺曼人不仅在军事上有着强大的实力，还十分热衷于宗教势力的扩充，这时期英国的建筑活动主要集中在两大领域：城堡和教堂。尤其是教堂建筑，许多现在人们耳熟能详的著名大教堂都是从那个时期开始新建或改建的，如林肯大教堂、圣彼得大教堂、坎特伯雷主教堂、圣埃德蒙墓地修道院等，这些建筑都以超大的规模、体量和精巧的结构而著称，同时也是英国罗马式建筑高超结构水平的代表性建筑。

在早期的英国建筑中，已经有了一些罗马风格的影响，最早的盎格鲁撒克逊时期（Anglo-Saxon Period），在教堂和墓室中已经有了拱顶的使用先例，民间建筑虽然很少用到拱顶，但建筑中壁柱墩的设置、长短石墙角的做法以及建筑中的一些构件使用，都是仿自古罗马的建筑。而在诺曼时期英国兴建的教堂建筑中，盎格鲁撒克逊统治时期等早期建筑的风格同罗马建筑风格一样，都成为借鉴的重要元素。

双线脚柱础

束腰式柱础

双线脚柱础

罗马式柱础同柱头一样，相对于原始的样式有所简化，最简单的形式只由两圈半圆形线脚组成。图示诺曼风格柱础来自于英国温切斯特大教堂（Winchester Cathedral）。

束腰式柱础

这是一种带有束腰形式的柱础，可以看到柱础底的柱基已经简化为一种类似于垫板的形式，而两层线脚间连接过渡的斜面较为新颖。图示柱础来自英国诺威奇大教堂（Norwich Cathedral 1096~1145）。

早期英国风格柱础

早期英国风格柱础已经摆脱了单一的层叠式，而追求一种立体感，因此原本简单的圆形线脚也变得多样起来，但这种处理也会使柱础有不稳定之感。图示柱础来自英国保罗克雷教堂（Base Paul's Cray c.1230）。

早期英国风格柱础

护城河与城堡

护城河与城堡

罗马式风格的代表性建筑除教堂以外就是此时的城堡建筑。城堡中不仅出现了拱券，还发展成为尖拱形式，但这些形式还作为内部的装饰性构件，外部仍以厚重的墙面为主，但在城堡四周出现了圆形的角楼形式，城堡外部还环绕有护城河（moat）。

多柱形柱础

多柱形柱础

整个粗柱墩被雕刻成多个中柱的束柱形式，而层层减小的线脚不仅形成一种剥离的效果，同时也增加了柱体本身的稳定感。图示为建于 1240 年的英国伦敦坦普尔教堂柱础（Base, Temple Church London c.1240），英国早期风格。

多线脚柱础

这种有底座的柱础（Base）与建筑的地基形式非常相似，由于宽大的柱础与较细柱身间有强烈的反差，所以采用中层设置束腰和多层线脚形式来缓和这种反差。图示为建于 1250 年的英国圣阿尔本教堂（St.Albans c.1250），英国早期风格。

多线脚柱础

早期英国风格排廊

早期英国风格排廊

早期英国建筑的排檐（Early English style corbel table）是外檐出挑的束带式石条，这是建筑外部重要的装饰部分，有时还兼作排水设施。通常这种挑檐都会以各种花卉或人物面部的形式进行雕刻，因为装饰所处位置较高，因此其装饰风格也更加自由。

早期英国式栏杆

早期英国式栏杆

这是一种小型的层叠券柱形式，通过两层拱券的不同形状雕刻出立体的阴影效果，并在底部单独设置了一条花式的线脚装饰带，使栏板的立面产生建筑物的效果。图示来自英国萨利斯布里大教堂（Salisbury Cathedral c.1250）。

盎格鲁撒克逊式大门

盎格鲁撒克逊式大门

这是一种诺曼式流行前的盎格鲁撒克逊式（Anglo-Saxon c.900A.D.）建筑风格，受古罗马建筑影响深刻，其特点是石料巨大，显示出一种古朴而原始的美感。

洗礼盘

洗礼盘

整个洗礼盘的外部雕刻图案分为三个层次，上部和底层的曲线形枝蔓面积较小，中部的雕刻图案面积较大。三部分同时使用了涡卷形式的图案，但在图案繁简和组合形式上做了相应的变化，使得整体装饰很和谐，并不给人琐碎的感觉。图示来自德尔哈斯特教堂盎格鲁撒克逊风格的洗礼盘（Anglo-Saxon, Deerhurst）。

错齿线脚装饰

错齿线脚装饰

诺曼式棱柱状的错齿线脚（Norman prismatic billet molding）是一种以长方形平面相间出现的图形，可以看作是立体棱柱的四个面，这种设置不仅丰富了线脚表面的形状，也使线脚出现了阴影变化。

层叠的诺曼式拱券

层叠的诺曼式拱券

这座大门中出现了夸张的柱子和圆形墙饰，而且方正的大门与大量重复出现的曲线线条对比分明。底部出现的尖拱和三叶草形式，顶部出现的层叠式拱券形式，都已经显现出哥特式建筑的迹象。图示拱券来自英国牛津的基督教堂（Norman arch Christ Church,Oxford）。

早期诺曼式柱头

早期诺曼式柱头

这个早期诺曼柱头（Early Norman capital）的上部采用了一正一反两条曲线线脚相接，而在柱头底部则采用了立体的三角形与半圆形相间设置的装饰，使整个柱头产生了线条与体块的变化。

无装饰诺曼式柱头

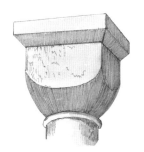

无装饰诺曼式柱头

早期诺曼式柱头的发展最为多样，这种多样性不仅表现在令人眼花缭乱的雕刻装饰上，还表现在没有任何装饰的柱头上。立方体的柱头不做任何雕刻，只以简洁的线条勾勒。图示柱头来自伍斯特大教堂（Worcester Cathedral 1084~1089）。

温切斯特大教堂诺曼式柱头

温切斯特大教堂诺曼式柱头

这是一种总体呈长方体的柱头，但在底部围绕有一圈铅笔头式样的雕刻装饰，这种束口的设置也是为了与底部的柱身相区别开来才设置的。图示柱头来自 1079 年开始出现的温切斯特大教堂（Winchester Cathedral 1079）。

英国早期风格大门

英国早期风格大门

这种由多层门柱与拱券组成的大门已经采用了尖拱。最里面一层大门还出现了三个不完整拱券相结合的方式，这种拱券形式在哥特式建筑中非常普遍，被称为三叶草图形。建筑形态上的变化必然导致新结构的出现，这种尖拱券和三叶草图形的出现也预示着哥特时代的来临。

诺曼式尖拱线脚

诺曼式尖拱线脚

这是一种由连续的立体小尖拱组成的线脚（Norman pointed arch molding）形式，因为小尖拱本身是多面体，因此这种线脚可以使墙面显得更有层次感，具有相当大的视觉冲击力。

诺曼式"Z"形曲线线脚

诺曼式"Z"形曲线线脚

折线形或称锯齿形线脚（Norman zig-zag molding）可以根据线条粗细、折线角度大小和雕刻深浅的不同而呈现多种效果，还可以在折线中设置各种纹饰。总之，折线形线脚的不同装饰手法同各地区的习惯与传统有直接的关系。

涡旋形诺曼式柱头

涡旋形诺曼式柱头

小且成对的涡旋图案出现在柱头四面的转角处，这些曲线不仅装饰了柱头，也中和了方形柱头棱角分明的生硬感。

涡旋装饰性诺曼式柱头

涡旋装饰性诺曼式柱头

柱头中出现传统的涡旋图案，已不再是主要的装饰部分，而是退化为一种装饰符号。柱头部分变得更加厚重，简单的几何图案成为主要装饰图案。

带有装饰的诺曼式拱券

带有装饰的诺曼式拱券

通过多条并列的装饰带来夸大拱券的面积，也是一种有效的装饰方法，但要特别注意每层装饰带图案的变化，以及所有图案风格的搭配。图示大门来自英国牛津郡伊夫莱教堂（Iffley Church, Oxfordshire c.1120）。

编结交织拱券

编结交织拱券

交织如编织物的拱券（Interlacing arcade）是表现的重点，因此底部支柱的柱身和柱头的造型都相当简洁，弧形的拱券与折线形的装饰也有一定的中和作用，避免了曲线产生的繁乱感。图示拱券来自迪沃兹圣约翰教堂（St. John's Devizes c.1150）。

连排式柱子

连排式柱子

这种多根柱子的连排形式本身很新颖，且每根柱子不同的图案又使这组柱子的表现力大大增强，涡旋、折线形线脚又是每根柱子中都出现的图案，使四根柱子有很强的统一感。图示为英国北安普敦郡 1160 年修建的圣彼特教堂中诺曼式柱头（St.Peter's Northampton c.1160）。

英国罗马式教堂

由于英国天气多雨，全年日照时间短，建筑室内较潮湿，所以建筑也大多有窄而深的门廊和宽大的窗子，以求避风和增加室内采光量，而屋顶也采用高坡的形式，以利雨雪排除。又由于英国出产质地坚硬的花岗岩和沙石，所以也就形成了英国教堂建筑高大、门廊细窄、窗户面积大、屋顶陡峭的外观特点。从 1130 年达勒姆大教堂（Durham Cathedral）的中厅完全由石肋拱覆盖后，教堂内部石砌拱顶与墙面的统一，打破了一直以来平坦木屋顶的传统形式，英国也成为石砌屋顶结构第一个达到如此高水平的国家。此时的教堂建筑中都有着粗重的支撑柱子，连续的拱券，在四边和对角线上半圆的拱肋取代了交叉式的拱顶，使教堂顶部更加高大的同时，交叉的肋拱也使屋顶具有了很强的观赏效果，但为增加建筑的稳固性，无论拱顶还是支撑的墙壁都很厚重。在一些多边形的教堂中，为承托圆顶的重量，还出现了平滑的飞扶壁。

早期英国式洗手盆

早期英国式洗手盆

设置在墙壁上的洗手盆（Piscina）由壁柱和中柱支撑，已经出现了明显的哥特式拱和三叶草的图形，且拱券上也出现了层叠的线脚。不同于哥特式建筑的是，拱底的柱子样式还比较简单，除了圆形线脚以外，没有雕刻装饰。

早期英国式圆窗

早期英国式圆窗

圆窗是一种很特别的窗形，墙面上出现的圆窗以及齿轮形式，为后期哥特式建筑中精美的玫瑰窗奠定了技术基础。

早期诺曼式拱门

这种设置在大门或窗户处的柱子采用了双柱形式，既可以是墙壁上雕刻出的壁柱形式，也可以真正由立柱支撑。图示拱来自西明斯特地区建筑的门厅，1090 年（Early Norman arch Westminster Hall 1090）。

早期诺曼式拱门

滴水石

滴水石

西方建筑中有些雕刻图案非常怪异，工匠们可能将现实生活中的形象与想象结合起来，也可能将现实生活中不存在的形象雕刻出来，这些怪异的雕刻也成为建筑中的一大看点。图示为诺曼（Norman）风格滴水石。

华丽的诺曼式大门

华丽的诺曼式大门

华丽的诺曼式大门弧形的拱券与折线形线脚的搭配本身就充满了变化，而扭曲的绳索状柱身更让整个大门从墙面中突显出来。大门朴素的质地与门头上精美的人物装饰又形成一定对比，整个大门华丽而不失庄重。图示大门来自英国拉特兰的埃森代恩小礼拜堂（Essendine Chapel, Rutland c.1130）。

早期英国式拱窗

早期英国式拱窗

由于金属窗棂的出现而取代了窗间柱的设置，因此窗户的主要装饰点就集中到了两旁和窗子顶部，而简洁的柱头又再次突出了顶部的装饰，原始的折线形线脚装饰与菱形的窗棂搭配协调。

诺曼式支柱

诺曼式支柱

粗大的支柱（Piers）是建筑中重要的承重结构，由于柱头离地面较远，因此用简单的图案反而可以有效地达到装饰效果，而拱券的图案也正好与建筑实际结构相吻合，达到了装饰与结构的风格统一。

诺曼式束柱

方柱的表面被雕刻成圆壁柱的束柱形式，这种形式可以缓和方柱的单一感。体现了诺曼式的灵活。

诺曼式束柱

诺曼式圆壁柱

这是一种诺曼式束柱的形式，只是圆壁柱两边的小柱变得细长，成为主柱的一种装饰。

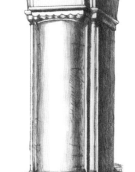

诺曼式圆壁柱

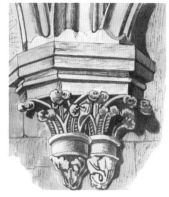

罗马建筑风格的梁托

罗马建筑风格的梁托

简单而深刻的柱础、梁托端头出现的莨苕叶饰，都是古罗马的装饰元素，但这些古老的花式经新的雕刻手法表现后，变得更加活泼。罗马风梁托（Corbel）上部变化的拱肋与底部变化的图案上下对应。

诺曼式洗礼盘

诺曼式洗礼盘

装饰极为简略的诺曼式洗礼盘（Font, Norman），其主体部分没有雕刻任何装饰，但底部的设置却极为特别，由两根细柱，一根方柱与一面只雕刻几道凹槽的方形石所构成，仿佛向人们展示着细柱雕刻成形的不同过程。

朴素的诺曼式大门

朴素的诺曼式大门

这是一个造型简单的诺曼式拱形大门，但砖墙面、石墙基与木门本身不同的材质形成一定变化。门头部分设置的卷索状装饰，拱券两边分别设置了羊头与人的面部装饰，给大门笼罩上了一层神秘的色彩。图示为牛津郡福特威尔教堂大门（Fritwell, Oxfordshire）。

诺曼式圣殿洗礼池

诺曼式圣殿洗礼池

直接在墙面上开壁龛作为洗礼池，进出水口都预先砌制在墙面中，这是在古罗马时期就被广泛应用的形式。墙面上的壁龛可以向内开凿与整个墙面齐平，也可以单独砌筑而成，还有美化墙面的功能。图示洗礼盆来自1160年修建的英国约克郡柯克兰修道院（Norman Piscina: Kirkland Abbey, Yorkshire 1160）。

尖角形窗户

尖角形窗户

这种尖角形的窗户是由石板相交建成的，方正的柱头与尖拱对比鲜明。虽然与拱券的形式有很大差异，但要在建筑中设置尖拱，必须对拱的顶部结构做相应的调整。图示为英国林肯郡某教堂的窗户（Barton upon Humber, Lincolnshire c. A.D.800）。

诺曼式洗礼盆

诺曼式洗礼盆

以耶稣受难等圣经故事作为教堂中各处的雕刻装饰题材，是一种最普遍的装饰方法，早从古埃及时起就已形成了这种传统。通过不同时期所雕刻的不同题材，以及画面整体构图、雕刻手法等的特点，还可以总结出不同时期的审美特点及技术发展状况等情况。

英国诺曼式洗手池

英国诺曼式洗手池

英国诺曼风格的代表性建筑就是教堂，这种洗手盆在教堂中有很多种，可以按照使用功能的不同而分为洗礼池和一般供牧师和信徒使用的洗手盆。图示洗手池来自1130年修建的英国汉普郡的若斯雷教堂（Piscina, Romsey Church, Hampshire c.1130）。

老圣保罗教堂内的巴西利卡

由连续拱券与细密的柱网形成了这种平面为长方形
的建筑，主要被用做教堂或公共活动场所。在主要
大厅的两边通常还设有较低矮的偏殿，面宽可以是
一个开间，也可以是两个开间，主要起支撑主殿的
作用。大厅的顶部采用木结构的三角形屋顶，因此
内部屋顶有雕刻精美的天花。

1 画框

在教堂内柱廊的拱券上部，围绕大
厅设置了许多的圆形小画框，画框
中是历任教宗的半身肖像，包括现
任教宗在内共有 265 幅。这种在建
筑中设置耶稣或其他宗教人物壁画
的形式，也是教堂建筑的一种传统
装饰方法。

5 柱廊

底部支撑教堂的是连续的柱券结构，与
罗马柱式不同的是，圣保罗教堂中的柱
身上并没有凹槽，但也相应地做了卷杀
和收分。中厅两边上部的墙面上采用方
形壁柱装饰，虽然柱身简洁，但同样有
华丽而精美的柱头。

6　侧高窗

中厅两边墙面上开设了连续的侧高窗，窗两边不仅有成对的方形壁柱，窗间壁还都有以宗教故事为题材的镶嵌画装饰。中厅的高窗与侧翼底部的开窗相配合，为教堂内部提供了充足的光源，使精雕细琢的内部更显壮丽辉煌。

2　天花板

由于巴西利卡式教堂的顶部采用木质天花板，因此进行了精美的雕刻装饰。大部分的屋顶采用格状天花装饰，且每隔一段距离设置一个大面积的方格藻井。富丽的天花与墙面上精美的镶嵌画相对应，使整个大教堂显得更加神圣。

3　雕像

教堂内外都设置了精美的雕塑、绘画作品装饰，这种雕塑、绘画与建筑相结合的形式也是始自罗马时期的古老建筑传统之一。在火灾后重建的圣保罗教堂中更是集中了各地贡献出的艺术珍品，其中在教堂前加建的庭院中，还设置了一尊圣保罗的雕像。

4　祭坛

圣保罗教堂中的祭坛设置在圣保罗坟墓之上，一个凯旋门式拱之内，而这个拱门是五世纪时一位皇后赠送的，拱门后的墙面上也有精美的镶嵌画装饰。圣保罗教堂祭坛上还有一个异常奢华的华盖，位高权重的教士在这里主持宗教仪式。

凉廊

凉廊

交叉的十字拱是拱顶制作技术进步的表现，也使得拱顶的建筑形式应用更加灵活，可以随意设置在建筑外部，作为有顶的走廊、凉亭（Loggias）和偏殿使用。随后，发展成熟的十字拱形式开始成为建筑的主要结构，并成为哥特式教堂中所普遍使用的结构。

诺曼式拱

诺曼式拱

由柱子和拱顶支撑建筑上部重量的方式可以使建筑室内更加通透，而拱底的墩柱也因结构的优化而变得越来越纤细，越来越美观。这种粗壮的圆柱形式逐渐被束柱式和更轻巧的柱式所代替，但在一些建筑中也刻意设置此类墩柱以表现一种古老而朴素的风格。英国乌司特郡大马尔文教堂中的诺曼式拱（Norman arch, Great Malvern, Worcestershire c.1100）。

诺曼式门道

诺曼式门道

像这种有着较大跨度的通路门道（Gateway），比较适合使用多层的拱券与柱子形式。因为多层退后式的拱券能增加拱券的厚度感，而密集的柱子则给人更稳定的支撑感，因此使整个门道显得更加坚固。图示门道来自英国西南部布里斯托格林学院（College Green Bristol）。

诺曼式门廊

诺曼式门廊

门廊底部的入口和上部的窗都采用了连续拱券的形式，但因为排列方式的不同而产生了不同的效果。底部前后排列突出厚重感，上部左右排列增加立面的变化。图示为苏格兰1160年凯尔索修道院（Norman porch, Kelso Abbey, Scotland c.1160）中的门廊。

玫瑰涡卷柱头

玫瑰涡卷柱头

柱头上部采用玫瑰图案装饰。玫瑰在基督教中蕴含着深刻的宗教意义，因此是教堂建筑中很常见的一种装饰图案，哥特式建筑中还有以玫瑰命名的玫瑰窗。图示为英国伦敦坦普尔教堂柱头（Capital, Temple Church, London）。

早期英国风格柱头下端装饰二例

垂吊柱头下端装饰

作为建筑终端的滴水石（Various）的装饰图案主要以动植物、人物或各种标志性的图案为主，而装饰效果就要看工匠雕刻的技术能力了，因为在早期的建筑中，这些图案都是由工匠们自己设计完成的。图为二例早期英国风格柱头下端装饰。

诺曼风格网状线脚

诺曼风格网状线脚

诺曼风格的网状线脚（Norman Reticulated molding）是一种如网状带网眼的线脚形式，图示线脚由圆形与大小菱形穿插组成，具有丰富的形状变化。

英国早期风格柱头两例

英国早期风格柱头

装饰性很明显地成为这个柱子的主要功能，其柱头已变为一束花朵的形式，且采用了透雕的表现方式，使整个柱子显得玲珑剔透，承重感大大降低。叶片的样式也来自古罗马的莨苕叶形象，虽然叶片雕刻很简洁，却以充满动感的曲线形态增加了表现力。

英国早期教堂大门

教堂的正门一般是位于西立面的入口（West end doorway），是圣殿的入口。这个入口中的拱券已经变化为尖拱的形式，而且立面中也出现了四个同心圆相交的图案，这些也预示着哥特式建筑时代的来临，是罗马式向哥特式过渡时期的建筑风格。图示英国早期风格大门来自莱斯福德大教堂（Lichfield Cathedral）。

英国早期教堂大门

连续拱券立面

连续拱券立面

在以墙面和柱子为主要承重结构的建筑中，开窗的面积和位置都受到限制。底部连续的拱券和墩柱起主要的支撑作用，而通过顶部的大拱顶将底部每两个拱券划分为一个开间，在每个开间中，拱券不断重复，但通过大小及疏密的不同形成立面节奏的变化。图示罗马风格拱券立面来自拉特里尼泰女士修道院（"La Trinite" Abbaye aux Dames, Caens）。

英国早期风格枕梁和柱头

柱础的圆形线脚也可以用来美化柱顶盘，而这种在枕梁和柱头（Corbel and Capital）上雕刻出挑人像的形式在建筑内外都很多见。这种出挑的部件除装饰作用外，还具有很强的实用性，在建筑外部可以作为滴水口，而在建筑内部则可作为灯架。

英国早期风格枕梁和柱头

意大利罗马式建筑

意大利的罗马式建筑情况比较复杂，因不同地区的环境差异而显现出不同的风格特点，还有各城邦间、教皇与皇帝间的斗争而各具特色。由于意大利本土古希腊和古罗马建筑的历史非常悠久，所以其建筑风格也较之其他地方保守得多。罗马式建筑主要分为三大发展区域，意大利南部和西西里岛地区；以托斯卡纳地区的佛罗伦萨、比萨等城市为代表的意大利中部地区；以米兰、经济较发达的威尼斯为中心的北部地区。

南部地区曾经是拜占庭帝国统治区，又受伊斯兰教统治，因此这个地区的建筑带有东方文化气息。建筑融合了拜占庭与伊斯兰教的双重特色，建筑平面多为拜占庭风格，用马赛克进行装饰，但受伊斯兰教禁忌的影响，因而没有人物的雕刻和图案出现。北部意大利的建筑主要集中在经济较发达的米兰和威尼斯，尤其注重公共建筑的营造，以威尼斯周边城市为代表的公共建筑热潮，也将整个意大利的建筑业向前大大推进。中部虽然面积狭小，但因为受教皇统治，所以教堂数量和质量都相当高。

罗马式教堂

罗马式教堂

罗马式风格建筑是在古罗马建筑复兴的旗号基础上发展并因此而得名，其流行区域也基本上以原古罗马帝国统治区域为主。在罗马式建筑风格流行的 9 世纪到 13 世纪，正值教会政治、经济权力日益扩展的时期，因此罗马式风格也以教堂、修道院等教会建筑为主。

门楣上的雕刻

门楣上的雕刻

这种门头上的装饰打破了以往的边框装饰传统，用一种比较自由的连续浮雕形式装饰大门，整个浮雕图案还带有一定的情节性，形式新颖。图示来自意大利多西特教堂大门（Sculptured door head, Dorset）。

伦巴第建筑

伦巴第建筑

这种风格是北意大利地区公元 7~8 世纪时的典型建筑形式，糅合了古罗马建筑与早期基督教建筑的双重特点。建筑主要采用券柱结构，但其样式与装饰都更加自由，建筑中出现的装饰图案大多富含着深刻的意义，还出现了一些东方风格的装饰要素。图示为意大利北部伦巴第建筑（Lombard Architecture）立面。

摩尔拱廊

摩尔拱廊

罗马风格的影响是广泛和深入的，这种摩尔人的拱廊与欧洲许多国家的样式都非常相像，基于穹顶技术的各式拱券形式虽然看上去大同小异，其实区别在于细部装饰的风格上。图中的拱券主要利用条形砖本身的变化作为拱券装饰。图示为摩尔人建筑风格的塞维利亚拱廊（Moorish architecture: Arcade in Seville）。

比萨建筑群

比萨城中由洗礼堂、教堂和钟塔组成的建筑群，是仿罗马式建筑的精品。在这组著名的建筑群中，三座主要的建筑都有着复杂变化的外观。中部的大教堂（Pisa Cathedral）是最先动工修建的建筑，它由三个带柱廊的巴西利卡组合而成，其立面是直接从古罗马运来的花岗岩石柱组成的连续拱廊，而在这座充满了罗马拱券的建筑外部，其柱头和墙体却带有明显的拜占庭风格雕饰，教堂后部高耸着尖拱的椭圆形穹顶又似乎带有一些伊斯兰教建筑的意味。前面的洗礼堂是圆形平面的穹顶建筑，整个洗礼堂的下部和上部围绕着罗马式的拱券，但从中部起拱券外的尖顶装饰及穹顶却又已经演化为哥特式风格。圆柱形的建筑外观与双重风格混合的外立面，使得洗礼堂拥有非常奇特的外观。建筑群最后面的钟塔就是著名的比萨斜塔，这座六层的圆塔由大理石砌筑而成，每层都有一圈连续拱廊装饰。由于地基不稳，塔身从建造时就开始倾斜，摇摇欲坠的钟塔其偏离度至今仍在加大。也正因为如此，斜塔成为这组建筑群中最为抢眼，也最为使人惊心动魄的建筑。

比萨大教堂建筑群

欧洲许多地区的教堂类建筑，都因建筑规模庞大导致施工期漫长，并在漫长的修建过程中融合不同时代的流行风格，呈现出独特的建筑形象。比萨大教堂建筑群即是此类建筑的代表。作为建筑群主体建筑的大教堂主体在公元1063年至1118年建成，后又于1261年至1272年进行本堂扩建工程；洗礼堂约在1153年建成时，外部为三层拱券，上部为锥形顶形式，从1250年至1265年对洗礼堂外部加建哥特式装饰，并改成了拱顶形式；钟塔为传统的圆柱形塔身形式，平面直径约16米，1350年建成，因地基不牢固导致塔体一直处于向一侧歪斜的状态，直到近代才通过现代技术加固地基制止了塔身的继续侧歪。钟楼与教堂一侧还建有圣公墓，约于1278年至1283年建成，是一座纪念性建筑，由古典式带半圆拱券的围廊式建筑与哥特风格的拱券内部装饰共同构成。

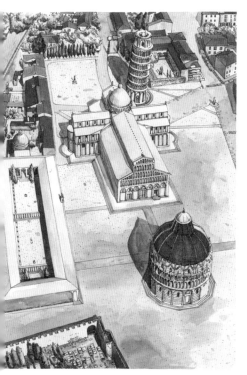

比萨大教堂建筑群

189

比萨大教堂

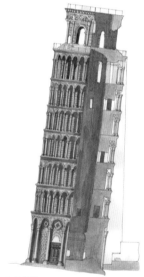

比萨斜塔

比萨大教堂

这座教堂是托斯卡纳地区规模最大的教堂建筑，在经过扩建工程之后，形成本堂5开间，两侧耳堂3开间的宽敞内部空间形式。大教堂内外侧都采用黑白大理石条带的墙体形式，形成富有特色外部形象和内部空间氛围。

比萨斜塔

这座斜塔（Leaning Tower of Pisa）实际上为一座钟塔（Campanile），由多层半圆凹室的连续拱廊组成，其拱廊与柱子全部由大理石制作而成。细密的多层柱廊与前面的洗礼堂和大教堂遥相呼应，这种雄伟而独特的建筑风格也迅速成为影响巨大的比萨罗马式风格。

德国罗马式建筑

德国由于地处欧洲中部，接触拱顶的时间较早，又因此时期社会相对比较稳定，所以各种教堂建筑也受到罗马式的影响，而德国的罗马式建筑又有新的发展，如首先在教堂立面加入了双塔的形象，在众多欧洲国家中第一个在教堂中厅的墙壁上用雕刻来进行装饰等，发展出了带有本地特色的仿罗马风格建筑样式。

早在公元8世纪初，由于当时查理大帝的提倡，德国境内已遍布基督教堂，而造型独特的各种小洗礼堂更是遍布德国全境，因此，在中世纪罗马式建筑风行的年代里，德国的罗马式教堂已经发展相对成熟，教堂建筑中经常被使用的就是连续的拱廊、拱窗等元素。早期教堂设东西两个环形殿，分别供神职人员和百姓使用。为了向不识字的民众宣传教义，教堂中墙面和拱券上的拱肩处都雕刻有以圣经故事为题材的连续性场景，无论是画面的构图还是雕刻手法都相当精美。此外，同教堂外耸立的尖塔一样，德国教堂所散发出的是一种昂扬、积极的状态。教堂内部不仅墙面有精美雕刻装饰，柱子、檐口及门窗洞的边缘都有动感的图案和线脚装饰，可以说德国的罗马式建筑极富于艺术表现力和创造力。

德国罗马式柱头

德国罗马式建筑中楣

德国罗马式柱头

编织纹是种应用非常普遍的装饰图案，各个国家的工匠对这种纹饰又有不同的理解和诠释。图示的柱头上部比较简约，但曲线形的凹槽和平直的线条形成对比，底部如束带的编织纹的出现也避免整个柱头过于单调。图示为德国罗马式柱头（German Romanesque）。

德国罗马式建筑中楣

罗马的莨苕叶图案在精细的德国风格中也变得更加规整和统一，虽然叶饰中也有大小和曲线变化，但看来更加节制，难免给人生硬之感。图示来自12世纪德国罗马式建筑（German Romanesque）。

法国罗马式建筑

法国是古罗马帝国的殖民地，其境内建造有许多古罗马时期建筑的遗址，建筑上受意大利和东方风格影响较为深远。因为此时期的法国还没有形成统一的国家，在地理和气候上南北差异也较大，所以法国的罗马式建筑因地域的差异而有所不同。南部教堂平面呈十字形，东端的环殿不设通廊，建筑受异族侵略者的影响，采用三角形圆顶、尖形发券，内部装饰华丽，而北部教堂以诺曼风格为主，采用巴西利卡式的平面，通廊和中殿都使用高大的拱顶建筑，中殿的跨间还被设计成方形，教堂外部也带有对称的塔楼，还有装饰性的扶壁。教堂内部出现有意大利式的马赛克装饰，教堂外部有经过改造的，富于本地区特色的古典风格外砌面。建筑中的雕刻装饰题材广泛，植物、动物、人物和折线、波浪等，还有装饰性的圆券和肓拱廊等装饰。

法国罗马式大门

法国罗马式大门

这是一种在墙上做出的假拱券，大门实际上是横梁结构的大门形式。墙体上开出壁柱与拱券衔接自然，这种形式可以使门上的雕刻面积大大增加，又不使大门显得头重脚轻。图示大门入口来自 12 世纪法国韦兹莱修道院（The Abbey Church of Vezelay, France 12th cent）。

法国诺曼式栏杆

这是法国诺曼式出挑阳台的檐部，阳台的走廊由连续拱券结构组成，半圆形的大拱券与小尖拱使立面产生了丰富的变化。图示屋顶边缘来自卡昂的圣艾蒂安教堂（Norman Parapet, St. Etienne, Caen c.1160）。

法国诺曼式栏杆

怪异柱头

怪异柱头

在一些教堂建筑中，雕刻怪异的柱头（Grotesque capitals）也是向普通信徒形象地传播教义的一种方法。这些图案背后很可能隐含着某些深刻的意义，能让人们在看到时自然建立对神的崇拜。图示怪异柱头位于卡昂的圣艾蒂安教堂（Saint-Etienne, Caen: Romanesque c.1068~1115）。

罗马式雕刻装饰的发展

在英国和其他欧洲国家的罗马式教堂中，对建筑细部，如柱式、线脚的雕刻极为精细和讲究，仿罗马建筑中的柱式虽然还遵循着精确的比例关系，但在柱身上已经使用波浪纹、之字形纹、螺旋纹等活泼的样式进行装饰，常用的爱奥尼克式或科林斯式柱头上，也有着漂亮的雕刻装饰，线脚的雕刻工艺更加复杂，还有镂空线脚出现。相比于以前建筑中雕刻图案的写实风格，罗马式建筑中的雕刻无论是动植物还是人物，都采用了更加夸张的表现手法，力图用变形的态势表现丰富的寓意，尤其是人物，不仅身体被拉长，其面部表情也大多怪异，有着很强的象征意味。

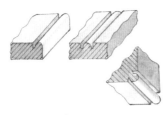

槽隔圆形线脚

槽隔圆形线脚

只有一边弯曲的半圆形凹槽因制作简便，因而是最常被用到的线脚（Quirk beads），在重复使用时要注意的是，并排线脚连接的两个凹槽面要保持相等的高度，而设置在转角处的两条线脚则要保证两条凹槽带垂直。

枕梁托

枕梁托

这是一种被雕刻成束柱式的枕梁托（Corbel），在柱底和柱中部都雕刻了相同的叶形装饰，使柱子中部形成了一个雕刻带，减轻了柱子的垂坠感。

带有扇贝纹的线脚

带有扇贝纹的线脚

贝壳图案在此处被简化为连续的半圆形或称扇形线脚（Norman milding with scallops），通过圆形直径的变化和相互之间的层叠使之产生立体感。

开口式心形线脚装饰

开口式心形线脚装饰

在每个心形线脚的交接处又形成小的心形图案，而钉头状的加入又使得整个线脚图案变得丰富起来。图示为诺曼风格的开口心形线脚装饰（Open heart molding）。

英国早期风格的筒拱柱头

英国早期风格的筒拱柱头

作为结构交叉处设置的柱子（Vaulting shaft），其柱头往往要设置一些不规则的装饰物，以美化这些结构的接口。这些装饰物可以与柱头图案连为一体，也可以单独设置，但要注意与柱头图案的繁简搭配。

石雕嵌板

石雕嵌板

由四个等大的圆形相交，并在中心设置人像和植物的装饰，这种嵌板的形式很灵活，可以单独设置，也可以连续的成组设置，并且还可以通过变换圆形中心的图案来使整组嵌板发生一定的变化。图示为英国早期风格的林肯主教堂中的石雕嵌板装饰（Stone panel, Lincoln Cathedral）。

穹隅三角穹窿

穹隅三角穹窿

在中世纪的建筑中经常出现这种向外出挑的支柱或枕梁，可以雕刻图案装饰，也可以这样不加任何装饰。此外，建筑外部的穹隅（Pendentive）还可以作为顶部的排水口使用。

诺曼式柱头

诺曼式柱头

柱头上的植物与动物图案相搭配，并以同样的螺旋获得统一，为了强调这种统一，还特别用一串珠子加强了动物脊柱的曲线。断续的曲线形珠子正好与柱顶部平直的线条形成对比。图示为英国诺曼风格（Norman）柱头。

歪斜拱券

歪斜拱券

拱形支柱的位置没有正对拱券的正面，就产生了歪斜的拱形（Skew arch）。在实际的施工中很容易产生这种歪斜的拱券形式，修复这部分缺损结构的方法就是在拱券与横梁的底部另设加固的填充物，要注意填充部分最好使用与墙面与拱券相同的材质，并雕刻相同的线脚。

门楣中心缘饰

门楣中心缘饰

大门采用了罗马的拱券形式，在门楣处又设置了一条拱形的缠绕花枝雕刻带，以突出大门的拱顶。这种对称而重复的花饰也可以在一定程度上矫正不规则拱门的边缘，使之看起来更对称。图示门楣饰来自1110年修建的沃姆斯大教堂（Romanesque tympanum border, Worms Cathedral 1110）。

拱顶下的柱头

拱顶下的柱头

这是一种吊瓜式的人像柱端头（Vaulting shaft），人物头部螺旋形的头发采用了钻雕的方法，这种手法直接来自于古罗马。此端头柱底部层叠的形式比较特别，这是一种不同于古罗马的新形制。

罗马式建筑风格向哥特式建筑风格的过渡

罗马式的建筑在各国都有着不同的表现，而在此时期各国建筑外观和建筑结构都发生了变化，建筑技术也进一步提高。在罗马式建筑中，后期哥特式建筑中必备的肋拱、扶壁等要素已经出现，建筑也开始向着更高大、更雄伟的哥特式建筑发展。

罗马式与哥特式结合的外部跨间

由于教堂使用木质屋顶，墙面可以大面积开拱券，拱券还采用古罗马石造拱的式样，而且拱券上已经有了退缩式的线脚装饰，这是此时期的一大建筑特色。屋顶的木构拱顶布满了雕刻装饰，风格富丽堂皇。

艾利礼拜堂长老社内部跨间

由于罗马式建筑在构造上仍存在缺陷，因此墙体很厚，内部中殿的连续拱券、厢座与一假楼层将整个墙面分为三段。连续的拱券在此时演化为双券或三券式，双洞的拱券中间设置一根小支柱，三洞的拱券以中间拱券最大。

哥特式外部跨间

因为建筑整体的结构还不成熟，早期的教堂建筑多使用木质屋顶，墙面的承重功能大大减弱，因此墙面可以开设较大面积的拱窗。为平衡拱券的侧推力，还要在拱券间设置墩柱，墩柱的顶端还是连接和固定屋顶的重要结构。

外部跨间

巨大的墙面是建筑的主要结构部分，细窗的开窗与通层柱子都再一次强调了建筑的高大。墙面与屋顶仍是两个相对独立的部分，所以巨柱在到达顶部之前结束，并且为了减小对地面和墙面的压力，而将柱头的大部分开龛，成为建筑顶部装饰的一部分。

罗马式与哥特式结合的外部跨间

艾利礼拜堂长老社内部跨间

哥特式外部跨间

外部跨间

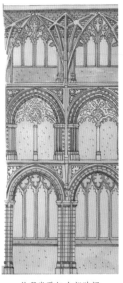

礼拜堂歌坛内部跨间

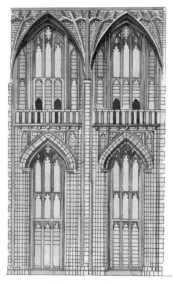

温切斯特礼拜堂中殿内部跨间

礼拜堂歌坛内部跨间

底部高高的台基与巨大的墩柱保证建筑的稳固性，二层设计为带实墙的假券形式，同时仍旧使用了尖拱的形式，在二层形成通廊。第三层使用了枝肋的结构，大面积的开窗也给建筑室内引进更多的光线，但顶部拱券形式不规则。

温切斯特礼拜堂中殿内部跨间

此时的建筑中仍旧使用通层巨柱与枝肋的形式，但枝肋已经成为顶部十字拱肋的延伸部分。建筑上的拱券已经向着侧推力较小的尖拱券形式变化，随着技术的不断发展，成熟的哥特式建筑结构产生。

罗马的柱子

罗马的柱子

此图展示的是一组柱子形式，从右到左依次为：1/2 壁柱、3/4 壁柱、脱离墙面的柱子和独立的支柱。一般来说，壁柱大多是作为墙面的装饰性元素，因此柱身细长，柱头的装饰也更丰富些，而独立的柱子则是主要的承重结构，因此柱身粗壮，其装饰也更简洁一些，尤其是位于建筑最底部的承重柱子，大多采用多立克柱式，这也是来自于古罗马时期的建筑传统之一。

教堂圣坛南侧的祭司席

滚筒错交线脚

这是一种比较简单的线脚形式，只雕刻出断续的圆柱式立方体即可，且每层线脚都相互交错。这种滚筒错交线脚（Roll billet molding）是诺曼式建筑中经常出现的一种线脚形式。

罗马式大门

窗座

窗口与窗槛都采用了穹顶与平顶的组合形式，而底部的方形座位正好与顶部平顶相对应。这种窗座（Windows seat）又可以作为墙面开设的神龛使用。图示窗座来自英国卢森博格建于1310年的阿尼克城堡（Alnwick Castle Northumberlandshire）。

教堂圣坛南侧的祭司席

这种连续的小拱券形式常开设在墙面上，祭司席主要用于放置一些宗教物品，也相当于壁龛的一种。龛的底部与地面台阶相呼应，既增加了壁龛的变化，也取得了统一的视觉效果。图示为英国早期风格祭司席（Early English style sedile）。

滚筒错交线脚

罗马式大门

从图中可以看到，底部产生层层剥离效果的柱子采用一种大体呈 V 字形的阶梯式平面结构，顶部的拱券也与之相适应地采取了斜线向的平面，因而自然形成向内缩进的多层拱形式，每层拱券与下面的柱子形成一定的对应关系。

窗座

本笃会修道院教堂

本笃会修道院教堂

建于公元 1093 年至 1156 年，是德国罗马式风格的教堂建筑代表，整个教堂由入口西端两耳堂与本堂交叉处的方形平面塔楼与两侧圆塔楼，以及东端中间的多边形塔楼与两侧方形塔楼，共六座塔楼，构成独特的外观形象。

圣菲利贝尔修道院教堂

圣菲利贝尔修道院教堂

始建于公元 950 年的教堂各处都在不同时期建造，直到 1166 年左右才基本建成。中央本堂采用纵向平行排列的石筒拱结构，筒拱间设置半拱肋与底部粗重的墩柱相接，两侧采用十字拱顶结构形成边廊，且内部空间并未做装饰，直接表现出结构的变化。

第六章　哥特式建筑

哥特式建筑的产生

哥特式建筑的产生从最主要的建筑特征来看，哥特风格又可被称为尖券风格（Ogival Style），其发展时期主要是从 12 世纪到 15 世纪，流行区域主要是原神圣罗马帝国统治区域，英、法和斯堪的纳维亚地区。随着主教在欧洲的广泛传播，该体系以单体大教堂建筑为主。哥特式建筑中凸出的尖拱券、肋拱、飞扶壁和圆窗等建筑元素，在罗马式建筑时期已经出现或萌芽，只是使用较为分散，并未组合成新的建筑形象。哥特式在建筑发展史上成为里程碑式的建筑风格的根本原因在于其中所蕴含的新式结构，以及建筑营造技术的进步。

哥特教堂肋架券、墩、柱、飞券侧剖面示意图

哥特教堂肋架券、墩、柱、飞券俯瞰透视图

由于交叉的十字拱借助于扶壁，将斜向的推力传至建筑外部的扶垛上，使得建筑的主要墙面得以大面积地开窗。当扶壁也变为拱形之后，扶臂拱上也出现了尖拱装饰，而扶拱垛上则树立起高高的小尖塔，有的扶拱垛上还开设壁龛，并设置人物雕像装饰。

哥特教堂肋架券、墩、柱、飞券

这种由对角交叉的拱肋与一条横向尖拱肋相间设置的拱顶结构称为尖形拱肋交叉拱顶。为了支撑这种拱顶结构，除了在墙边设侧向的拱肋以外，墙壁外还要设置扶壁和巨大的墩柱，这样在建筑底部，支撑扶墩柱与墙面之间就形成了侧厅的空间形式。

哥特教堂肋架券、墩、柱、飞券俯瞰透视图

扭索状装饰

扭索状装饰

两条装饰带互相交错产生的扭索状线脚（Guilloches）图案，在交叉处形成圆环状。这种形式的线脚有着大量的变体，如连续的枝蔓或变形的叶饰等，通过不断地重复产生和谐、统一的效果。

扭索状双排装饰

扭索状双排装饰

由多条饰带互相缠绕产生的比较复杂的扭索纹，还可以在圆圈中填入一些其他图案增加整个图案的表现力。

梁托底部的装饰

梁托底部的装饰

这个梁托（Corbel）的装饰很具有情节性，温柔的女子和纤细的花枝形象与上部沉重的柱子形成对比。由于梁托在墙面上是连续设置的，因此还可以将整个墙面上的梁托按照同一题材进行雕刻，由一个个带有情节性的梁托雕刻组成一个叙述性的故事。图示梁托来自韦尔斯教堂（Wells Cathedral）。

尖塔

尖塔形顶部是哥特式建筑中重要的标志性形象之一，是结构进步的最好展示，也是英、法等地的哥特式建筑极力炫耀的部分。在几个哥特式建筑发展迅速的国家里，对高大尖塔的建造已经趋于无度状态，这也成为许多哥特式教堂塌陷的原因。图示尖塔来自牛津市圣玛丽教堂（St. Mary's Oxford c.1325）。

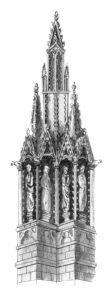

尖塔

沙特尔教堂立面塔楼

沙特尔教堂原设计共七座塔楼，除正立面两个塔楼之外，在歌坛、耳堂以及本堂与耳堂纵横交叉处都设计有塔楼，但最后只有西立面两座塔楼建成。最初的塔楼多为木结构，此后随着石构拱肋技术的进步，才逐渐改为石结构。

沙特尔教堂立面塔楼

矮侧窗

矮侧窗

这种开设在拱窗下的矮侧窗（Low-side window）也被称为斜孔小窗（Squint）或捐款窗（Offertory Window），在设置这种小窗的拱窗底部通常都要有承重的横梁。矮侧窗的形式多开设在教堂建筑圣坛的右面，人们通过这个小窗能够看见圣坛。

203

法国沙特尔大教堂

沙特尔大教堂（Chartres Cathedral）平面采用了法国教堂传统的拉丁十字式，两边的横翼凸出较短。教堂的西立面为主立面，东头的环廊为小礼拜室。沙特尔教堂主立面也是法国哥特式教堂所普遍使用的形式，有大面积的圆形玫瑰窗和尖塔。沙特尔教堂正立面两边的尖塔因为建造时间上的差异而在外观上有所区别，这也是许多哥特式教堂所共有的特点，长达几个世纪的修造工作使得一座教堂同时呈现几种不同的风格特点。

5　窗户

沙特尔大教堂不仅西立面的中部设有大面积的圆形玫瑰窗，教堂的侧翼及两边的高窗上，也都精美窗棂的玫瑰窗装饰。这些玫瑰窗都由铅格棂窗镶嵌彩色玻璃画制成，描绘着耶稣与圣徒画像。

1　塔楼

沙特尔大教堂西立面的两座塔楼并不是在同一时期修建而成的，比较简单的八角形南塔早在13世纪初就已经建成，而精巧而玲珑的北塔则在1507年前后落成。值得一提的是，据说两座尖塔还未修建时，就已经被设计为不同的样式了。

2　墙面

教堂的两边的墙面为三段式构图，底部由墩柱和连拱廊分隔中厅与侧翼，中层也由细柱支撑的拱券组成，但较为低矮，主要是可以绕行教堂一周的走廊，这圈走廊又被称为厢廊（Triforium）。教堂最上层墙面开设连续大面积的高窗（Celestory），并镶嵌玻璃，早期哥特式教堂的玻璃上还有彩色的宗教绘画装饰。

3　环殿

教堂东部设置了半圆形的环殿，环殿外侧还呈放射状设置了几座平面为圆形的小礼拜室，这里通常供奉着纪念性的圣物，并有环廊将其与大厅相连接。而在这一系列的建筑外侧，则有密布的飞扶壁支撑。除了教堂后部扶壁上设有尖顶饰以外，两边墙面外部的扶壁上都建有小尖塔装饰，丰富了教堂的外立面。

4　平面

沙特尔教堂平面为拉丁十字形，而且两侧翼较短。整个教堂中厅相当高敞，宽16.4米、长130.2米、高36.5米，而整个教堂面积更达5940平方米。这种大规模的教堂建筑也是法国哥特式教堂的一大特点，因为这些教堂除了有进行各种宗教仪式的功能外，还有炫耀城市实力的目的。

过渡式柱头

过渡式柱头

12 世纪由罗马式向哥特式过渡时期的柱头形式，层叠的退柱式与尖拱的形式早在罗马式时期已经存在，但还没有成为一种主要风格。来自科林斯柱式中的涡卷已经变形为奇异的双层叶芽形式，且同柱式一样被大大简化。图示柱头来自纽伦堡的圣塞巴杜斯教堂（Church of St. Sebaldus, Nuremberg）。

柱顶装饰

柱顶装饰

这种以立体的鱼或海豚作为端头的设置在建筑的屋顶、路灯、喷泉等处都非常多见。在西洋建筑中，这是一种传统的装饰图案，它不一定与各时期的建筑风格相一致，也不一定具有某种特殊的含义，只是作为一种经典的装饰母题而存在，这种现象在各个国家和地区的建筑中都存在。图示为以特尔斐式风格作为柱头装饰的雅典风格柱脚基座装饰（Delphins terminating an attic pedestal）。

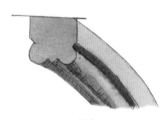

拱肋

拱肋

作为支撑屋顶的主要结构，拱肋（Rib）的装饰性非常弱。为了保证拱肋主体的坚固性，只能以浅浮雕的形式雕刻一些简单的线脚装饰，因为过深的雕刻会破坏肋拱的结构，但建筑中所设置的一些装饰性肋拱除外。

锡耶纳大教堂

大教堂最初于公元 1249 年开工时是按照罗马式风格建造的，建筑总体效仿比萨大教堂的形象，内外均采用深浅石材交错砌法，形成横向条纹式的建筑形象。由于锡耶纳大教堂的建造活动一直持续到了 14 世纪中期，因此在对角拱和外部立面三角形装饰等方面，均体现出哥特建筑结构与形象的特点。锡耶纳大教堂所呈现出的哥特风格并不明显，但在意大利地区却属于样式新颖、具有哥特风貌的教堂代表。

锡耶纳大教堂

哥特式建筑的主要组成要素

哥特式建筑发源于法国，当罗马式建筑发展到晚期的时候，一种尖形发券，并带有几何格子窗的新型建筑产生了，这就是最初的哥特式建筑。后来建筑结构不断完善，拱肋的重量被扶壁支撑并传导到地面，扶壁连接的拱顶和拱券以及整个建筑的骨架结构重量被均匀地分配。这种新结构使得建筑墙面的承重性被大大削弱，建筑也可以建得更加高大，而墙面则可以由大面积装饰的窗子所取代。建筑的垂直性被强调出来，而尖塔也成为教堂建筑中不可缺少的组成部分之一，它被认为是通往天堂的阶梯，是反映当时社会高昂宗教情结的最好的建筑形象，也成为人们炫耀所在教区财富、能力及对教廷表示忠心的最好的见证物。

高大的哥特式建筑在许多国家盛行开来，尤其是教堂建筑，其中厅宽度变短，而长度和高度却越来越大，形成了细窄的大厅形式。教堂顶部的尖塔保持着强劲的生长态势，更是屡创新高，争相向着天际扩展。由于教堂的规模庞大，高大的建筑也增加了施工量和施工难度。哥特式教堂的建造时间大都在百年以上，也造成了教堂各部分因建造年代的不同可能在风格上也略有不同。尤其是教堂的尖塔，许多教堂的尖塔都没有能够建成，建成的尖塔中也有在同一座建筑中两边尖塔形象不同、风格不同的奇特现象，这也成为哥特式建筑的一大特点。

飞扶壁

飞扶壁

哥特式建筑采用华丽的石制穹顶，而在墙面上开设大面积通透的玻璃窗，这一新建筑面貌的出现主要依靠建筑外部独立的飞扶壁结构。飞扶壁与骨架券的结合，也使得建筑的主要承重部分由墙体改为复杂的框架结构。在教堂建筑中这种新结构带给建筑的改变最为明显，教堂不仅变得更加高大，大面积纤细的窗棂和彩色玻璃的使用，也使教堂内部变得更加扑朔迷离。

拱券

英国哥特式建筑受法国的影响，其建筑开间都较小，尤其是在教堂建筑中，由于拱券（Arch）的开间缩小，使得教堂内部的中厅变得细而高。由于穹顶和建筑的支撑力主要由扶壁承担，也使得建筑中拱券的墩柱变细。

拱券

飞扶壁外侧的尖塔

飞扶壁外侧的尖塔

哥特式建筑中，为支撑拱顶及拱券结构，多设扶壁结构。这些结构在外部通常在其上建尖塔，一方面高高的尖塔利用向下的压力来平衡拱券的推力，另一方面也有助于烘托挺拔、高耸的建筑氛围。

三叶草拱

辐射式建筑

辐射式的装饰风格（Rayonnant style）是对 13 世纪中期流行于法国的哥特式的称呼，因为此时期的哥特式建造得更为高大、雄伟，大面积的玻璃窗代替实墙，成为极富表现力的装饰，但此时窗形与窗棂的装饰还比较简单。稍后，辐射式风格即发展为更加华丽和复杂的火焰式风格。

室外楼梯

三叶草拱

除了作为一种装饰性的图案，三叶草的形象还被用于建造真实的拱券。实际上，这种三叶草式的拱券（Trefoil arch）也是基于尖拱结构基础之上的，只是将内部的拱券雕刻成了不规则的三叶草形式。图示三心花瓣拱来自伯沃利大教堂（Beverley minster c.1300）。

辐射式建筑立面

室外楼梯

这是一种形式化的室外楼梯（Perron），其装饰功能明显大于使用功能。高高的楼梯向外发散，增加了建筑的气势，这同当时的建筑总是有着高高的台基也有很大关系。同时，进出教堂的人们在门前聚散，也具有丰富的含义，大楼梯的形式从此之后被保留下来，尤其在大型建筑中非常多见。

雕像下的托臂支撑

雕像下的托臂支撑

在建筑中，有时为了获得更好的装饰效果，往往将梁托（Corbel）扩大以承托更多的装饰物。在这种大型的梁托结构中，尤其要注意一些细节上的变化。比如，图中主要人物本身就处于较高的位置，为使地面上的人们能够看清楚人物的面部，在雕刻时要将人物稍向前倾斜。

尖拱窗上的菱形

在双尖拱窗上留出的菱形（Lozenge between heads of the two lancets）在教堂建筑中有非常实用的功能。在夜晚或举行重大仪式时，通常在窗上的菱形框中放置一盏小灯。

在两个尖拱窗上方之间产生的菱形

扶壁上的尖顶饰

扶壁上的尖顶饰

哥特式建筑发展后期，林立的飞扶壁也变得更加轻巧，并成为建筑外部的重要装饰。扶壁底部开拱券，而扶壁尖顶饰（Tabernacle finial to a buttress）则设置成壁龛形式，壁龛中还可以雕刻各种人像，壁龛以上则有锯齿形的刺状装饰。

支柱拱

支柱拱

支柱拱（Pier arch）粗壮的墩柱支撑连续的尖拱券结构，墩柱的装饰比较简单，柱基与柱头都较薄，给人以坚固之感。拱券使用了多层退缩的线脚装饰，避免厚重。图示支柱拱来自1180年英国约克郡泉水修道院（Fountains Abbey, Yorkshire c.1180）。

柱基的凹弧边饰

柱基的凹弧边饰

这种凹深的装饰性线脚通常都用于装饰圆柱的柱础部分，也是哥特柱式中运用较多的一类线脚，又被称为哥特式建筑的凹圆线脚。采用这几种凹弧线脚（Scotias）装饰的柱础层次分明，因此十分具有装饰性。

十字花形装饰

十字花形装饰

这种从交点分成四瓣状的十字花（Quatrefoils）又可以看作是由多个圆形相交组成的。此类装饰图案在哥特式建筑中又被称为三叶饰或四叶饰，是常用到的装饰图案，圆形还可以变化为尖拱的形式。叶片形装饰图案非常灵活，既可以作为线脚，还可以作为窗棂、垂拱等处的装饰，是哥特式建筑中的基础装饰母题。图示十字花来自英国1446~1515年剑桥国王大学小教堂（King's College Chapel, Cambridge）。

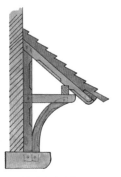

附在墙上的单坡屋顶

附在墙上的单坡屋顶

这是一种在建筑的屋檐下另设小型单坡屋顶（Pent roof）的形式。单坡屋顶通常由木材或金属支撑，并依附在墙壁上固定。这种单坡屋顶大多面积较小，可以设置在高层建筑的窗户上，有遮阳和避雨的功能。还有一种在建筑的屋顶下面，再另设一圈单坡屋顶的形式则称之为重檐。

石棺侧立面纹饰

石棺纹饰

石棺上雕刻的纹饰同各个不同时期所流行的建筑风格是互相契合的，这种比较细碎的花纹同四叶饰的形象，是建筑中较常见的纹饰。图示来自爱塞特大教堂中马歇尔大主教的石棺（Bishop Marshall Exeter Cathedral）。

法国哥特式建筑的发展

经过早期的发展，到 13 世纪时，哥特式建筑无论在形制还是装饰上都摆脱了罗马式建筑的影响，成为一种新的建筑风格。此后的法国哥特风格建筑，又经历了辐射风格和火焰式风格两个发展时期，并传播到周边的许多国家，使之成为中世纪颇具影响力的建筑风格。

十字花

十字花

从交点分成四瓣状的装饰，因其本身犹如一个十字形花饰（Quatrefoils），因此在基督教堂中应用颇广，还可以雕刻以宗教故事为题材的图案。这种四叶状的装饰还可以用在拱券中，与三叶草等图案搭配使用，并雕刻成镂空的形式。图示来自法国亚眠教堂（The portal of Amiens Cathedral, France 13th cent.）入口。

植物柱脚装饰

植物柱脚装饰

柱础底部的装饰与柱基是连为一体的，通常设置在方形基座石的四个角上，而且都处理成尖角（Spur）的样式。

动物柱脚装饰

动物柱脚装饰

柱脚上的装饰物主要是给人一种支撑柱子的感觉，其本身并不具备任何实质性的承重功能，但所雕刻的图案则正好相反，往往表现出与柱子密不可分的关系。图示柱脚装饰为 12 世纪末法国样式（Spur: France）。

火焰式栏杆

火焰式栏杆

火焰式风格（Flamboyant style）是法国后期的哥特式风格，讲究曲线的变化和组合形式，因其装饰图案如燃烧的火焰而得名。火焰式风格的独特之处在于纵横的曲线上突出的尖角，如同交错的玫瑰花刺一样。

博斯石雕装饰

图示为法国哥特式（French Gothic）博斯石雕装饰，这种单独的圆盘形式装饰，多数情况下是预先雕刻好后安装在结构交叉处的，因此可以有效地遮盖交叉处的结构，但要特别注意装饰部分与结构体间的关系，要从材质、图案与雕刻手法等方面注意与结构体间的统一与协调。

博斯石雕装饰

图示法国哥特式的博斯石雕装饰中的四个扭曲的叶饰也是十字的变体形式，在教堂建筑中会设置各种变体的十字或深富含义的装饰物，这些装饰物有时也成为一种标志，代表着特定的风格或建筑形式。

肋架交叉处的石雕装饰

肋架交叉处的装饰主要以曲线或样式活泼的图案为主，以缓和肋架的生硬感，有的拱肋处装饰还特意将拱肋若有若无的显现出来，追求一种通透的效果。

肋架交叉处的石雕装饰

哥特式建筑中的花窗

哥特式在法国发展的后两个阶段，同一种建筑材料的工艺进步是分不开的，这就是玻璃制造和镶嵌工艺。因为辐射式和火焰式两种风格的名称，就是由建筑中辐射状和火焰状两种不同的花式窗棂图案而得名的。由于建筑结构的简化，在哥特式建筑中墙面被大面积的窗子所代替，而随着玻璃制造技术的不断发展，也使教堂立面不断地发生着变化。早期玻璃制造工艺只能制造带有混杂颜色的玻璃，教堂中的窗棂也是由石头雕刻而成，所以玻璃窗的面积虽然很大，但石料所占的比重要远大于玻璃，花式窗棂就成了立面主要的装饰。人们利用小块镶嵌在石料中的玻璃制造出各种富于情节的宗教画面。后来，随着玻璃制作技术的成熟和铅条等金属被用于制造窗棂，玻璃的表现力大大增加，窗户变得更加轻盈、通透。

双拱窗

双拱窗

在罗马式建筑中已经出现了双拱窗的形式，哥特式双窗外的拱券变为尖拱形式，并由窗间柱支撑，两边还雕刻着壁柱装饰。哥特式双窗无论窗口还是外面的拱券，都细而窄，同哥特式建筑瘦长的造型相对应。图示双拱窗来自1250年葛拉尔斯郡的希普顿奥里弗（Shipton Olliffe, Gloucestershire c.1250）。

方端结尾的窗子

哥特式圆窗

方端结尾的窗子

窗框的直角边可以是窗上的横过梁，也可以是单独制作出的平直线脚。这种方端结尾的窗框形式（Square-headed window）一般都是为了与拱门的开口相互对应，同时横梁也减轻了墙体对尖拱券的压力。

哥特式圆窗

哥特式圆窗又被称为玫瑰窗（Rose window），这是因为圆窗内多用玫瑰花的装饰图案，不仅中心的窗棂可以做成玫瑰花瓣的样式，圆窗周围的装饰花边、线脚等也多用玫瑰花的样式。圆窗多出现在正立面尖拱门的上部，以及教堂的耳堂、侧殿等处，因为这种窗形既有较好的通光性，对建筑内外又有极强的装饰作用。图示圆窗来自肯特的巴佛雷斯顿（Barfreston, Kent c.1180）。

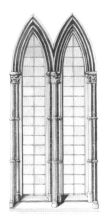

双尖角窗

双尖角窗

这种双尖角窗（Double lancet window），是典型的英国哥特式建筑中的设置。尖拱窗的窗形细而窄，拱券小而尖，以强调窗户的高度。早期的英国哥特式建筑中垂直的线条用得最多，图示双尖角窗就是典型的英国早期哥特风格。

交互拱券

交互拱券

这是半圆形拱券与尖拱的组合形式，但此时已经主要以尖拱为主。支撑拱券的柱子变得更加纤细和高挑，这也是哥特式建筑的显著特点之一。图示拱券来自英国牛津基督教堂（Intersecting arcade, Christ Church, Oxford）。

哥特式窗户

垂直哥特式，就是因为这种在窗户中部带有长长中梃的窗棂而得名，虽然窗户中有很多的小拱和横向窗棂，但竖向的窗棂被强调出来，以突出窗户的高度，尤其在高大建筑中的窗户上使用垂直式更取得拉伸窗高的效果。图示窗户来自英国牛津圣玛丽教堂（St. Mary's Oxford 1488）。

铅格网间距大的窗户

由于金属窗棂的应用和玻璃制作工艺的进步，使得建筑中的窗格变得越来越大。逐渐变大的窗格（Leaded light）使得建筑内部更加明亮，但也导致窗棂的形式越来越单一。虽然人们对玻璃色度与亮度的控制越来越得心应手，但早期那种精美的拼装玻璃画也逐渐被淘汰。

六叶装饰

这种开设在双尖拱上面的圆形被称为孔洞，也是拱券重要的装饰。图示围绕大圆的六个小圆形装饰图案是孔洞比较常见的装饰图案，但此图中的六片叶子却是金属薄片，这种设置不仅能使孔洞的图案更加丰富，同时也减轻了拱券的重量。

绦环板雕饰

涤环板（Panels）上所雕刻的图案是简化的葡萄形象，早期的工匠偏重于真实地再现自然植物形象，到了后期则逐渐向着弯曲的水生植物和更不规则的叶形图案发展。图示雕刻图案来自 1530 年英国埃塞克斯教堂（Layer Marney, Essex c.1530）内部。

威尼斯双窗

哥特式风格对威尼斯的影响就是此地所建造的一些尖拱的建筑，拱券形式在这里与拜占庭式的穹顶相结合，变化为各种奇特的造型。哥特式风格中的先进建筑结构与独特外形在此被分开使用，还与拜占庭式建筑风格融合在一起。图示为一种具有哥特式尖拱券的威尼斯双窗（Venetian）形式。

小拱券

这是在墙壁内侧上小拱券（Rear vault），底部与内侧都采用简单的直面，而外侧则是复杂的圆形、半圆形线脚。这种向外凸出的线脚形式可以使拱券显得更加饱满，而线脚的变化则直接导致拱券表面的丰富变化。

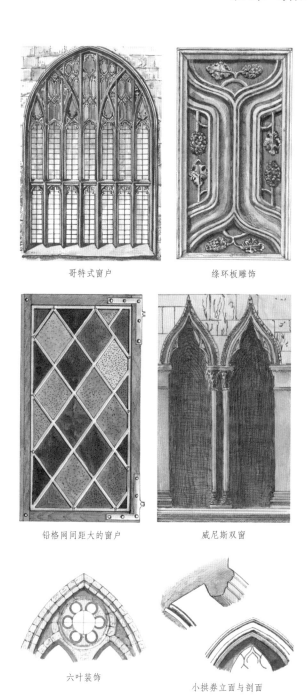

哥特式窗户

缘环板雕饰

铅格网间距大的窗户

威尼斯双窗

六叶装饰

小拱券立面与剖面

小圣玛丽教堂窗户

小圣玛丽教堂窗户

这种称之为曲线风格（Flowing tracery）的窗棂形式糅合了英国晚期哥特式与法国火焰式两种风格的特点，用极富于变化的曲线创造出可随意组合的图案，以 S 形线条为主的曲线风格本身就源于窗棂的制作上。图示为1350 年英国剑桥小圣玛丽教堂内的窗户（ Little St. Mary's Cambridge c.1350 ）。

圆窗

圆窗

早期的哥特式圆窗（Circular Window）都采用这种轮式的窗棂结构，因为只有这种细密的结构才能支撑圆形的窗框。圆窗外锯齿形的装饰也是一种与车轮式窗棂相配合的传统图案，图示圆窗来自英国肯特郡帕翠河教堂（ Patrixbourne Church, Kent ）。

法国哥特式教堂建筑

从法国著名的四大哥特式教堂中，大概就可归纳出法国哥特式建筑盛期的特点；博韦主教堂的大厅高达 48 米，是哥特式教堂中最高的大厅，但这座教堂的尖塔却因高达 152 米，在建成后没多久就倒塌了。哥特盛期的亚眠主教堂、兰斯主教堂和沙特尔主教堂都十分高大，教堂中已经使用附在一根圆柱上的四根细柱形式的束柱装饰，教堂立面主要由大面积的玻璃花窗组成，内部异常明亮。联式发券已经由单一的高尖券发展为三心发券，表现力大大增强，由于顶部的尖塔改用金属外包，内部也用木架构支撑，所以在保证高度的同时，也大大减轻了总体的重量。这些教堂外部结构已经成熟，内部装饰也向繁复和精美发展，标志着法国哥特式建筑的已经发展成熟。

经过了百年战争后，法国哥特式建筑进入火焰式时期，束柱已经取消了柱头，并且从底部直通顶部成为肋架，肋架也演变为星形等其他装饰性复杂图案，增加了内部屋顶的观赏性。

拉昂大教堂

拉昂大教堂

这座教堂始建于公元 1160 年，此后各建筑部分陆续的建设活动一直持续到 1230 年，是法国早期教堂建筑的代表之一。拉昂大教堂是在原有被损坏的一座教区教堂的基础上修建而成，也是罗马式建筑手法与哥特式建筑风格相混合的一座建筑。

拉昂大教堂西立面

拉昂大教堂西立面

拉昂大教堂西侧立面塔楼约在 1230 年建造完成，教堂在内部采用尖拱形式，而外立面则统一采用半圆拱形式。外立面采用浅黄色石材，各层分划明确，且孔洞凹凸程度较大，尤其是上层塔楼，通过细长大开窗和凹凸分明的外立面，营造出通透起伏的立面形象。

桑利斯主教堂西门廊上的雕刻装饰

桑利斯主教堂西门廊上的雕刻装饰

桑利斯教堂是小型法国哥特风格教堂的代表，西立面约建于公元 1170 年，主入口上方雕刻有圣母和基督对话的石雕装饰。

装饰性风格的窗子

装饰性风格的窗子

装饰风格又被称为盛饰风格（Decorated Style），表现在窗户上的改变是更加复杂的窗棂与更多装饰性元素的加入。这是一种双层窗的装饰手法，真正的尖拱窗略凹进墙面，而在窗头部分的墙面上又雕刻了一个精美的都铎式钝角拱，拱内还有连续的尖拱装饰。图示窗户来自伯克郡法里顿教堂（Farington, Berkshire）。

火焰式柱头

火焰式柱头

法国哥特式发展到后期进入火焰风格（Flamboyant）阶段，其主要特点是装饰图案向着华丽和复杂发展。表现在柱头上的变化是柱头装饰图案更加自由，打破了单柱的限制，且花式与图案也都变得更夸张，柱头部分的装饰也出现不对称的构图形式。

早期法国哥特式柱头

早期法国哥特式柱头

早期法国哥特式（Early French Gothic）的雕刻装饰无论是装饰元素还是雕刻手法，都遵循着罗马式的表现方式。这种双层的叶形装饰来自于简化的莨苕叶柱头，只是涡卷变得更小，叶片由上下两层组成。

早期哥特式中楣

早期哥特式中楣

沙特尔大教堂是初期哥特向盛期哥特过渡时期的代表性建筑，中楣（Frieze）这种样式简洁、但雕刻手法精细的花枝图案也带有早期辐射式的一些特点，如线条简练、叶片舒展，图案风格大方。图示来自 13 世纪法国沙特尔大教堂（Chartres 13th cent.）。

哥特式大门

哥特式大门

这座教堂的大门也是哥特式教堂大门的普遍样式，即由多层拱券和壁柱组成，大门有雕刻精美的中心柱，大门上部拱券的三角形区域也布满雕刻装饰。大门上部有一个类似于三角形的大门山花，这个区域又被称为"大人字墙"。图示大门来自科洛涅大教堂（Cologne Cathedral）。

夸张式面具装饰

夸张式面具装饰

哥特式建筑中的一种突出墙面的装饰物，多以人面部为基础，在此基础上加入各种奇特的元素，组成夸张的面具（Mascarons, Mask）形象。

怪兽式面具装饰

怪兽式面具装饰

面具装饰（Mascarons）也是西方建筑的传统样式之一，虽然可以隐约见到人脸的形象，但大多已经被扭曲或改造，成为极富有浪漫色彩的装饰品。

奇异式面具装饰

奇异式面具装饰

有些奇异的面具（Mask）装饰是以神话或圣经故事中所描述的形象制成的，因此还具有一定的教育意义，经过不断地变化，有些人物形象固定下来，如爱神丘比特通常就被塑造成带翅膀的可爱男孩形象。

椭圆形光轮装饰

椭圆形光轮装饰

建筑的影响在雕刻的图案中也有反映，这种两头略尖的椭圆形图形（Vesica piscis）也可看作是两个尖拱券的组合，而人物因采用了高浮雕的制作手法，显得更加立体。

山羊雕刻

山羊雕刻

羊在基督教中有着很深的寓意，被称为神的小羊（Agnus dei），通常与牧羊人或十字架相组合，为了突出羊的尊贵地位，在其头部还设置了光环。

鸟形怪兽状滴水嘴

鸟形怪兽状滴水嘴

滴水口处的怪兽身体呈 S 形，大鸟两边的翅膀与胸前的两只小鸟形成三角形受力点，保证整个雕像的稳固。

大体积怪兽状滴水嘴

大体积怪兽状滴水嘴

雕刻较大体积的滴水口，其难度也相应增加，最重要的是设置好雕刻物的主要受力点，还要能通过巧妙的设计将这个承重点遮盖住。图示滴水嘴来自英国德邦的圣阿卡曼德教堂（St. Alkmund's, Derby）。

鹿面形怪兽状滴水嘴

鹿面形怪兽状滴水嘴

滴水嘴实际上是墙面上出挑的石材雕刻而成的，滴水口内部是中空的，积水就从这些怪兽张大的口中喷出。图示滴水嘴来自 1450 年英国德贝歇尔郡的霍斯利教堂（Horsley Church, Derbyshire c.1450）。

人形怪兽状滴水嘴

人形怪兽状滴水嘴

滴水嘴是哥特式建筑外部精彩的建筑小品，多被雕刻成出挑的动物或人物形象，但这些形象都被塑造得极其夸张。图示怪异的滴水嘴来自公元 1277 年英国牛津默顿学院小礼拜堂（Merton College Chapel, Oxford c.1277）。

圆雕形怪兽状滴水嘴

设置在屋檐端头的怪兽是纯粹的装饰部分，而真正的滴水口则是屋角延伸处的花饰。这是另一种在滴水口设置怪兽装饰的方法，表面看起没有任何结构作用，但怪兽的身体与手臂形成了一个加固的三角形，也起到了保护屋檐的作用。

圆雕形怪兽状滴水嘴

怪兽状滴水嘴的功能

这种怪异的滴水嘴（Gargoyle）大都是预先雕刻好，然后安装到屋顶处的。滴水兽的身体内部则是中空的，屋顶上的积水顺着水槽集到这里，再通过怪兽张大的口部排出。

怪兽状滴水嘴的功能

怪兽状滴水嘴的设置

怪兽状滴水嘴的设置

滴水嘴也可以不设置在建筑的端头处而设在墙面上，怪兽状的滴水口不仅成了活跃墙面气氛的装饰元素，同时滴水兽向外伸出的设计也使墙面免受排水的冲刷。

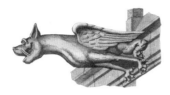

怪兽状滴水嘴的出挑

兽面人身式怪兽状滴水嘴

在大型建筑尤其是教堂建筑中，从屋檐突出的滴水嘴通常都雕刻成怪异的形式，包括屋顶栏杆的端头、尖塔的端头，也常被雕刻成各种怪兽的形式。

拱肩

拱肩装饰

这是一种在连拱廊中出现的拱肩装饰，顶部横向的花饰带突破了拱券的限制，贯穿整个拱廊，而底部四个圆形装饰图案也采用了统一的图案。虽然整个拱肩所采用的都是较为细碎的图案，但都有明确的边界，而使整个拱肩不至于给人繁乱之感的原因则在于不规则的留白部分的设置。图示为法国 14 世纪拱肩样式（Spandrel, France 14th cent.）。

怪兽状滴水嘴的出挑

为了使顶部的积水迅速被排出，就要求滴水口向外延伸的管道要略低于根部，而滴水兽也因此呈现两种不同的状态，一种是整个兽身微向下倾，另一种是滴水兽身体保持平直，而是在凿制兽身内的水管时使其微向下倾，但后者的制作难度要大得多。

兽面人身式怪兽状滴水嘴

拱肩

拱门与方形门头之间也会产生三角形的拱肩（Spandrels），拱肩的出现不仅为拱券上部增加了一个专门的装饰区域，同时也令拱券产生丰富的变化，直线、曲线、方形、尖拱形、三角形，这些变化本身就是一种装饰。

拱肩装饰

祭坛内的圣坛隔板

祭坛内的圣坛隔板

教堂内部连通的空间被这种隔板（Rood screen）划分为圣坛、座席等不同的使用区域，隔板大多由木材或石材做成，规模可大可小。大型的隔板可以设置成隔墙的形式，并设置拱券、壁龛和各种雕像装饰，小型的隔板则只是一块木板或石板，板身和端头处也可以设置一些简单的装饰。图示教堂隔板来自法国特罗耶地区圣玛德莱娜教堂（Church of S.Madeleine, Troyes, France）。

门的石雕装饰

门的石雕装饰

在巴黎圣母院西立面的一座边门，这座大门的中心柱（Trumeau）上雕刻的是圣母与圣婴像，而其上的三角形拱券山面上则分层雕刻了以圣经故事情景为题材的浮雕。两侧的门洞和上面的拱券都采用了多层次的退缩形式，这使得每一层上都可以雕刻精美的天使与各式人物雕像。图示大门来自法国巴黎圣母院西侧立面（The north door of the west front, Cathedral of Notre dame c.1210）。

木塔顶结构

为了使教堂的尖塔造得更高，尖塔内部都采用木结构，再在这层结构外加上石头的外衣。这样做出的尖塔大大减小了对建筑底部的压力，还有效地避免了尖塔遭受雷击。这种木结构尖塔的底部由复杂的桁架、椽、梁和支架等构成，各部分结构以三角形为主，因为三角形是最为稳固的结构形式。图示为巴黎圣母院尖塔与耳堂顶结构（Spire and Transept roof）。

木塔顶结构

亚眠大教堂西南侧

亚眠大教堂西南侧

作为法国盛期哥特式建筑的代表，亚眠大教堂在公元 1220 年开工建设，大约至 1270 年完成大部分建筑，教堂面阔超过 150 米，中心本堂高度超过 42 米，西侧立面的两个塔楼和最突出的火焰纹玫瑰窗的建设，则又持续了将近 100 年的时间，施工期延续时间较长。

亚眠大教堂东南侧

亚眠大教堂东南侧

亚眠大教堂歌坛后部，由呈放射状设置的 7 个半圆形平面的礼拜室构成，为了平衡高大拱顶的侧推力，这些半圆室之间都砌成厚壁垛墙的形式，而且在建筑外部也表现得相当突出。

巴黎圣母院

巴黎圣母院（Cathedral of Notre Dame, Paris）是法国早期哥特式教堂的代表作，于 1163 年开始建造，至 1345 年建成。教堂长 130 米，宽 50 米，高 35 米。其主立面为西立面，教堂两边的尖塔只完成了塔基部分，就形成了今天的立面形象。圣母院内部由巨大的墩柱分为 5 个殿。教堂最富有特色的是巨大的玫瑰窗，这些制作于 13 世纪的彩绘玻璃窗从内部看上去更具震撼力。

1 层次

巴黎圣母院的立面是十分规整的"三三式"布局，即竖向由壁柱分为左、中、右三部分，并以大门、玫瑰窗突出其主体地位，两边带塔座的部分则对称设置各部分结构与装饰图案。横向也由底部的雕刻带与上部的拱廊分为三层，并以中部为主体。

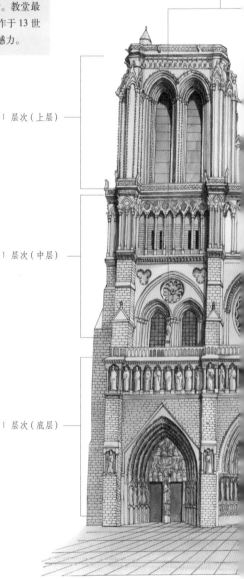

| 层次（上层）

| 层次（中层）

| 层次（底层）

4　雕像

在中央玫瑰窗、两侧双拱窗的前面都设置着人物的雕像，中央是怀抱婴孩的圣母子像，旁边还有两尊天使像陪侍左右。在两边双拱窗前分别设置了亚当和夏娃的雕像，同圣母像一起构成了中层的雕像装饰。

6　拱券

中层的上部设置由细柱支撑的连续尖拱券，这些拱券交错设置，且雕刻了尖齿的装饰，中间的拱券镂空，增加了立面的变化。拱券上层有一层连通的阳台，人们可以站在阳台上俯瞰巴黎的美景，而阳台的石栏杆上，则雕刻着各式怪兽装饰。

5　窗户

圣母院西立面中层的玫瑰窗直径达 10 米，而其轮式的花窗棂则是法国早期哥特式教堂中玫瑰窗所使用的窗棂样式。两边的双拱窗统一于大尖拱中，且双拱窗上部也分别设置了一个圆形的假玫瑰窗装饰。

3　国王廊

国王廊是大门底层与中层的分界，在横穿整个教堂立面的一条雕刻带上布满了一个个的小拱券，每个拱券中都雕刻着一尊国王像，共有 28 尊，代表着以色列历任的 28 位国王。这些雕像被毁于 18 世纪末巴黎人民的大革命中，图示的雕像为近代复原雕像。

2　门洞

圣母院最底层由三个入口门洞组成，三个门洞都采用退缩式的尖拱形式，并且都雕刻了以圣经故事为题材的雕刻。中央大门为主要入口，雕刻图案以"最后的审判"为主题。右侧的门洞又被称为"圣安娜门洞"，其雕刻图案以公元 5 世纪时的一位主教形象和圣母形象为主；左侧的门洞则以圣母生平事迹为题材雕刻图案。

布尔日大教堂本堂扶壁横剖面

布尔日大教堂本堂扶壁横剖面

布尔日大教堂的本堂大约在公元 1255 年至 1260 年间建造而成，采用双边廊形式，靠近中央空间的边廊与之相通，拱顶跨度窄而高，由此形成高敞的内部空间形式，外侧边廊的拱顶跨度稍大，但高度明显降低。

布尔日大教堂东南侧全景

大教堂本堂与高差较大的双边廊的组合形式，在建筑外部也通过错落的屋顶表现得相当明显，拱顶的侧推力被扶壁拱承接并转移到最外侧粗壮的厚壁垛墙处，在外部构成稳固的结构支撑。

布尔日大教堂东南侧全景

斯特拉斯堡大教堂

这座献给圣母的教堂深受法国哥特建筑风格的影响，它在现代著名的另外一个原因是当初教堂的一幅高度超过 4 米的羊皮卷设计图被完好地保存至今，使人们有机会看到中世纪哥特式教堂的设计，并推测出教堂的建造过程。

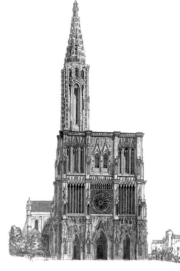

斯特拉斯堡大教堂

布拉格教堂

布拉格教堂

这座大教堂是德国范围内少数采用法国哥特教堂体系建造的教堂建筑，而且教堂立面与两座耳堂上的塔楼都完成了建造。布拉格教堂也是一座历史悠久的教堂建筑，其基址最早兴建教堂建筑的历史可追溯到公元 10 世纪。现在哥特风格的教堂始建于 1344 年，此后在 14 世纪基本完成了教堂主体空间结构基址及本堂、门廊等部分的建造，而最后的本堂和西立面则直到 19 世纪以后才全部建成。

乌尔姆大教堂

这座教堂始建于公元 1377 年，是在一座罗马式风格的建筑基础上兴建而成，但西立面独立的钟塔建成时已经是 1890 年，建造过程历经几百年的时间。

乌尔姆大教堂

乌尔姆大教堂尖塔细部

乌尔姆大教堂尖塔细部

位于教堂西立面的独塔高度约为 161
米，砖石结构，是所有哥特式教堂中
最高的钟楼塔。这种在西立面独塔，
独塔底部设置出入口，并顺着塔楼设
置细长高窗的做法，在德国哥特教堂
建筑中较为多见。

乌尔姆大教堂中厅

这是德国哥特建筑风格发展后期的建
筑中厅代表作，底部为圆形平面的墩
柱与尖拱形式，屋顶是对角肋拱与枝
肋的组合形式。中厅两侧的边廊原本
是一条，后来被一分为二，双边廊分
别采用对角肋与枝肋的形式，特色
分明。

乌尔姆大教堂中厅

法国世俗哥特式建筑

除了教堂建筑以外，城市中的世俗建筑也向着哥特式发展，但世俗建筑无论结
构还是形象都与教堂不同。由于战争不断，此时的世俗建筑大都带有很强的防
卫性，城市外围高大的城墙上设有雉堞、塔楼、通道，城外有护城河、吊桥等
设施，比如法国南部中世纪建造的卡卡松城还有罕见的双层城墙护卫。城内由
于人多地狭，所以高层建筑密布，有钱的人家用砖石建造，普通的民众的房屋
则多为木构架结构。建筑底层多为作坊或店铺，为了增加使用面积，建筑二层
大多出挑阳台，建筑中也使用教堂中的一些哥特式风格装饰于法进行装饰。

大奖章的装饰

垂饰

大奖章的装饰

这是一种装饰性的标志物，大多位于建筑的中心位置，而且与其他装饰图案相隔离开，也可以由多个大奖章图案（Medallion）组成连续性的花边装饰。图案外围的花框通常是圆形或椭圆形，但也可以有方形或其他图案。

垂饰

这是一种哥特式建筑中木屋顶或拱顶上出现的悬垂式装饰物，除拱顶与拱券上的装饰外，其下垂的端头也是装饰的重点，通常都被处理成上大下小的锥形。图示垂饰来自 1500 年英国威斯敏斯特的亨利七世小教堂内部（Henry Ⅶ's Chapel, Westminster 1500）。

怪异图案

怪异图案

除用做滴水口的各种怪异形象外，有时还要在建筑屋顶部分单独设置一些怪异的动物或人物形象，这些动物虽然也有来于真实生活中的形象，但大多也被赋予人性化的表情。还有一种将几种动物形象互相组合的形式，使得这些形象更加怪异。图示怪异图案来自 14 世纪法国建筑中（Grotesque form, France 14th cent.）。

塔状天窗

这种高耸的塔状天窗（Lanterne des morts）通常设置在墓地当中，塔状的柱子为空心形式，多建在以平面为主形的基座上。这种塔状天窗的形式在中世纪的法国比较多见。

塔状天窗

德国哥特式建筑

德国的哥特式建筑也以教堂为主，虽然受法国哥特式影响较深，但德国早在罗马式建筑时期就已经形成了颇具特色的地方风格，其教堂内中厅和侧厅高度相等，所以没有侧窗的设置，内部完全靠侧厅的窗户采光。另外，德国教堂还有只建造一座高塔的形式，著名的乌尔姆主教堂的高塔达 161 米，如一把利刃直刺苍穹，气势磅礴。同德国的哥特式建筑一样，意大利的哥特式建筑发展也相当具有地区特色，受浓厚的古典建筑风格的影响，意大利并未完全接受哥特式建筑风格，哥特式在意大利只不过是被作为一种装饰风格而影响了少部分地区而已，尖拱券和小尖塔被作为装饰与其他风格的建筑混合在一起，这种混杂性和不明显性是哥特式风格在意大利发展的突出特点。

圣芭芭拉教堂

圣芭芭拉教堂

位于科特博格的晚期哥特式教堂，由于教堂结构的发展成熟，教堂的墙面被大面积的玻璃窗所代替，而且外部林立的扶壁也变得越来越精美，尤其在后殿的外部，主体建筑仿佛建在一个石尖塔的丛林之中。位于底部尖拱窗上的老虎窗将尖塔连接起来，这种新形式的窗户显露出文艺复兴风格的气息。图示圣芭芭拉教堂位于科特博格地区，1358~1548 年修建完成（Church of St. Barbara, Kuttenberg）。

英国哥特式建筑

哥特式在法国流行没多久就由工匠引入英国，此后英国在多座大教堂的建设中都引入了哥特式建筑的特点。英国的哥特式大教堂多是在原教堂基础上改建或扩建而成的，因而平面中厅特别狭长。由于改建和续建的原因，许多教堂都有着混合的风格特点，如著名的坎特伯雷教堂东侧就是罗马式风格，而林肯大教堂所使用的是诺曼式的厚墙体系等。与法国哥特式教堂不同的是，英国的哥特式教堂通常位于乡村环境中，而且往往作为修道院建筑群的一部分。所以教堂并不是一味追求高大的屋顶，而是以精巧的装饰著称，尤其以建筑室内屋顶最为精细，除让人眼花缭乱的各种石质屋顶外，英国哥特式教堂中各具特色的木质屋顶也有着相当高的制作工艺，是英国哥特式教堂的一大特色。

早期的英国哥特式建筑因为仍旧采用诺曼式的建造方法，因此其侧廊开间较大，墙壁和柱式比较粗壮，再加上建筑的高度不是很大，所以整体建筑的水平线条还比较突出。但英国哥特式建筑从一开始就十分注重装饰效果，其立面中无论是尖屋顶、扶壁还是尖拱窗，都要做一定的修饰，因此其立面也存在缺乏整体性的问题。

花束顶部装饰

这是一种不对称式的花束端头装饰（Bouquets），虽然端头的花朵图案繁多而不对称，但也要通过形态的变化使整个端头达到一种视觉上的平衡。这种通过形状、颜色、样式上的改变而使人产生一种视觉平衡的构图方法也是最难把握和应用的。

花束顶部装饰

叶束装饰的栏杆柱头顶端

叶子被雕刻成两边对称的形式，这种装饰通常位于栏杆顶端或作为扶手、拉手使用。

叶束装饰的栏杆柱头顶端

花束装饰的栏杆柱头顶端

花束装饰的栏杆柱头顶端

这是一种花束形式的顶端装饰（Bouquets），总体呈十字形，早期这种顶端的花束多由石材雕刻而成，到了后期则出现了铁制品的花饰。

带圆雕睡像的石棺

带圆雕睡像的石棺

在石棺（Tomb chest）上雕刻死者生前的相貌也是石棺雕刻的一大传统，同时还要在石棺上雕刻清楚死者生前的职业、地位以及所取得的成就等，而石棺雕刻的精巧程度往往也预示着墓主的经济状况。图示石棺来自英国牛津大学圣神降临学院小教堂托马斯主教坟墓中（Sir Thomas Pope, Trinity College Chapel, Oxford 1558）。

纪念碑

纪念碑

这种纪念碑（Monument）通常设置在陵墓或教堂建筑中，由底部的基座与上部雕刻的人像组成。人像大多是按照所要纪念人物的形象雕刻而成的，但要通过一些带有隐喻意义的雕刻赋予人物神圣的形象，有时还要雕刻一些带有情节性的场面。底部的基座可以雕刻各种纹饰，并雕刻铭文等作为纪念。图示纪念碑来自英国沃里克郡摩尔登教堂（Meriden Church, Warwickshire c.1440）。

方形门楣滴水石

方形门楣滴水石

这种正方形线脚与尖拱券相结合，且在方形线脚结尾设置装饰端头的线脚形式，被称为标签形线脚（Label molding）。方形线脚与拱券的对比使拱券上的图案更加丰富，整个大门的装饰部分集中于门上部。图示线脚来自于英国威斯敏斯特的圣·爱斯姆斯大教堂（St. Erasmus Church, Westminster）。

圣母子图案的博斯

圣母子图案的博斯

圣母子的形象是基督教最普遍表现的题材之一。在结构交叉处雕刻的人像被花朵图案所包围，仿佛在交叉处形成了一个类似于花叶镶嵌的小神龛，突出了圣母子的中心地位。图示博斯图案来自牛津市大教堂修道院（Chapter House, Oxford Cathedral）。

哥特式垂饰

哥特式垂饰

这种设置在拱顶转折处的垂饰（Pendant）是一种完全的装饰结构，从垂饰端头一直延伸到拱顶上的花纹将两部分结合起来，垂饰的设置同时也避免了单调感。

哥特式插销

哥特式插销

这是一种最简单的栓系设施，通过手动操纵，通常不需要钥匙或锁。插销（Latch）上雕刻的图案以简单的纹饰为主，通常要与大门或所在建筑的装饰风格相一致。

上下分段式长椅子尽端的木雕装饰

上下分段式长椅子尽端的木雕装饰

建筑中所应用的装饰图案也可以成为日常生活中各种用具的装饰图案，还可以根据不同材质的特性给这些装饰图案搭配纹饰，使之与整个建筑达成风格的统一。图示尽端木雕装饰来自英国萨默塞特的特鲁尔教堂（Bench ends, Trull Church, Somerset）。

长椅子尽端的木雕装饰

长椅子尽端的木雕装饰

木材质地较软，因此可以比较容易地雕刻细致的花纹，但不太适宜雕刻高浮雕形式的花纹，因此只能通过雕刻深度的不同来产生丰富的层次感。图示木雕装饰来自英国萨默塞特的特鲁尔教堂（Trull Church, Somerset）。

铺地马赛克

铺地马赛克

意大利的哥特式风格总与拜占庭或是其他风格相混合使用，而且对意大利地区的影响也不大，其主要成就体现在世俗建筑上。马赛克铺地上四叶草的样式以及更自由的图形和色彩变化也是一大特色。图示为意大利卢卡大教堂 1204 年大理石马赛克地面装饰图案（Italian Gothic marble floor mosaic, Lucca Cathedral, 1204）。

博斯

博斯

博斯（Boss）是对设置在柱子、肋线或横梁交叉处装饰图案的专门称呼，其主要功能是利用这些精心雕刻的花纹来美化交叉处。博思的雕刻题材非常广泛，最常用的是人头、花朵或刻意突出的标志性图案。图示博斯来自梅尔罗斯修道院（Melrose Abbey）。

墙上起支撑作用的支架石雕装饰

墙上起支撑作用的支架石雕装饰

这种支架被设置在屋顶或楼梯下的起拱点连接处，作为一种细部装饰。建筑中出现的支架也从侧面反映出建筑的风格，因为不同风格时期都有特定的装饰母题，犹如古罗马时期的莨苕叶饰一样，有着那个时代所特有的雕刻手法和表现手法。

叶片图案博斯石雕装饰

圆形与交叉结构形成强烈反差，在圆形的中心及四周装饰动感的叶片，使整个图案如同正在行进的车轮。图示博斯来自英国赫特福德的圣阿尔本修道院（St. Albans Abbey Church, Hertford）。

叶片图案博斯石雕装饰

花形博斯装饰

编织形式的图案需要很高的雕刻技术才能完成，这种图案可以通过深浅的不同雕刻手法而产生凹凸的变化，使平面的花饰变得有立体感。英国苏赛克斯波克斯歌教堂早期风格博斯（Boxgrove Church, Sussex）。

花形博斯装饰

人头形博斯装饰

在墙壁上凸出的肋架交叉处的石雕装饰，在英文中的术语称之为"boss"，专门指这种处于肋架交叉处的装饰。而采用人物形象装饰的博斯，其人物形象多来自圣经故事。

人头形博斯装饰

兽头图案博斯石雕装饰

兽头图案博斯石雕装饰

此处的装饰被处理成四个怪兽头的形式，尤其是怪兽的眼睛部位雕刻的最为传神，这种雕刻使结构本身仿佛也带有了表情一般。图示为英国西南部格洛斯特郡的爱克斯通教堂内石雕装饰（Church of Elkstone, Gloucestershire）。

叶形博斯装饰

横梁、肋架交叉处经过雕刻的石头工艺品装饰，以四叶饰为中心，向外伸出的四枝叶片正好位于梁架结构缺口的空白处，使结构的交叉处形成一个近似于圆形的图案。

叶形博斯装饰

博斯雕刻装饰

这是一种比较巧妙的装饰方法，上半部分利用结构本身分隔的层次设置装饰物，下半部分则使用连续的图案，上下结构本身产生对比。图示博斯来自英国默顿学院（Merton College, Oxford）。

博斯雕刻装饰

火炬形梁托

锥形的尖梁托与奇特的叶饰相组合，仿佛是一支燃烧的火炬，虽然垂饰的组成元素和雕刻手法都很简单，但其效果却非常具有动势。图示梁托来自牛津北摩尔教堂（Northmoor Church, Oxford c.1320）。

火炬形梁托

王冠形梁托

王冠形梁托

梁托上的花饰用了很深的雕刻线脚，使整个梁托显得很剔透，而端头部分的王冠形花饰则表明了建筑的尊贵。在许多建筑中，镶嵌在建筑之中的专门的标志性装饰图案是非常重要的，包括家族的印记、特殊的专用图案等。图示梁托来自牛津基督教堂（Christ Church, Oxford 1638）。

花形梁托

由四瓣花朵组成的十字形花饰，其外围大体呈圆形，与顶部三角形的拱肋相互搭配，通过形状的变化使简单的图案富含变化，增加表现力。图示梁托来自林肯郡圣本尼帝克特教堂（St. Benedict's Church,Lincoln c.1350）。

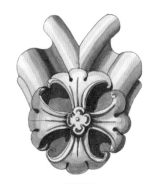

花形梁托

轻盈通透的尖塔

轻盈通透的尖塔

随着技术的提高，尖塔越造越玲珑，大量细长的尖拱券使高塔变得岌岌可危，似乎随时可能倒塌。随后，扶壁也开始向着这种风格发展，整个建筑都变得轻盈和通透起来。图示尖塔来自1500年圣史蒂芬布里斯托尔教堂（St. Stephen's, Bristol c.1500）。

哥特式塔楼

哥特式塔楼

这种设置在屋顶，主要用于通风和透光的凸出物又被称为灯笼式屋顶（Louver）。这种小屋顶通常是室内壁炉通风的烟囱，在中世纪的英式住宅中很多见，而且灯笼式屋顶还可以制作成可以调节的活动形式，既遮挡了风雨又保证通畅。

气窗

在门或大窗户的横楣上所设的这种突出的小窗称为气管，也有的设置在屋顶上称之为顶窗（Transom）。这种窗通常一年四季都开着，主要为建筑内部提供换气的功能。

气窗

垂直哥特式塔的上部

垂直哥特式塔的上部

垂直哥特式建筑的顶部耸立着来自扶垛、屋顶和窗户顶部的众多尖塔，而细长的拱窗也和这些尖塔一样，使顶部给人的感觉要远大于实际高度。虽然尖塔和拱窗上都布满了雕刻的装饰，但这些装饰却从属于那些特意强调出的窗棂、细柱和尖塔竖直的线条，因此整个立面在富于层次感且没有失去其垂直感。图示来自萨莫塞特汤顿地区圣玛利马格达伦教堂中的锯齿形墙（St. Mary Magdalen's Church, Taunton, Somerset: Battlements of tower）。

神龛

在哥特式教堂的外部，无论在建筑的立面、各个端头还是扶壁上都设有细而高的神龛。尤其是作为扶壁上尖顶饰（Tabernacle finial to a buttress）更是被普遍做成壁龛的形式，还往往要在龛内雕刻各种宗教人物或国王或主教的雕像，是建筑中一种纪念性非常强的组成部分。图示神龛来自诺桑普顿的埃里亚女王教堂（Queen Eleanor's cross, Northampton 1294）。

神龛

教堂内的间隔围栏

在教堂建筑中设置间隔围栏的目的是从整个教堂中区隔出一块相对较小的特殊空间。起间隔作用的隔板同建筑中的拱券的形式是相同的，其风格自然也与建筑中的拱券一致，但这种间隔板通常用木材制作，以方便移动。图示为英国南部伯克辟发非尔德教堂的垂直式隔板（Perpendicular style Screen）。

教堂内的间隔围栏

简洁的垂饰

垂饰（Pendants）是哥特建筑天花或顶部拱起的结构形成交叉时，在结构交汇点设置的下垂的装饰。从正下方处观赏垂饰时，它会与所在平面融为一体，而底部垂饰的端头则正好位于纵横的顶部网格线中心，如同镶嵌在其中一样。这是直线形式简洁的垂饰。

简洁的垂饰

餐厅屋顶结构

餐厅屋顶结构

在人们还没有找到有效支撑沉重的石质拱顶前，高大的教堂和修道院建筑都使用木架构屋顶形式。图示的梁架结构称之为托臂梁屋顶结构，从墙体上伸出梁架系统层层递进，将推力过渡到了墙面上，同时也造成室内众多精美的垂柱形式，这种木结构的屋顶尤其以英国为代表。图示屋顶结构来自英国中南部牛津基督教堂修道院（Refectory, Christ Church, Oxford）。

装饰风格大门

装饰风格大门

以装饰风格为特点的哥特风格装饰主要体现在对细部的处理上。图示大门虽然形式简单，但其三层的门拱却遵循着由简入繁的规律装饰，最外部拱券还使用了半圆形线脚，整个大门的装饰虽然简洁却处处体现着精心的规划与安排。

245

托臂梁屋顶桁架

托臂梁屋顶桁架

木构架的哥特式建筑，是英国哥特式建筑中最富有特色的一种类型。英国木结构的教堂有着各式各样的结构，这种托臂梁的屋顶桁架上可以雕刻尖拱窗和壁柱装饰，在悬出的梁臂上还可以雕刻一些垂挂物装饰，犹如悬挂在空中一样。图示为英国伦敦 14 世纪修道院上部餐厅托臂梁屋顶桁架结构（Truss of Hammer-beam roof, The Upper Frater,London, Britain 14th cent.）。

楼座

楼座

教堂中圣坛底部的楼座（Rood Loft），在此空间的中心摆放着钉在石字架上受难的耶稣像，圣灵三位一体像等供祭祀的塑像。这里也是教士向人们宣读《圣经》和传道的场所。图示为 13 世纪圣丹尼斯修道院楼座样式（Abbey of St.Denis 13th cent.）。

石雕装饰

石雕装饰

图案使用了透雕与浮雕相结合的方法雕刻而成，因此立体感很强，图案本身复杂的雕刻手法同玲珑的花瓣一起遮盖住了横梁的交叉处，是一种独特而精美的装饰图案。图示博斯装饰来自英国沃明顿丰教堂（Warmington Cathedral）。

支撑拱的壁柱

支撑拱的壁柱

这是在支撑拱的墙面上做出的壁柱形装饰，大多都将墙面上承受重力的一端做成壁柱，在哥特式建筑中，壁柱通常做成很多细柱组合在一起的束柱形式，还能产生丰富的层叠变化。

尖拱

尖拱

顶端带有尖角的拱券（Pointed arch）是哥特式建筑的主要特征，而拱券上多层的拱券形式则早在罗马风时期就已经出现，粗大的墩柱也是早期支撑拱券的主要承重结构。其实许多建筑特点是早已经存在的，正如哥特式建筑中的十字拱、扶壁也很早就已经出现了一样，只是因为结构的原因还没有被组合在一起。

窗棂格图案的拱肩

窗棂格图案的拱肩

拱券之间或拱券与其他结构之间总会形成一个三角形的区域，这个区域就是拱肩（Spandrel）。中世纪的建筑中，拱肩常用的装饰花纹就是图示的这种称之为窗棂格的装饰图案，这种装饰图案采用了线刻和浮雕的手法将不同的图案分出层次，其设置如同嵌板，通常两边拱肩的装饰图案是相同的。图示拱肩来自英国伦敦威斯敏斯特教堂（Westminster Abbey）。

247

锐尖拱

锐尖拱

这种拱券呈锐角形的尖拱券形式（Lancet），是英国哥特式建筑风格，被广泛应用于窗、门和建筑主体结构中。与尖拱券相搭配的支柱也细而高，这种组合使得建筑更显挺拔。图示锐尖拱来自西敏寺修道院（Westminster Abbey）。

人面形装饰

人面形装饰

这种大多用陶瓷或大理石制作而成的器具，通常都依照人物或动物的面部形态，且形象和表情都十分怪异。图示人面形装饰（Persona）多设置在排水管端头，还可以做为屋瓦的装饰。

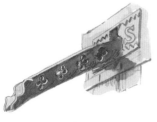

喷口

喷口

为了排出建筑或管道、沟渠中的水而设置的出水口（Spout）。这种喷口所处的位置要比滴水口广泛一些，但其功能是一样的，因为作为建筑的中低部分或水管、沟渠的出水口，要相对简洁一些。图示喷水口来自北安普顿郡林区教堂（Woodland Church Northamptonshire）。

装饰风格的洗手池

天窗

由于很好地解决了斜向推力和侧推力的承重问题，建筑顶部的承重力大大增强，使得在顶部设置高窗成为可能。这些天窗（Lanterne）可以直接为底部的殿堂采光，也是增加建筑高度的有效途径，同时为哥特式建筑顶部的高大尖塔结构做了有益的尝试。

摊垛

装饰风格的洗手池

这是装饰风格的哥特式洗手池，独特的拱券形式称为火焰拱，是由两条曲楣和反转的曲楣构成，这种拱券从法国火焰式风格而来，在 15 世纪时曾流行于各地。

天窗

摊垛

在世俗性哥特式建筑外墙上扶壁上设置的部分称为摊垛（Amortizement），既是整个建筑外部的装饰，又是顶部的排水口。高高耸起的摊垛还可以有效地支撑建筑顶部重量，而摊垛本身精美的造型也是建筑顶部最好的装饰。

恐怖状的滴水嘴二例

恐怖状的滴水嘴

面容恐怖的滴水嘴形象也大多来自于圣经故事，教堂中经常雕刻一些以地狱或天堂情景为题材的作品，用这种形象的对比来阐述宗教教义。图示滴水嘴来自英国牛津大学默顿学院小礼堂上部。

圣米歇尔山城堡

圣米歇尔山城堡

圣米歇尔山城堡建筑群，由教堂、环绕教堂的修道院、柱廊院和诸多附属建筑与城墙构成，圣米歇尔山建筑群的建造历史可追溯到公元8世纪，圣米歇尔山也因此而得名。在此之后，先是在山上一座罗马式风格建筑的基础上建造哥特风格建筑，18世纪末期哥特风格教堂再次坍塌后，又在其基础上建造了现在的新古典主义风格教堂。

林肯主教堂

林肯主教堂

林肯主教堂是在 1185 年地震中损坏的一座罗马式教堂基础上改建而成，教堂的歌坛、耳堂、本堂与外部的塔楼分段建成，在各部分分段建设的同时又伴随着已建成部分的再次改建，其修建工程一直持续至 1300 年之后。林肯主教堂代表了英国哥特式教堂的特征，即外观相对法国哥特式教堂要朴素得多，主要追求内部装饰，尤其是小礼拜堂与祭坛所在空间的繁复与华丽。

林肯主教堂天使歌坛和东端券窗

天使歌坛的建筑部分最早建于 1192 年，后来于 1256 年至 1280 年间为了安置林肯一位著名主教的遗骨而进行了改建。天使歌坛内部由底部高拱廊、中层连续拱廊与拱顶三层构成，且带有一侧廊的形式，是英国哥特教堂空间的一大创新，但内部采用卷叶饰的柱头形象，又显示出强烈的法国教堂装饰风格的影响。

林肯主教堂天使歌坛和东端券窗

英国盛饰风格与垂直风格建筑

在经过早期的发展后，哥特式在英国又经历了以华丽和复杂装饰为主的盛饰风格，和强调建筑垂直线条的垂直风格。后两种风格是在结构日益完善的基础上发展起来的，教堂中肋拱的结构功能已经大大弱于装饰功能，窗子的尺度大大增加，墙面的装饰也丰富起来。哥特式建筑风格在英国逐渐形成了本土化的特点：建筑布局上，其中厅较矮，两边设侧廊外还在后部有一个较短的横翼，主入口通常设在西面；外形上，教堂总体呈十字形，中厅深远，在十字形的交叉部设中心尖塔，这座塔的高度最大，也是整个教堂的构图中心，主入口两侧设对称的尖塔，但高度则比德国和法国的哥特式教堂要低得多；内部装饰上，英国教堂内的装饰以复杂和华丽见长，侧廊通常都由大面积的尖拱窗户占据，精美的花窗棂是教堂内的一大亮点。除窗户外，教堂内的另一大看点就是屋顶由肋拱组成的复杂图案，由许多细圆柱组成的束柱往往从建筑底部直通到顶部与肋拱连为一体，组成变化丰富的图案。剑桥国王礼拜堂的扇拱、亨利七世礼拜堂的垂饰等都向着复杂、精巧和华丽发展。

伦敦威斯敏斯特大教堂亨利七世礼拜堂

伦敦威斯敏斯特大教堂亨利七世礼拜堂

约建于 1503 年至 1519 年间，原本是为亨利六世所建的陵寝，之后则改为安放亨利七世的遗骨。这座礼拜堂的特殊之处在于屋顶在原有扇形拱券和拱肋系统的基础上发展出覆盖全部屋顶的扇形拱壳体结构，使屋顶被扇形主肋、枝肋和锥体花饰等雕刻精美的石材所覆盖，构成华丽的室内空间效果。

小型窗户

小型窗户

这个小窗体现了哥特式建筑的几大特点：尖拱、退缩的壁柱和细而窄的窗形。向后缩进的窗子与细窄的窗框都渲染出教堂内部神秘的气氛，随着哥特式建筑结构的成熟，这种细窄的窗形逐渐被大面积的玻璃窗所代替。图示窗来自英国剑桥基督学院小教堂内（Jesus College Chapel, Cambridge c.1250）。

三连拱窗户

三连拱的窗户形式面积较大，这种窗户的出现不仅说明人们已经很好地解决了尖拱的承重问题，同时也解决了建筑整个的承重结构问题，才有可能在墙上开较大面积的窗。哥特式窗口面积的扩大也是其内部结构成熟的标志之一。图示窗来自 1220~1258 年修建的英国索尔兹伯里大教堂（ Salisbury Cathedral 1220~1958 ）。

三连拱窗户

十字梁檐口的装饰图案

早期哥特式中的雕刻图案注重写实，但 15 世纪之后则偏重于表现轮廓不规则的植物，雕刻图案变得更加抽象，充满变化。这种植物图案以各种形式的重复形象组成连续的装饰图案，其雕刻的表现手法也因所处位置的不同而有所不同。图示十字梁檐口装饰图案（ Cornice of rood screen ）来自萨默塞特的特鲁尔教堂（ Trull Church, Somerset ）。

十字梁檐口的装饰图案

英国哥特式柱

将人物形象雕刻在建筑中较高的位置，也是哥特式建筑的一大特点。将人物横向雕刻在柱头上，这种特殊的位置和特殊的形象会使柱头引起人们的关注，如果再在上面雕刻上代表一定意义的文字，则会加强其识记效果。图示柱头来自 14 世纪英国诺斯普顿郡考林汉姆教堂（ Cottingham Church Northamptonshire 14th cent. ）。

英国哥特式柱

垂直式风格栏杆

垂直式风格栏杆

垂直风格是英国哥特式后期的一种建筑风格，其特点就是对水平或垂直线条的强调，这种平直的凹凸状栏杆正是典型的垂直风格。

垂直式风格壁炉

垂直式风格壁炉

此壁炉（Fireplace）位于英国布里斯托尔的可斯通住宅（Coulston House, Bristol），建筑风格的变化也影响到当时的家具及室内陈设的样式，图示壁炉底部采用都铎式的钝形拱，两边也做成层叠的束柱式，简单而层叠的线脚突出了横向与纵向的线条感，是明显的垂直式风格。

英国垂直式柱头

垂直式风格滴水石

英国垂直式柱头

公元 14—15 世纪英国哥特式发展到垂直风格阶段（Perpendicular），此时建筑中的柱子也以挺拔而高瘦的形象出现，柱头的装饰更突出一种平面感，如同贴在柱头上一样，既装饰了柱子，又不会影响到整体的垂直效果。

垂直式风格滴水石

垂直风格（Perpendicular style）是英国哥特式建筑中的一种，其特点是建筑中使用笔直的柱式和平直的线条，力求突出建筑挺拔的外表，体现出一种坚定的风格。垂直风格力求简化之前繁乱的线条，不仅建筑整体平面简单，就连细部的雕刻也以极其简单的线条为主。

直线风格雕刻装饰

直线风格又称为垂直风格，是英国哥特建筑风格发展后期出现的一种建筑新形式，大约在14世纪中期之后流行开来，注重建筑垂直线条，利用壁柱从建筑底部一直延伸，至顶部与拱肋融为一体，在建筑构图上注重以矩形构图和连续的壁柱、简化装饰相搭配，在拱顶上更多使用扇形拱肋图案。

直线风格雕刻装饰

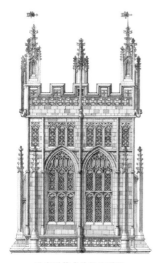

垂直哥特式的锯齿形墙

垂直哥特式的锯齿形墙

墙面上凹凸的墙檐是垂直式风格所特有的装饰元素，凸出的部分叫作墙齿，凹进的部分叫作墙洞，而这种锯齿形墙的形式则被称为雉堞。雉堞经常被用在窗户的底部和墙顶上，与尖拱和尖塔组合使用，还因制作雉堞的材料与雉堞所处位置的不同有着多种不同的形态。

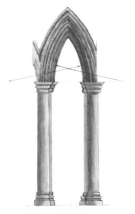

双心圆拱

双心圆拱

这是由两个相同半径的圆形相交形成的尖拱形式（Acute arch），圆心在拱券之外。从两圆相交处，也就是拱券的中心所引出的垂线应该与支柱间的连线相垂直，才能保证拱券的对称和结构的合理性，从而保证拱券的坚固。

垂直式教堂大门

这座复活节主教堂（Holy Trinity Church）的垂直式拱门，采用与窗户同样的装饰手法，用加强竖向线条的方法突出大门的高度，同时将门的两扇分别做成一个小的尖拱。由于大门的棂格之间是封闭的，因此可以雕刻更多的图案装饰，但仍以不破坏竖向线条的连贯性为要求。

垂直式窗户

这是一种有代表性的垂直式窗花格形式（Perpendicular tracery），细密的竖窗格从底部直达拱券顶部，而横向的窗棂则被处理成小尖拱的形式，尖拱与加强的竖向窗棂削弱了整个窗口的横向感，而不断出现的竖向矩形条与窗棂一起拉伸了窗子的实际高度。图示窗户来自英国剑桥国王学院小礼拜堂（King's College Chapel, Cambridge 1446—1515）。

英国垂直式窗户

窗户中布满了竖直的窗棂，横向的窗棂则采用了尖拱的形式，这些都加强了窗户的垂直感，是典型的英国垂直式风格窗棂形式。英国牛津大学辛恩博鲁克教堂（Swinbrook, Oxford 1500）。

垂直哥特风格窗户

垂直的哥特风格不仅仅是对垂直线条的强调，对水平线条的表现也极力突出。纵横相间的窗棂与变化组合的小拱券也起到一定的拉伸窗子高度作用，这也是垂直哥特式风格注重空间统一性的表现。图示窗来自英国1386年牛津大学新学院小教堂（New College Chapel, Oxford）。

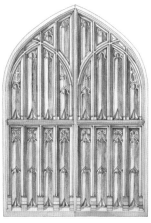

垂直式教堂大门

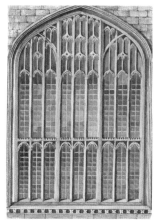

垂直式窗户

英国垂直式窗户

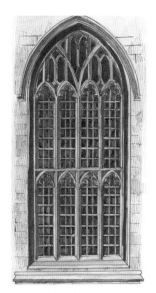

垂直哥特风格窗户

都铎式拱门洞

都铎式拱门洞

拱的作用是将所有结构荷重分解成压应力，这样便能减少消除结构内的拉应力。15世纪末的都铎式拱（Four-centred arch）是一种四圆心拱。采用这种拱券大门的两侧，还往往各设置一个小尖拱的盲券（blind arch）作为壁面装饰。

都铎式门板

都铎式门板

门板采用了一种都铎（Tudor）网格状木结构的形式，垫板镶在网格木构架之中。木构网格被处理上多层线，有强烈的凹凸感。大门两边的石雕柱子已经简化。

都铎式拱门

都铎式拱门

这种都铎式尖顶的拱门（Tudor arch）虽然形象非常简单，但其制作却非常复杂，是分别由四个圆心做圆形并相交组成的。在15世纪的英国，这种都铎式拱和另一种被称为钝角拱的拱顶形式非常流行，再加上重复的线脚及拱肋，使这些拱顶显得更加复杂。

寓言雕塑

寓言雕塑

这种根据寓言故事创作出的雕塑作品
（Allegory）生动而富于教育意义。
在建筑的山墙等显著的位置设置此类
雕像，可以使建筑吸引人们注意，不
仅使建筑更加美观，也使建筑具有了
一定的文化意蕴。

垂直式大门

垂直式大门（Perpendicular door）被
棂格分成长方形的镶板，每块镶板上
除尖拱的装饰以外还有精美的叶饰及
玫瑰花装饰，由于采用了高浮雕的表
现手法，大门的立面凹凸对比强烈，
雕刻的花饰与留白区域相间，是十分
精美的垂直式大门。

垂直式大门

哥特镂空式山墙

哥特镂空式山墙

这是一种石材经透雕而成的带有许
多孔洞的山墙（Gothic open work ga-
ble），多设置在建筑正立面上。这种
山墙面中有着精美的花纹和通透的孔
洞，能随着光线的变化而产生出不同
的光影变化，是一种装饰性极强的山
墙形式，但其制作既有较高的艺术性
更要有高超的技术。

哥特式坟墓

哥特式坟墓

这是一座理想化的哥特建筑式坟墓，由众多细高的柱子支撑，建筑表面犹如丛林般密布尖拱和雕刻装饰，从底部到屋顶都开设了大小不一的壁龛。这种无度装饰的坟墓表面也是英国哥特式风格后期装饰的一大特点，虽然整个建筑都以细长的线条来强调建筑的垂直特性，但细碎而繁多的装饰却破坏了这种立面整体感。图示为英国西南部格洛斯特市大教堂爱德华二世坟墓（Tomb of Edward Ⅱ, Gloucester Cathedral）。

埃克塞特大教堂

埃克塞特大教堂

大教堂始建于 1288 年左右，建造工程大约持续到 14 世纪中后期，是英国哥特式风格发展后期的教堂建筑，但平面仍采用同早期哥特式教堂相同的平面布局形式，设双耳堂，后殿和回廊也是规则的矩形平面。教堂内部本堂虽然也采用早期的三层立面形式，但脊肋和居间肋自二层栏杆向上伸开呈现出星形和扇形拱顶的形象，内部装饰明显采用了辐射风格。

英国世俗哥特式建筑

英国的乡村教堂也颇具特色，有一些教堂中的屋顶采用木质材料，各式的木雕图案更加自由多变，高超的结构与雕刻技术并重，堪称绝妙，还有的整座教堂都是木质，其造型非常独特，无论内部结构还是装饰都相当精巧。

在装饰华丽的教堂建筑大发展以后，英国建筑的发展进入以世俗建设为主的后哥特时期，这时期英国的民宅建筑也取得了很高的成就。早期的英国各地同法国一样，以封建主兴建的防御性的堡垒建筑为主，城墙上也开有塔楼和碉堡。后来随着王权统治的扩大，社会趋于稳定，各地的建筑防御性逐渐淡化，居民建筑的装饰性增强，虽然普通的建筑仍旧以木架构为主，但也加入了哥特式风格的各种装饰。

牌坊式大门

牌坊式大门

这是法国哥特风格发展过程中的火焰式立面，但从底部的壁柱到顶层那些向上拔起的尖顶、嵌板却已经是文艺复兴风格的初现了。图示牌坊式大门（Portal）来自英国南希迪卡尔宫（The Ducal Palace, Nancy）。

装饰风格栏杆

装饰风格栏杆

英国的装饰性风格吸收了法国火焰式的一些特点，主要表现为复杂的几何形和网状形式，并注重线条的流畅性。虽然英国此时期的哥特式风格被统称为装饰风格，但各个地区的具体装饰图案也有较大差异。

261

中心柱

中心柱

作为楼梯端头或底部支撑栏杆的中心柱（Newel-post）又被称为扶手柱，其形态与装饰风格要与楼梯整体的样式与风格相协调。虽然栏杆的样式与柱式有很大差异，但栏杆整体的比例关系也大致遵从柱式的比例关系，只是各部分变化更加灵活。

城墙上的交通道路

城墙上的交通道路

由于中世纪混乱的时局，使得各式各样的城堡建筑成为当时世俗哥特式建筑的一大特色。城堡的围墙不仅十分高大，并设置雉堞和圆形的塔楼，城外还有护城河和吊桥等防卫设施。城墙多为砖石垒砌，墙顶部还要预留供士兵巡逻的通道，一个个的塔楼既储存弹药也作为射击口，同时是重要的通道。

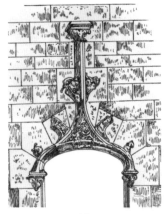

窗楣

窗楣

由两条弯曲线交接形成的尖拱形装饰，只用于拱形的门窗装饰中，可以大大拉伸拱形的高度。这种装饰形式又被称为谱形连接（Accolade），已经成为一种装饰模式，产生了诸多的变体形式。

坟墓上的人形厚板

坟墓上的人形厚板

墓地上设置的纪念墓碑（Tombstone）也可以雕刻成人物雕像的形式，这种以墓主形象为原形雕刻出的人像更加真实，其形式也较新颖。

锁孔周围的金属装饰

锁孔周围的金属装饰

锁孔周围采用了火焰式风格的装饰，由众多的曲线与尖拱构成。锁孔周围面积较小，因此装饰图案可以丰富一些，但要注意与大门以及整个建筑立面装饰风格的统一。图示锁孔装饰来自英国卢恩主教堂（Rouen Cathedral）大门。

墓石雕刻

墓石雕刻

普鲁士布莱斯劳的亨利四世墓上的纪念碑装饰（Slab over the tomb of Duke Henry Ⅳ, Bresslau, Prussia）。这种立在坟墓前的石碑代表着人们对墓主的回忆，有重要的纪念意义，因此大多按照墓主的形象进行雕刻，也有的雕刻成护卫者形象。

带有凸起壁拱装饰的墙

带有凸起壁拱装饰的墙

这种带有凸起的连续壁拱装饰的墙面
（Perpend wall）多用同一种建筑材料
砌筑而成。连续的拱券，通过角度、
虚实、层次和装饰图案的变化使单调
的墙面更加丰富，同时拱券可以作为
壁龛。

都铎风格建筑

都铎风格建筑

哥特式风格也影响到世俗建筑，在此
时期的一些世俗性建筑也呈现出高耸
如堡垒般巨大体量，一些建筑中还出
现了依照教堂尖塔样式建造的对称式
塔门形式，但教堂中的高尖塔在世俗
建筑中却变为一种高大的三角山墙形
式，这也是世俗哥特风格建筑的一大
特点。

灰泥装饰的立面

灰泥装饰的立面

原本平凡无奇的建筑，由于在立面中使
用了石膏或灰泥的装饰（Pargeting）而
变得瑰丽起来。窗下及窗间的图案是在
石膏或灰泥处理过的墙面上经过浮雕或
彩绘得来的，这种装饰的做法在都铎
时期的建筑中非常普遍，主要用来装
饰建筑的外立面。图示立面来自 16 世
纪英国牛津大学主教国王宫殿（Bishop
King's Palace, Oxford 16th cent）。

橡果装饰

橡果装饰

四片叶子形成中心对称的图形，并在其中点缀圆锥形的橡果小型装饰（Acorn），虽然在细部也有图案上的变化，但总体追求的是一种对称、均衡的构图方式。

曼多拉菱形光环

曼多拉菱形光环

这种椭圆周形的光轮（Vesica piscis）通常环绕在重要或神圣的人物周围，可以采用雕刻或彩绘的表现形式，与人物形成立体与平面，或色彩上的对比，也是一种界定雕刻面积的有效手段。

都铎式玫瑰

都铎式玫瑰

都铎式玫瑰（Tudor rose）由三层花瓣组成，每层都有五个花瓣，这种形式的玫瑰图案是都铎王朝所特有的标志性图案之一，其表现方式比较传统，雕刻手法的写实性很强。

支柱头装饰

支柱头装饰

在窗户、屋顶或栏杆处设置的支柱头通常也由一个尖顶头装饰（Stanchion），尖顶头通常都采用对称的均衡图案装饰，可以是平面图案，也可以是立体图案。

都铎式三叶花饰

都铎式三叶花饰

这是成熟的英国哥特式风格，也就是垂直式哥特风格的代名词，因主要产生并流行于都铎王朝（Tudor）时期而得名。都铎式三叶花饰（Tudor flower）产生的诸多变体形式之一，充满了一种向上的昂扬气质，此种花饰还经常被用在十字架或尖顶上。

齿形线脚

齿形线脚

这是一种有立体感的线脚图案，又被称为犬齿饰线脚（Tooth ornaments），通常都是四叶相交的形式，叶子的形态可以有诸多变化，但其花纹多用较深的雕刻手法表现，有些中心突起较高的四叶饰还以透雕的手法表现。

菱形回纹饰

菱形回纹饰

通过深深的雕刻将菱形（Lozenge Fret）显露出来，其形态已经近似于圆雕，尤其是菱形上部三角面的处理更加强了这种立体的效果。

哥特式线脚

这是一种连续的椭圆形装饰板，上面还雕刻着代表宗教信仰的人物、动物等形象，又被称为大奖章式花边（Medallion molding）。这种形式的线脚也是一种模式性的线脚，中心图案除椭圆形外还可以是方形、圆形等，而雕刻的装饰物则还可以雕刻成某种标志物的形式，可以设置在建筑的中心位置。

哥特式线脚

众灵教堂顶花饰

哥特式教堂中的陈设也同哥特式建筑风格一样，都具有昂扬向上的精神。在教堂中的长椅、隔板、栏杆等终端处，都要设置此类的尖顶饰（Poppy-head/Poppy），雕刻着具有宗教意义的形象。图示顶花饰来自 1450 年英国牛津众灵教堂（All Souls Chapel, Oxford c.1450）。

众灵教堂顶花饰

基督教堂顶花饰

顶花饰都雕刻在教堂内各种家具与设施的顶部，大多为木质，本身重量较轻。木质顶饰雕刻的图案相对石质要大一些，但因为视点较低，因此四面都要雕刻图案。图示顶花饰来自英国 1400 年牛津基督教堂（Christ Church, Oxford c.1400）。

基督教堂顶花饰

哥特式的石拱肩

哥特式的石拱肩

用各种花饰铺满拱肩（Spandrel）的做法会使整个拱门显得更加华贵。在英国的垂直式哥特时代，尤其注重对拱肩的装饰，拱肩可以直接雕刻而成，也可以将预制的嵌板镶嵌在拱肩上，拱券与拱肩图案由此产生凹凸、阴影或图案对比的效果。图示石拱肩来自肯特地区的石教堂中（Stone Church, Kent）。

挑檐

挑檐

这是一种华丽的双层花边挑檐形式。一般建筑只使用底层的挑檐形式,上部装饰性线脚的加入则使得整个建筑檐部产生了更多的变化。这种设置在墙面上的突拱(Corbel table)只是雕刻出拱券的样子,并不是真正的拱形结构。图示来自1260年英国索尔兹伯里大教堂(Salisbury Cathedral c.1260)。

繁缛的垂饰

繁缛的垂饰

垂饰(Pendants)大多都在较高的位置上,但对垂饰的雕刻装饰仍然十分细致,尤其是垂饰最底部的面,因为这部分也是人们抬头时能看见的装饰。

三拱梁托

三拱梁托

哥特教室柱子之上三个拱券的底部往往凸出到外侧,加一个梁托。底部梁托比较细致的雕刻装饰与上部粗糙的材质产生对比,而梁托简洁的造型又与建筑本身这种粗犷的风格相协调,是一种简单而朴素的搭配方法。图示梁托来自科克斯托修道院(Kirkstall Abbey c.1150)。

哥特式柱础

哥特式柱础

柱础分段式的雕刻手法将整个柱础自然分为三大部分,而其雕刻的纹样也遵循了古老的装饰法则,装饰图案底部最简洁,向上则逐渐变得复杂起来。柱础中部还采用了小拱券紧密排列的形式,细长的拱券与壁龛一样向内凹进的设置增强了柱础的垂直感。图示柱础来自1503~1519年修建的英国威斯敏斯特亨利七世小教堂(Henry Ⅷ's Chapel, Westminster)。

双石墙上支架

双石墙上支架

这种中部透空的支架是由上下两块石材雕刻而成的，这种双结构承重的形式既增加了支架的坚固程度，又扩大了装饰面积，因此可以雕刻较为复杂的图案，而雕刻人头部的形式则更具立体感。

单石墙上支架

这种设置在墙面上的支架（Bracket），是由预先砌筑在墙体上的一块凸出的石块雕刻而成的，一般上部都处理成平面的形式，而底部则可以雕刻成各种图案装饰。

单石墙上支架

墙上凸出的支架装饰

墙上凸出的支架装饰

支架（Bracket）可以作为承重结构设置，也可以作为装饰图案设置，有时为了增加墙面的变化，也设置一些类似支架的装饰物。图示支架上部采用了变形的三叶饰图案，还雕刻了独特的胁拱形象，而支架底部则设置了标志性图案。

支持上部建筑构件的支架装饰

由于支架上部要承托一定的重量，因此这部分的装饰不宜选用那些纤细或深刻的图形，以尽量少地破坏主要结构体为第一要求，因此这部分大多不做任何装饰，而底部的托架则可以做适当的装饰。

支持上部建筑构件的支架装饰

支架作用的石雕装饰

墙上的支架通常设置在一些比较重的结构底部，主要是用来承托出挑的这部分悬挂物的重量，是一种加固性的建筑结构。

支架作用的石雕装饰

人物头像石雕装饰

在西方的教堂或宫殿建筑中，将以往或现任国王、主教的形象雕刻在建筑上也是一种传统的做法，带有纪念和崇拜的双重意义。

人物头像石雕装饰

枕梁花朵形梁托

枕梁象鼻形梁托

枕梁花朵形梁托

教堂顶部的帆拱结束于墙面的中上部，帆拱的尽端采用锥形的花朵图案作为结束，这种设计就使得底部的人们能看到完整的花朵图案。图示梁托来自英国牛津基尔教堂（Christ Church, Oxford 1640）。

枕梁象鼻形梁托

这是一种类似于象鼻的梁托形式，其特别之处在于梁托与墙面上连续的折线装饰线脚。梁托上的线脚与墙面相连接，并且在接口处没有中断，使墙面上的线脚既增加了变化，还产生出一种立体感。图示梁托来自英国苏赛克斯布罗德沃特教堂（Broadwater, Sussex c.1250）。

哥特式枕梁梁托

地下室柱头

哥特式枕梁梁托

下垂的梁托（Corbel）被雕刻成一个近似于科林斯式柱头的形式，中心还雕刻了逼真的赤裸人像装饰，人像使用了高浮雕的方法雕刻而成，近乎圆雕，有一种呼之欲出的动势。

地下室柱头

柱头为一正方体，但在底部已经出现了收缩的变化，柱头上的花饰犹如半个轮式玫瑰窗。此后的柱头在平面上更加多样，除了方柱、圆柱以外还出现了钻石形平面的柱头。柱头上的线脚雕刻加深、加粗，使得柱子呈现出硬朗而雄伟的风格特点。图示柱头来自英国坎特伯雷大教堂（Canterbury Cathedral）。

长尾猴垂柱装饰

长尾猴垂柱装饰

这种垂柱底部的形象来自美洲的一种小型长尾猴（Marmoset）。自公元13世纪开始，这种长尾猴的形象就被用在建筑装饰中，通常都会被加工成非常怪异的形象来表现。

喷泉式洗礼盆

喷泉式洗礼盆

这种喷泉样式的洗礼盆（Lavabo）由底部多边形的池子与上部尖塔及半圆形水池组成，围绕半圆形水池和高塔都设置了怪物头的喷水口。这种喷泉在欧洲各个国家中都很常见，最早是为了给城市中居民提供生活用水的，后来则变成小广场中的必不可少的一道景观。图示洗礼盆来自沃姆根修道院（Abbey of Valmagne）。

教堂的洗手盆

教堂的洗手盆

墙面上开设壁龛与底部设置洗手台（Lavatory）相结合的形式，这种设施通常出现在古老的教堂建筑中，洗手盆样式也随着时代建筑风格的改变而改变着。

装饰风格晚期的洗礼盆

装饰风格晚期的洗礼盆

装饰风格讲究繁多的装饰元素和复杂的表现手法，但发展到晚期也已经有了一些改变。这个洗礼盆的装饰已经开始注意繁简搭配，并有意识地突出表现重点，其装饰的三段式构图也遵循了古典的形式。图示为1360年装饰风格晚期的洗礼盆（Font, Late Decorated style c.1360）。

垂直风格的洗礼盆

英国哥特时期垂直风格（Perpendicular style）不管是洗礼盘四角的支柱还是盆体层叠的线脚，都着重于线条的雕刻。由于洗礼盆的主要装饰都集中于上半部，底部以丰富的曲线和深浅的平面来增加变化。

垂直风格的洗礼盆

井亭

井亭

井亭主要由井口四周的井栏板（Well curb）与上部的拱顶组成，是为保护井水而设置的建筑。栏板上朴拙的枝蔓图案与拱顶华丽的装饰形成对比，更烘托了拱顶热闹的气氛。井亭除了造型奇特的拱顶以外，还设置了众多的小尖塔，其装饰目的明确。

墩柱柱头

墩柱柱头

早年英国建筑中大型墩柱都采用分柱头的方式，到了哥特式后期的垂直式时期，墩柱柱头的装饰则变为连通又统一的形式。柱帽头的装饰面积变大，最常用的还是有枝蔓连接的各种植物图案，但此时的植物也向着抽象化风格发展。图示柱头来自多尔塞特阿朴维（Upwaey, Dorset c.1500）。

哥特式柱头

哥特式柱头

这是一种间隔设置的束柱形式，也是英国哥特垂直风格墩柱的代表形制。墩柱的每面只设一根壁柱，但每根壁柱都采用同样的花饰，此时的花饰雕刻风格比较写实，各种花叶饰的柱帽头和浮雕装饰非常普遍。图示柱头（Capital）来自英国多尔塞特的派德通地区（Piddleton Dorset 1505）。

垂直式四角墩柱柱头

垂直式四角墩柱柱头

墩柱四个角都做成壁柱的形式，并通过不同的形态与装饰图案相区别。怪异的人面与植物图案相搭配，在墩柱与拱梁间形成一条雕刻带，两种图案都采用了较浅的雕刻手法，且占整体柱子的面积不大，在装饰的同时没有削弱柱子的垂直感。

中世纪的德国街道

中世纪的德国街道

中世纪是一个充满变化的时代，早期各地政权混战，以城堡建筑为主，居民为了安全也都居住在城堡和城墙围合的范围之内，以木结构建筑为主。此后随着区域政权的统一，人们开始围绕城堡外部建造居民区，此后随着城市统治权的加强和集中，多教派团体的产生，居民区开始变成以城市广场为中心建设，城市教堂附属在城市权力建筑旁边，一些大型的世俗建筑也开始出现。

第七章　文艺复兴建筑

文艺复兴风格的出现

在经历了中世纪狂热的宗教建筑时期以后，建筑史上另一个伟大的时期——文艺复兴（Renaissance）时期到来了。发源于意大利的文艺复兴运动宣扬理性和人性的思想，并发展成为影响到文学、绘画、音乐以及建筑等广泛艺术领域的一次革新运动。虽然文艺复兴运动打着复兴古希腊和古罗马文明的旗帜，但就其本质来说，是新兴的资产阶级进行的资本主义革命运动。建筑领域所迎来的这场文艺复兴运动，无论从时间、影响范围还是影响程度上来说都是前所未有的，而且与以往建筑运动不同的是，建筑界在文艺复兴运动期间虽然也建造了大量宏伟的教堂建筑，但更大规模的建筑活动则集中在各种宅邸和公共建筑上，同时在这一时期也涌现出了众多优秀的建筑设计师，他们对以往建筑做了系统而详细的归纳和总结，还创立了很多新的规则，这些对后世和现代建筑都具有重要的借鉴意义，影响也最为深远。

绕枝饰

这是一种半圆形卷须环绕中心柱形成的绕枝线脚（Twisted stem molding）和装饰花边，也是诺曼式建筑中最常用的一种装饰花边。在文艺复兴时期，不仅仅是恢复古希腊和古罗马时期的建筑风格，以往流行过的一些建筑风格的细部在此时期也都不同程度地出现在建筑上。

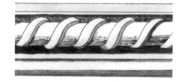

绕枝饰

文艺复兴时期圆窗

圆窗作为一种形式活泼的窗形，也在此时期被广泛应用于建筑当中。此时的圆窗无论窗棂还是窗框的装饰都相对简单，这种简洁的装饰风格也是文艺复兴时期建筑装饰的一大特点。

文艺复兴时期圆窗

转角梁托

位于转角处的梁托（Angle corbel）可以利用巧妙的图案设置削弱拐角处的生硬感。相同的叶形装饰与出挑的涡旋，因为处于不同平面而显得更富有立体感，而相同又对称的图案设置又使整个梁托具有很强的整体性。

转角梁托

穹顶绘画

穹顶采用了集中式的装饰图案，相同的区隔线脚围绕中心，呈发散状将整个穹顶分为大小格子相间的不同区域，并分别设置了宗教题材的画面。图示位于罗马的圣玛利亚人民教堂内穹顶装饰图案，由文艺复兴时期著名画家兼建筑师拉斐尔绘制，并采用镶嵌方式完成。

文艺复兴时期，绘画成为建筑中不可缺少的组成部分，虽然仍旧以宗教题材为主，但此时的绘画已经出现了现实精神的倾向，穹顶本身划分整齐的各个绘画区域，就是当时严谨而理性精神的反映。

穹顶绘画

楼梯底部的端柱

楼梯底部的端柱

楼梯底部的端柱（Starting newel）既起着支撑栏杆的作用，同时也是楼梯端头重要的装饰物。为了使其具有一定的坚固性，端柱通常只做一些浮雕装饰，或者在不破坏其主体结构的情况下将柱身外轮廓雕刻成曲面形式。

古典建筑立面

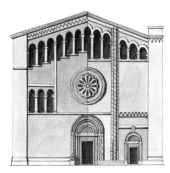

古典建筑立面范例

文艺复兴时期，古老的建筑元素又被重新使用，图示为典型的几种古典元素装饰的立面形式。建筑底部大门多采用拱门，可以是只在中间开设一座大门，也可以在大门两边再对称开设两座小门，或采用连续拱券门的形式。建筑上部也多用拱券装饰，而且无论是拱券还是柱式都变化多样，可以采用从底部一直贯穿到顶部的巨柱式，也可以在各层采用单独的柱式。

文艺复兴时期大门新形象

文艺复兴时期大门新形象

文艺复兴建筑虽然强调对古典建筑风格的复兴，但毕竟建筑思想和建造技术等方面都有了很多新的发展，反映在实际的建造上，就是新建筑形象的出现。此时的门窗及边柱或更加多样，不再拘泥于固定的样式，而大量雕塑作品的出现也使建筑的艺术性与观赏性大大增强。

米维乐祭坛

米维乐祭坛

文艺复兴早期兴建了很多家族性或城市性的纪念碑（Monument），这些纪念碑或设在教堂中，或建有专门的礼拜堂供奉，或者就建在露天的广场上。纪念碑的样式与当时的建筑风格、样式也有着内在紧密联系。这座纪念碑从简到繁的图案设置与对称的构图，都表现出文艺复兴时期所倡导理性思想。图示米维乐祭坛来自东哈姆教堂（Neville Monument, East Ham Church）。

弗兰奇一世纪住宅柱头

弗兰奇一世纪住宅柱头

柱头采用了建筑顶部的飞檐形式，并且底部由裸体女神与植物组合的怪异彩色图案装饰，只有柱头底部写真的莨苕叶饰仍旧保持着古朴的样式。这也是文艺复兴时期建筑上的一大特点，所有结构部件都被赋予新的形象，建筑立面开始成为室内装饰的样式，而室内装饰的一些做法也在建筑外立面中出现。

圣约翰拉特兰教堂

拉特兰教堂位于罗马城中，平面呈拉丁十字形，与拉特兰宫相接。教堂正立面使用了成对的通层巨柱装饰，中心大门为圆形柱式，而两边则转变为方形柱式。建筑顶部对应柱子设置人物雕像，并通过基座的变化，形成在中心雕像统领下主次分明的雕塑群。拉特兰教堂中还竖立着远从古埃及阿蒙神庙前运来的巨大方尖碑，这块方尖碑也是古罗马最大、最古老的一块方尖碑。

圣约翰拉特兰教堂

三角山花窗形

15 世纪末到 16 世纪初期时流行的窗形，由底部加高的基座与栏杆和上部的柱子、三角形山花组成。虽然窗子中包含的形状很多，但通过有条理的安排和协调的比例，使得整个立面显得很规整，装饰风格活泼而有节制。这种比较严肃的装饰风格，也是当时人们热衷于古典建筑的表现。

三角山花窗形

彩色拉毛粉饰

这是一种仿雕刻的装饰方法，但经彩色拉毛粉饰（Sgraffito）的墙面带有鲜艳的色彩，这是因为在雕刻之前要对墙面进行一定的处理。首先要在墙面上覆盖一层石膏或瓷釉，并在其上覆盖颜色，然后再在颜色层上再覆盖一层相同材料的墙面，最后在这层墙面上做雕刻，使其露出底层的颜色，就形成了凹凸不平又充满颜色变化的立面效果。

彩色拉毛粉饰

文艺复兴风格对建筑的影响

文艺复兴建筑以古希腊和古罗马时期形成的柱式为主要的构图要素，还将人体比例用于建筑当中，以和谐的比例关系、理性的构图来达到人文主义所宣扬的观念。世俗性建筑被大量建造起来，除了私人的府邸以外，为公众服务的广场及其附属建筑发展迅速。随着世俗建筑的增加，人们开始重视对市镇的规划，秉承众多建筑大师的思想，对市镇的规划也同建筑一样追求理性和庄重，同时注重反映建筑师们的不同风格。在建筑立面造型、建筑群布置方法以及装饰等方面都取得了突出的成就，又反过来影响到教堂建筑，这是此时期一个特别的现象。由于结构的成熟以及雄厚的资金支持和宗教要求等多方面的原因，此时的教堂建筑开始追求超大的规模和夸张的装饰，有失真实感。

壁柱柱头

壁柱柱头

意大利文艺复兴时期的柱式虽然也遵循古典柱式的比例关系，但无论柱身还是柱头都开始出现繁复又精细的雕刻装饰，而且装饰图案的来源与风格更加广泛多样，各种涡旋、圆雕饰、人物最为多见，还出现了阿拉伯等地的东方风格图案。

圣玛利亚教堂

小教堂不仅有一个拜占庭式的半圆形山墙面，还采用了古老的筒拱顶形式。教堂外立面由彩色大理石板镶嵌装饰，并设有方形壁柱，半圆形山墙上更是设置了六个不同花式窗棂的圆窗。这所小教堂集中了多个时期的建筑特色，并以其可爱的造型与其中珍藏的大量珍贵装饰物而闻名。圣玛利亚教堂是 15 世纪末意大利文艺复兴时期威尼斯地区的代表性建筑，被昵称为"威尼斯的首饰盒"。

圣玛利亚教堂

中楣装饰

中楣装饰

古典的莨苕叶与忍冬草都是古老的装饰母题，文艺复兴早期这些装饰图案被雕刻得极其写实，但后期则陷入过分遵从古典模式的怪圈中。直到文艺复兴后期，雕刻图案才向着轻盈与灵动的新风格发展，并开始注意运用不同的雕刻手法使连续的图案产生光影变化。图示为意大利文艺复兴时期建筑中楣（Italian Renaissance frieze）。

罗马圣彼得广场方尖碑

1586 年在罗马圣彼得广场竖立方尖碑。时代的发展抹不去人们对于古老建筑的热爱，这种在广场前竖立古埃及方尖碑的形式甚至已经成为当时的一大传统。有许多方尖碑都是直接从古埃及神庙中运来的。由于方尖碑体积巨大，所以人们不得不分段竖立，同时还要建斜坡以运输各段碑体。为了固定并保证碑体与地面垂直，还要围绕碑体一周设置牵引力，并保证各个方位的受力一致，这项工作当时都是由人工或畜力来完成的。圣彼得广场竖立方尖碑的工程由当时的建筑师方丹纳（Domenico Fontana）主持。吊装方尖碑使用的最关键的机械是一种简易的起重机，由地面上的绞磨转动起重机中央的一根轴，轴与可转动的推臂相连接，起重机高处操作台上被推动起的辘轳带动一个滑轮组吊起大块的石头。竖立方尖碑工程的完工不仅标志着建筑机械的进步，也说明人们进行大规模工程的规划与组织能力的提高。

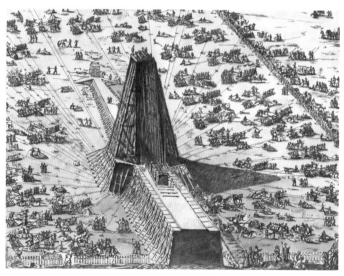

罗马圣彼得广场方尖碑

厄比诺公爵府壁画（理想城）

文艺复兴时期，不仅古罗马时期维特鲁威的作品
广为流传，当时许多建筑师的作品也很流行。以
阿尔伯蒂为代表的一批建筑师，将建筑中的长方
形、正方形、圆形等形状都以数学原理进行分析，
并规定了各种形状单独或组合的理想比例关系。
这些比例关系与音乐和自然有着密切的关系，而
且被认为是建造严谨而优美的新型建筑以及城市
所必须遵守的，甚至还拟定了各式各样的理想城
市与街道面貌。图示理想城壁画来自厄比诺公爵
府，这座府邸本身就是这样的一座代表性建筑。

1 建筑的形体

受阿尔伯蒂及一批建筑作品的影响，此时开始了
对方形、圆形和各种立体的造型整体比例的研究，
建筑多采用规则且比例均衡的形式，同时注重建
筑组群间各种建筑互相的影响和对比关系。在这
幅壁画所在的公爵府，就是一座按照这种建制修
建的，带有宽大庭院的府邸。

2　柱式

古典的柱式再次因为其精确而优雅的比例关系，而成为建筑中不可缺少的装饰品。同时，柱式的应用与变化也是衡量一座建筑是否取得了理想比例的标准。古曲柱式中以人体比例为基准的比例关系重新获得人们的认可，这种被认为是最协调的比例关系还被应用于建筑整体比例关系、街道的建筑规划，甚至城市的建筑规划上，而且已经在某些小城镇变为现实。

4　建筑

此时期建筑美被归结为比例和几何形体的良好比例关系，小到建筑中每个房间长宽比例都要服从于这种关系。而古典建筑面貌也被认为是最优美的，因此几乎抛弃了一切修饰元素，以展现建筑本身的优美比例为第一要务。因此，理想城中的建筑就出现了统一单调的面貌，由这种建筑组成的城市也不免缺乏变化，稍显单调。或许也是因为这个原因，理想城的建筑模式只在小范围内部分实现，没有得到大规模的推广。

3　街道

规划整齐的建筑形成网状的城市布局，一些公共的学校、市场之类的公共建筑位于城市中心，各条主要街道都通向此处。整齐划一的网格状街道既是由整齐的建筑决定的，同时也是和谐的城市建筑比例中的组成部分。

扶手柱头

扶手（Knob）通常设置在楼梯、栏板、阳台等处，是一个兼具实用与装饰性的凸起物。图示扶手顶部是一个饱满的松子形，而扶手下部则采用透雕的形式。

扶手柱头

意大利文艺复兴初期建筑及建筑师

意大利是文艺复兴建筑的发源地，其建筑最具有这一风格的代表性。意大利的文艺复兴建筑以罗马、佛罗伦萨和威尼斯等地为中心，一般认为佛罗伦萨大教堂（The Dome of St. Maria del Fiore）主穹顶的建成，标志着文艺复兴运动的开始。早期意大利的文艺复兴建筑也以大穹顶的设计者——伯鲁乃列斯基（Fillippo Brunelleschi）以及阿尔伯蒂（Leone Battista Alberti）等一批优秀的建筑师的建筑作品为代表。

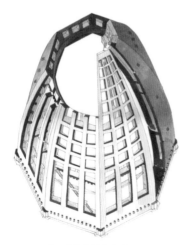

佛罗伦萨大教堂穹顶

佛罗伦萨大教堂穹顶

佛罗伦萨大教堂的顶部平面为八边形，为了减小侧推力，穹顶采用了尖拱形式。而为了尽可能地减轻穹顶重量，穹顶被设计为中空的双层穹顶形式。在八边形上每个角的主拱肋被暴露在外，而每个面中部的两根次拱肋则被隐藏在双层穹面之内，主次肋券集中于顶部一个八边形的环，并都由大理石砌筑完成。最后在收束环上砌筑采光亭。在穹顶底部内侧的砖块与石块之间设有榫卯和插销，还另设铁链和木箍，所有这些结构都为削弱穹顶的侧推力。

马拉泰斯塔教堂

这座教堂是阿尔伯蒂早期为里米尼地区的一位独裁者设计的纪念碑式教堂建筑。为了使这座庄严而有纪念性的建筑同时达到炫耀功绩的效果，阿尔伯蒂使用了凯旋门式的建筑立面形式。他参考了古罗马时期的君士坦丁凯旋门，也参照了里米尼本地的奥古斯都凯旋门样式，才有了马拉泰斯塔教堂（Tempio Malatestiano）现在的拱门式立面，但在拱门以里，阿尔伯蒂也加入了极富表现力的三角形山花装饰。

马拉泰斯塔教堂

祭坛

通过立面可以清楚地看到整个祭坛的结构。底部基座与上部拱券相对应，也横向分为三个大部分，两边以嵌板的方式对称地雕刻图案，中部则刻满了纪念性文字。基座与上部拱券之间设置了一条过渡性的雕刻带，以传统的涡旋叶饰和花环装饰。祭坛上部则通过加大中部的建筑高度来突出其中心地位，使墓主雕像与圣母子和最上部的神像处于同一轴心上，并通过两侧的雕塑突出其主体地位。

祭坛立面

凯旋门式祭坛

文艺复兴早期，曾经流行过凯旋门式的建筑立面，这股建筑风潮影响颇广，图示坟墓中的祭坛就采用了凯旋门的建筑样式。整个祭坛上下以及左右都采用三段式构图，底部是雕刻着铭文的基座，上部则以雕像为主，中段以拱券和雕像为主。在三个拱券中，中心拱券被夸大，并设置主要的人物雕像。

凯旋门式祭坛

帕奇礼拜堂

帕奇礼拜堂

位于意大利佛罗伦萨的帕奇礼拜堂
（Pazzi Chapel）由早期文艺复兴建筑
师伯鲁乃列斯基设计，其形制借鉴了
一些拜占庭建筑的风格特点。礼拜堂
为长方形的大厅，其顶部由一个大穹
顶和两段筒拱支撑，中央穹顶直径达
10.9 米。建筑前后各有一个小穹顶，
前部穹顶柱廊相搭配，后部穹顶下则
为圣坛。礼拜堂内部装饰素雅而轻快，
主要由白墙和深色的壁柱、拱券构成，
但柱廊装饰异常华丽。

佛罗伦萨主教堂

佛罗伦萨主教堂是中世纪基督教国家中建造的最大教堂建筑之一，其穹顶由伯鲁
乃列斯基设计完成，穹顶底部直径达 42 米。佛罗伦萨主教堂早在 1296 年就开始
建造，当巨大的穹顶与最后的修建工程结束时，已经是近 140 年后的 1434 年了。
这座教堂不仅体现了新的设计、建造和技术成就，也标志着意大利文艺复兴建筑
史的开始。

佛罗伦萨主教堂

意大利文艺复兴中期建筑及建筑师

意大利文艺复兴中期，以布拉曼特（Donato Bramante）设计的位于罗马蒙多里亚圣彼得修道院中的圣彼得小教室（Tempietto in St. Pietro in Montorio）及罗马著名的圣彼得大教堂（St. Peter）为代表，这两座建筑都被当作典范，被后世建筑师大量模仿。除布拉曼特以外，此时期著名的建筑师还有小桑迦洛（Antonio da San Gallo, the younger）、塞利奥（Sebastiano Serlio）等，他们设计的建筑和推出的总结性建筑作品都有着相当大的影响力。

拉斐尔宫

拉斐尔宫

布拉曼特于 1512 年设计建筑的拉斐尔宫是一座二层建筑，建筑立面按照古罗马建筑规则，主要房间设在二层，而底部使用粗面石墙和拱门结构，主要用于出租商店。但与古罗马建筑不同的是，这座建筑二层使用了成对的多立克式柱。这种在当时既古老又现代的建筑形象也被许多建筑师所使用，尤其以威经斯地区这种建筑最为多见。图示为布拉曼特设计的现已不存在的拉斐尔宫（Raphael）。

拉德克里夫图书馆

拉德克里夫图书馆

布拉曼特设计的圣彼得小教室（Tenpietto）建成后，即成为完美的建筑范例，各地都争相模仿其柱廊围绕圆形平面并以穹顶为核心的建筑形式。图示为吉布斯（James Gibbs）在牛津设计建造的拉德克里夫图书馆（Radcliffe Library），这座建筑使用了成对的柱式，并设计了一个较高的墩座，墩座墙上还环绕了一圈间隔设置山花的拱券。

287

文艺复兴中期建筑立面

文艺复兴中期建筑立面

在文艺复兴过程中，建筑立面的处理逐渐摆脱古典束缚。这座两层的建筑采用三段式立面，但最为特别的是大小柱相结合的柱式。底层简洁的多立克柱式与顶层优雅的爱奥尼亚柱式，都被分别作为支撑拱的小柱与支撑横梁的大柱形式。这种处理手法使得整个立面形成以大柱为主体，小柱为装饰的结构，是柱式应用的重要创新。图示为意大利威尼斯圣马克的老图书馆（Old Library of St.Mark, Venice, Italy）正立面。

陵墓建筑

这座建筑的外部形制也模仿了布拉曼特的圣彼得小教室，只是为了突出坟墓肃穆的风格而将柱子加多，这奠定了如堡垒般森严的建筑基调。压低的穹顶下是一个祭祀空间，而在高高的底座下，则是穹顶结构的地下墓室。霍克斯摩尔（Hawksmoor）陵墓是一座大型的家族坟墓，位于霍华德堡（Castle Howard）。

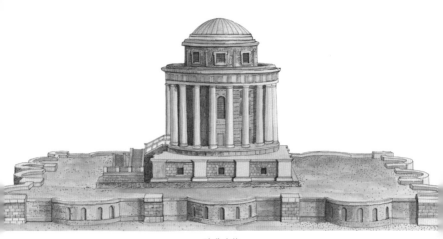

陵墓建筑

圣彼得大教堂

位于罗马的圣彼得大教堂的建造过程极其曲折，早在16世纪初，布拉曼特的设计方案就被选中，但因为种种原因而没能完全实施，此后拉斐尔、帕鲁齐、小桑迦洛、米开朗基罗、维诺拉等诸多文艺复兴时期著名的建筑师分别主持过大教堂的建筑工作，最后由巴洛克风格建筑师伯尼尼完成了大教堂最后的柱廊与室内装饰工作，而此时距布拉曼特的方案被确立已经有一百多年的时间。米开朗基罗对于大教堂的建设功不可没，他不仅恢复了布拉曼特的希腊十字形平面形式，还设计了直径达41.9米的中央大穹顶，外部加上采光塔上十字架尖端，大穹顶高达137.8米，成为罗马城中的最高点。圣彼得大教堂的穹顶分为内外两层，整个穹顶结构只有肋架采用石料，其他部分则都用砖砌筑，最后在大穹顶外包砌一层大理石装饰。由于很好地解决了侧推力，大穹顶的外廊变为饱满的球面体，底部鼓座上还有双柱装饰的一圈开窗。

圣彼得大教堂

伦敦萨默塞特宫

伦敦萨默塞特宫

萨默塞特宫（Samerset House）位于英国伦敦，威廉·钱伯斯爵士设计的这座住宅在很大程度上模仿了布拉曼特对于建筑立面的处理方式，底部使用粗面石砌墙面，而上两层则使用了通层的巨柱装饰。萨默塞特宫立面极为规整，各种门窗设置的位置、装饰元素的设置都恰到好处，但也不可避免会给人单调之感。

意大利文艺复兴晚期建筑及建筑师

意大利文艺复兴晚期以维诺拉（Giacomo Barozzi da Vignola）和帕拉第奥（Andrea Palladio）二人为代表，他们都在对古代建筑深入的研究基础上提出了自己对于复兴建筑式样的理解。维尼奥拉和帕拉第奥的建筑作品，不仅系统总结了古罗马的重要建筑规范，还收录了自己对于建筑的理解构想图，以及部分建筑作品。尤其是帕拉第奥，他是文艺复兴时期最有影响力的一位建筑大师，虽然他设计的建筑大都是一些小型的私人别墅和教堂，而且多集中在维琴查（Vicenza）附近地区，但他自创的建筑立面及柱式却成为新的帕拉第奥母题（Palladian Motif），被以后的建筑师所广泛使用，形成了新的帕拉第奥建筑风格。

《建筑五书》上描述的文艺复兴时期
的壁炉

《建筑五书》上描述的文艺复兴时期的壁炉

文艺复兴风格不仅导致建筑样式的变化，也深深影响到室内家具及装饰上。壁炉在室内兼有实用与装饰双重功能，此时期的壁炉也开始仿照建筑立面进行装饰，或引入莨苕叶等古典图案装饰，椭圆形、两边的涡旋图案、贝壳饰等也预示着文艺复兴风格向巴洛克风格的转变。

泰埃娜宫殿

泰埃娜宫殿

这是文艺复兴时期一座粗石墙面装饰的建筑立面，粗糙的石墙面与立面上光滑柱身的壁柱、雕刻精美的雕塑与最上层的大理石贴面形成鲜明的对比。而活泼的砖石块砌筑形式与变化的窗楣又为立面增加丰富的变化。图示建筑立面来自1556年意大利维琴察地区（Vicenza, Italy）。

文艺复兴时期五柱式

文艺复兴时期五柱式

这是文艺复兴晚期意大利建筑师维诺拉（Vignola）总结的柱式及比例关系，从左到右依次为塔司干柱式、多立克柱式、爱奥尼亚柱式、科林斯柱式和混合柱式。五种柱式及其比例关系发表在他的著作《五种柱式规范》中。维诺拉与帕拉第奥一样，热衷于对古典柱式的研究，二人是欧洲古典建筑学院派的代表人物。但在实际的建筑实践中，维诺拉也与帕拉第奥一样，其设计非常灵活，并不拘泥于柱式，而且维诺拉设计的建筑风格极为多变，一些作品风格更是介于文艺复兴风格与巴洛克风格之间。

帕拉第奥立面

帕拉第奥立面

这是一种三段式的建筑立面结构，整个立面都遵循了从简到繁的古老建筑规则。建筑底层主要采用粗石墙面和典雅的爱奥尼亚方壁柱，并开设简单的拱形门窗；建筑第二层则采用华丽的科林斯方壁柱，虽然开设统一的长方形窗，但窗上有变化的山花和人像雕刻作为装饰；建筑第三层所占比例较小，但设置了圆雕的雕塑装饰。这种帕拉第奥建筑立面是文艺复兴时期最常见的立面形式之一。

埃及厅

埃及厅

图示为帕拉第奥按照维特鲁威书中的描述重建的埃及厅（Egyptian Hall）。依照有关书籍的记载复制或描绘古典建筑的复原图，甚至在自己设计的建筑中不同程度地重现古老的建筑形象，也是文艺复兴时期比较常见的建筑现象。图示埃及厅上下两层通过柱式的大小强化了上小下大的结构，使建筑显得更加稳固。

帕拉第奥式建筑

帕拉第奥式建筑

帕拉第奥在这座建筑中更大胆地使用柱式，底部敞廊与上部阳台使用承重柱，就是立面上的壁柱也使用了更为突出的二分之一柱式。从柱式的运用上来说，帕拉第奥更大程度地接近于古罗马的建筑模式，也对其进行了更多的改造。图示建筑为帕拉第奥在维琴察设计的基耶里卡蒂宫（Palazzo Chiericati）。

意大利威尼斯图书馆

意大利威尼斯图书馆

相同的大小柱组合形式更多地被用在图书馆、会议厅等大型的公共建筑上，这座图书馆也采用了一个帕拉第奥母题的立面。但不同的是，在最外部留有开放的拱廊，而且在建筑第二层与顶部雕塑之间设置了一条华丽的雕刻带装饰。虽然图书馆只有二层，但高大的柱子与顶部的雕塑都使其显得更为高大，毫不逊色于旁边的三层建筑。

米开朗基罗及其建筑作品

除了以上提及的著名建筑家以外，文艺复兴时期还出现了一位特别的建筑师，这就是米开朗基罗（Michelangelo Buonarroti）。这位伟大的雕塑家于晚年投入到建筑活动中来，他以雕塑艺术家特有的态度来对待建筑，开创了新颖和富于装饰性的手法主义（Mannerism）风格，将雕塑和建筑融为一体，由他首创的将建筑外立面形象用于室内的装饰方法，后来也成为一种流行的做法。

比亚门

比亚门

比亚门是米开朗基罗晚年设计的建筑作品，在这座建筑立面中，设计者对细部进行了更多的处理，加入了更多样的装饰元素。首先是窗形的变化，同时使用了两种方向上的矩形与圆形，底层虽然采用了比较简单的长方形窗，但有山花和壁柱的装饰。最富表现力的是大门立面，出现了三角形与半圆形两种山花装饰，底部还加入了人像与匾额，使山花断裂开来，而底部虽然使用拱门，却又不是罗马式的圆拱。这种自由甚至混乱的构图也是文艺复兴风格向巴洛克风格过渡的征兆。

罗伦佐图书馆阶梯

这座由米开朗基罗设计的罗伦佐图书馆（Laurentian Library）阶梯，既是米开朗基罗设计的诸多成名建筑作品之一，也是文艺复兴时期重要的代表性建筑。在这个设计中，米开朗基罗再次使用建筑外立面的装饰方法来美化楼梯的墙面，带有山花的盲窗、成对的巨柱，以及装饰性的涡旋托架构成了变化的墙体。而楼梯本身发散的造型与断裂的扶手也与多样的装饰元素相对应，在狭长的侧翼与玄关之间形成一道美丽的风景。

米开朗基罗在这座楼梯的设计中抛弃了一直以来被一些建筑师小心翼翼遵守的古典比例关系，用不规则的楼梯和巨大的柱子打破了建筑内部各部分的传统比例，营造出另一种平衡。这种对传统比例关系的突破和大胆的表现手法也寓示着新建筑风格的产生。

罗伦佐图书馆阶梯

宫殿立面

宫殿立面

图示宫殿是由米开朗基罗设计。位于罗马卡皮托（Capitol）山上的广场平面都由米开朗基罗设计，而这座宫殿更是一座手法主义风格的代表建筑。在这座建筑的立面中，巨大的科林斯壁柱贯穿两层，同时使用成对的爱奥尼亚柱作为第二柱式。中部断裂的三角形山花与两边对称的半圆形山花，显示出文艺复兴时期理性的对称性构图，但通层的巨柱和两种柱式奇特的结合形式，却是米开朗基罗的创新之举。

文艺复兴风格影响的扩展

由于文艺复兴时期大力提倡注重人的思想，所以早期哥特式建筑中那种夸张和寓意丰富的装饰风格，也被更加写实和理性的装饰风格所代替。而且在建筑中除了柱、线脚等一些装饰外，都尽量避免繁复和多余的装饰部分，主要强调用柱式和变化的立面本身来使建筑更具观赏性。另外，除了影响建筑以外，文艺复兴风格还影响到室内家具等诸多领域。意大利轰轰烈烈的文艺复兴建筑运动，在晚期也影响到欧洲其他的地区和国家，并因各个地区和国家的不同社会情况而出现了新式的文艺复兴建筑形象。

《建筑五书》上的罗马风格建筑

《建筑五书》上的罗马风格建筑

底层建筑使用多立克柱式，二层则使用受奥尼亚柱式，这种柱式的变化遵从了古罗马时期的柱式应用模式。但大小柱式的混合与双柱的应用则是文艺复兴时期的显著特征，而对应柱子在建筑顶部设置雕像的做法，也是文艺复兴时期建筑的一大特色。

文艺复兴时期的门楣

文艺复兴时期的门楣

拱门与方形门框中间部分的三角形门楣是大门重点装饰部分，图示门楣除了雕刻人像装饰物以外，还雕刻了两段写有文字的横幅，因此又起到了类似门牌的明示功能，颇为巧妙。图示门楣来自 15 世纪的英格兰建筑大门（England 15th cent.）。

文艺复兴时期的窗户

文艺复兴时期的窗户

文艺复兴运动中，古典柱式以其和谐的比例关系再次受到人们的重视，并被当时的许多建筑师运用。这座来自佛罗伦萨巴尔托洛梅伊宫殿的窗户，虽然只有一根窗间柱，但大小拱券比例关系，柱子的粗细无疑都经过精密的计算，窗子的样式与装饰平平，但却因其恰到好处的比例而显得极为优雅。

彩釉瓷砖

彩釉瓷砖

彩釉瓷砖不仅可以做成规整的形状，还可以做成各种活泼的形状，但其图案与背景都要形成强烈的反差。图示的彩釉陶装饰面砖采用了龙头纹，这与文艺复兴时期风靡一时的烧制陶瓷之风是从东方传入的有着密切的关系。图示彩釉瓷砖来自意大利谢纳地区圣凯瑟琳剧场（St. Catherine, Siena, Italian）。

人体装饰门环

人体装饰门环

将裸体人像作为建筑上的装饰物，也是文艺复兴时期装饰的一大特色。这种门环（Knocker）通常由金属制成，并设有活动的折叶可供敲打门板。图示门环来自 16 世纪博洛尼亚宫殿（Palazzo, Bologna 16th cent.）上。

博斯装饰

博斯装饰

文艺复兴时期肋架或横梁交叉处的石雕装饰（Boss）虽然装饰元素更多，但具有非常清晰的条理性，且大多遵循对称和平衡的构图原则。真实的植物形象被进行新的组合和艺术加工，不管形成的新式图案是怪异还是更加自然生动，也都有着无形的限制，其风格既活泼又充满理性，下图为二例文艺复兴风格博斯装饰图案。

爱神丘比特裸像

爱神丘比特裸像

门楣、窗间壁和室内都以植物和各种裸体的人像为主要装饰图案，这在文艺复兴时期建筑中非常多见。裸体的天使形象也是西方古典建筑中最普遍使用的一种装饰图案，在14~16世纪的建筑中尤其多见。

文艺复兴壁炉装饰

文艺复兴壁炉装饰

文艺复兴壁炉上方及两侧的装饰（Mantelpiece）往往与建筑风格相协调，壁炉上的装饰图案中部女像为轴对称设置，但又不是绝对的对称，而是通过人物、动作、图案的不同而有所变化，是一种灵活的对称式构图。图示壁炉来自图卢兹的奥泰尔德克莱尔（Hotel de Clare, Toulouse）。

297

带有人像的壁柱柱头

带有人像的壁柱柱头

纸莎草、莨苕叶，这些古老的装饰图案重新被启用，但其形象已经发生了变化，并与人像、卷曲的蛇纹组合在一起，形成以涡旋为主要形态的柱头装饰。柱头中出现的葡萄纹也在此后的巴洛克式建筑中被广为使用。

防御工事体系俯瞰图

防御工事体系

这是在城堡工事的外墙上设置的凸出墙面的外角堡，外角堡通常为图示 a 部分的 V 字形或半圆形，因此又被称为 V 形棱堡（Ravelin）或半月形堡（Demilune）。棱堡都有厚厚的墙体，并在墙面上开有射击眼，而凸出墙面的设置则能避免产生射击死角，加强了城堡的防御工事体系（Fortification system）的防御能力。

图 1

图 2

图 3

房子的外角处理

房子的外角处理

外角是一种墙角处的保护结构，可以在砌好的砖石墙外再另贴石板装饰，也可以利用墙体砖石本身砌筑方法上的差异来美化。以下是三例墙体外角的美化砌筑形式，图 1 的墙面采用长短砖交错的形式砌筑，但左右墙面的长短砖互相搭配；图 2 也采用长短砖交错的形式砌筑墙体，但左右墙面的长短砖是对应设置；图 3 的墙面都采用长条砖砌筑，是一种比较规整的外角装饰。

粗毛石墙面

粗毛石墙面

粗面石墙面（Rusticated stone）是由正面有粗糙纹理的石块或砖块垒砌而成，砖石块接口处四面成斜角，而砖石面为平面。另外，还有砖石面为钻石形尖角的形式，也有的粗毛石墙面是选用经打磨后的光滑砖石面砌筑而成。

法国文艺复兴建筑

法国对意大利的文艺复兴风格接受得非常迅速，而大量的意大利建筑师和相关书籍的传播，更让法国的文艺复兴建筑之路走得异常顺利。法国在这一时期已经建立起统一的王权国家，因此文艺复兴风格的建筑也以各种王室城堡和贵族官僚府邸建筑为主，如著名的枫丹白露宫（Fontainebleau）就兴建于这一时期。又由于法国是哥特式建筑的发源地，哥特式的影响还未消除，所以法国的文艺复兴风格建筑是同哥特式相混合后产生的新式建筑。

为了追求优美的环境，法国的城堡和贵族建筑多集中在诺亚尔（Loire）河流域和巴黎附近的乡村地区，较著名的城堡有罗瓦尔河畔的香博（Château de Chambord）、雪侬瑟堡（Château de Chenonceau）等。以香博堡为例，这座城堡总体平面是矩形，四角各设凸出的小角楼，建筑内采用科林斯柱式，连同最著名的大螺旋形楼梯等都体现出了文艺复兴时期的建筑特点，而复杂高耸的屋顶却带有明显的哥特式风格。

法国文艺复兴建筑立面

法国文艺复兴建筑立面

将裸体的人像设置在建筑立面上的装饰方法来自意大利建筑与雕塑大师米开朗基罗，而建筑底部则是法国式的爱奥尼亚柱式。法式的爱奥尼亚柱采用镶嵌或外加的大理石条，来掩盖分段柱身的接口处，并对这些石条进行统一的装饰，就形成了具有法国特点的文艺复兴建筑立面。

带状装饰

早期法国雕刻艺术家们最在行的就是各种叶形装饰，而涡旋、扭曲的叶饰更是最为多见的装饰图案。后来，单纯的叶形饰则与喷泉、怪异的动物、人物以及各种标志物、圆形饰相混合起来，形成了建筑大杂烩式的热闹立面。图示带状装饰来自 16 世纪中叶巴黎罗浮宫（Frieze in Louvre, Paris mid-16th cent.）。

带状装饰

法国城堡上的老虎窗

法国城堡上的老虎窗

文艺复兴时期，除了各式的教堂建筑以外，人们也在世俗建筑上投入了更多的精力。老虎窗是法国世俗性建筑中所不可少的构成部分，也成为建筑立面重要的装饰。老虎窗的顶部通常都被做成两边为弧线的梯形，并设置小尖塔，还会在窗户两边设置装饰性的壁柱。

对柱装饰门

由成对的柱子或壁柱装饰建筑立面，在文艺复兴风格和巴洛克风格建筑中都能见到。在文艺复兴后期，由米开朗基罗和帕拉第奥设计的建筑中，都能见到这种对柱的形式，尤其是米开朗基罗为代表的手法主义建筑师们，更是在建筑中广泛应用这种双柱式（Accouplement）。

对柱装饰门

带有基座的雕像

带有基座的雕像

基座与上部的人物雕像相组合，就形成完整的标志性雕像形式，这种将人物的雕刻肖像置于高基座之上的做法曾经在各国风靡一时。图示为法国凡尔赛花园胸像台（Terminal figure, Garden of Versailles）。

胸像基座

为各种雕像，尤其是人物的半身雕像所准备的底部承托物被称为胸像台（Terminal Pedestal）。胸像台一般由底座与上部一个倒椎形所组成，上面还要进行雕刻装饰或镌写铭文。

胸像基座

伊丽莎白风向标

风向标（Vane）的两片扇叶是用铁片敲打形成图案，圆形周围的花边暗含着伊丽莎白（Elizabethan）缩写的第一个大写字母"E"，还被做成类似于皇冠的样式，是一种标志性的风向标。

伊丽莎白风向标

风向标

风向标

风向标是一种固定在建筑顶部用来指示风向的装置，风向标多用金属板固定在灵活的转轴上而制成，金属板上可以装饰图案，也可以制作成各种形状，最常用的风向标是一种公鸡的造型。图示为法国16世纪风向标（France 16th cent.）。

法国文艺复兴时期住宅

法国的文艺复兴风格带有很强的本土特色和时代特色，屋顶上的老虎窗就是这特色的代表。图示为法国路易十四时期的建筑风格（Louis XIV style），此时期的建筑也使用连拱廊与简单的窗形，但出现了许多怪异的头像装饰，这是此时期装饰图案的显著特点。建筑外部主要采用古典样式，并通过山花、凸出的墙面等处理明确了建筑的主次关系，建筑立面上出现了更多的装饰性纹样，这与建筑内部奢华而繁复的装饰风格相对应，也起到了过渡作用。图示为凡尔赛宫某庭院建筑立面（Versailles: Court of the Great Stable）。

法国文艺复兴时期住宅

石雕棺材

石雕棺材

图示石棺（Tomb chest）严格遵循了古典的装饰法则，不仅整个石棺立面分为基座、雕刻带与顶部三大部分，而且各部分的装饰也按照由简到繁的顺序进行。石棺上的天使图案是常用的文艺复兴风格，而上层连续的涡旋形装饰则是在莨苕叶饰的基础上加以改造形成的。图示石棺来自法国托尔查莱七世子嗣的坟墓（The sons of Charles VII , Tours, France）。

《建筑五书》上描述的文艺复兴时期壁炉

壁炉上方带弧形边的倒梯形，是法国建筑屋顶的老虎窗最常采用的样式，而底部的莨苕叶饰则带有浓郁的古罗马气息。底部棱角分明的基座与顶部古朴的石块纹，则与中部的精细雕刻形成对比。

《建筑五书》上描述的文艺复兴时期壁炉

罗亚尔河畔的城堡

罗亚尔河（Loire River）流域是法国文艺复兴运动的摇篮，并以河两岸各式各样的古堡而闻名于世。法国的文艺复兴主要来自意大利，由于法国王室对这种新风格的喜爱，使得大批意大利的建筑师和艺术家投入到罗亚尔河城堡的建设中。但法国的文艺复兴风格建筑也有其本土特色，即加入了一些哥特式建筑风格的特点。

罗亚尔河沿岸的许多城堡，都是法国早期文艺复兴早期就开始兴建，但其整个建设工作持续了相当长的时间，也就使这些城堡建筑在文艺复兴和哥特式混合的建筑风格之外，又兼有巴洛克、洛可可和新古典主义等多种风格。罗亚尔河畔著名的古堡有雪侬瑟堡、安珀兹堡、布洛瓦堡以及著名的香博堡等。

罗亚尔河畔的城堡

雪侬瑟堡

雪侬瑟堡

雪侬瑟堡（Cheteau de Chenonceau）位于法国罗亚尔河沿岸，是一座既有法国特色又集中了多种风格的城堡建筑。雪侬瑟堡主要由一座主塔、与主塔连接的城堡和一条长长的跨河长廊组成，其中包含了哥特式、文艺复兴以及巴洛克等多种建筑风格，还带有一些威尼斯地区的建筑特色。这座城堡也是法国王室所钟爱的堡垒之一，在跨河的长廊上就曾经举行过多次意义重大的活动。

雪侬瑟堡的跨河长廊被建为一个长方形的大厅，地面也铺设文艺复兴时期流行的深浅格子地板，而供给大厅食物的厨房则被巧妙地设置在地下，供给的船只则可以直接驶入桥洞中，直接搬入厨房储藏室。无论从内部设置还是外观上来看，雪侬瑟堡都是罗亚尔河流域城堡中最完整的文艺复兴建筑。

简单的幌菊叶形饰

华丽的幌菊叶形饰

幌菊叶形饰

幌菊叶形饰（Water leaf）是源自古希腊和古罗马时期的装饰纹样，由一种类似于荷叶或常春藤的植物形态而来。幌菊叶形饰在各个不同的建筑时期都有所运用，不仅各个不同时期幌菊叶图案的样式差别较大，就是在同一时期也因雕刻手法、表现形式的不同而有所差异。图示两例幌菊叶形饰为简单的幌菊叶饰与装饰华丽的幌菊叶饰。

西班牙文艺复兴建筑

西班牙地区对文艺复兴建筑的接受从 15 世纪末开始，此时西班牙也成为统一而强大的国家。由于王室对宗教的热衷，古典的建筑简约、朴素的风格虽然与原有的建筑风格存在着巨大的差异，但仍被应用于修道院甚至王宫等建筑类型当中。西班牙这时期的代表性作品是一座综合的建筑——爱斯科里尔宫（The Escorial）。这座庞大的建筑群包括了大学、修道院、皇家陵墓等诸多功能的建筑。建筑外观极其简洁，在严谨而理性的建筑思想指导下完成的整座宫殿，其肃穆的基调给人以监狱般的窒息之感。

埃斯科里尔宫

埃斯科里尔宫是西班牙文艺复兴风格的代表性建筑作品。埃斯科里尔宫是一个平面长方形的巨大综合性宫殿建筑，包括 17 座对称的内部庭院，其中分别设立学校、礼拜堂、坟墓和修道院。埃斯科里尔宫高高的基座开设拱券，建筑外围立面是成排的小窗，整个建筑看上去如同封闭的监狱，这也是当时皇帝信奉极度禁欲的宗教情结在建筑上的反映。

埃斯科里尔宫内部总体建筑面阔 206 米、进深 161 米，以十字形平面的圣罗伦萨教堂和教堂前的大庭院为轴，分为两大部分。这座大教堂四角有塔楼相衬，中心树立着 90 多米高的大穹顶，地下室则为安葬国王及其他王室成员的陵墓。

埃斯科里尔宫

英国文艺复兴建筑

英国因为本身不与欧洲大陆相连，与意大利相隔较远，所以其文艺复兴运动的进程也要慢一些。到16世纪中期，文艺复兴风格与哥特式风格并重的过渡性风格才逐渐确立起来，但文艺复兴建筑也只是作为一种装饰风格存在，并没有多大的影响。推动英国文艺复兴建筑发展的重要人物是一位名叫伊尼革·琼斯（Inigo Jones）的建筑师，他亲身到意大利考察文艺复兴建筑的情况，其中帕拉第奥关于建筑的著作对他影响颇深。他将英国建筑样式与古典建筑主题相结合，强调建筑实用性和各部分的比例关系，真正将文艺复兴作为一种建筑风格应用于建筑当中，对后来文艺复兴建筑在英国的推广起着重要的作用。

英国文艺复兴风格的建筑在不同的时期有着不同的发展，通常都以统治者的名字为这一时期的建筑风格命名，与许多国家一样，英国的文艺复兴建筑也大多集中在官僚和贵族的府邸建筑上，同时为公众提供服务的广场、市政厅、市场等新型建筑也成为建设的重点。

玫瑰线脚

玫瑰线脚

玫瑰线脚在英国诺曼式发展的后期颇为流行，这种影响一直持续到文艺复兴时期。玫瑰作为一种蕴含丰富宗教意义的图案也有多种变体，大多数玫瑰图案都采用层叠的五片花瓣式，但玫瑰花周围的叶饰则不一定采用真实的玫瑰花叶样式，而是根据具体的需要搭配忍冬草、莨苕叶或其他抽象的叶饰。

网状线脚

网状线脚

这种网状线脚（Reticulated molding）多是用来作为曲面墙的过渡性装饰使用。网状线脚可以由圆形、方形等穿插组合而成，形成网眼或类似于网状的图案。图示网状线脚来自英国威尔特郡老萨勒姆教堂墙面（Wall in Old Sarum, Wiltshire）。

伦敦圣保罗大教堂

伦敦圣保罗大教堂

这座具有哥特、文艺复兴以及巴洛克三种风格的建筑，由英国建筑大师雷恩设计并主持建造。教堂的穹顶结构与立面柱式的设置方式沿袭了文艺复兴时期的一些特点，但为了使立面取得视觉上的平衡而修建的尖塔则带有哥特式的遗风。尖塔上不规则的外廊上出现的弧线形和曲面则明显受波洛米尼的影响。

狮子雕刻标志

狮子雕刻标志

面对面的装饰图案（Affronted）可以是人物、动物或各种花饰，也是一种比较固定的装饰设置模式。这种面对面模式的装饰图案大多设置在山墙或门顶装饰中。

文艺复兴运动的分裂与发展

从 16 世纪后期起，意大利的文艺复兴建筑风格发生了分裂，一部分仍旧坚持遵循古典建筑样式的理性主义者，朝着古典主义的方向迈进；而另一些反理性的人追求艺术上的非理性方面，再加上社会财富的积累，这些人转向了以不讲求对称和打破传统的建筑模式，寻找新式建筑风格的道路上来，逐渐创造出了巴洛克（Baroque）建筑。从此以后，意大利建筑也有一段时间处在文艺复兴与巴洛克两种风格的过渡阶段，再加上大型建筑的施工期都较长，也使得在有些建筑中同时出现了多种风格。在欧洲大陆上，各地的建筑也都开始了严谨的古典主义与活泼的巴洛克风格并存的发展时期。并且由于各地受文艺复兴风格影响时间上的差异性，也形成了在同一时期几个国家同时流行文艺复兴、巴洛克、哥特等多种建筑风格的局面。

教堂立面装饰

教堂立面装饰

在这个装饰图案中包含了动物、植物和人物形象，以涡旋状的植物相互连接，并在中心留有圆形的空白区域。圆形与周围的珍珠形装饰带又与大大小小的涡旋相对应。图示装饰图案来自 16 世纪意大利布雷夏的圣玛利亚马克里教堂（Sta. Maria de Miracoli, Brescia c.1350）。

装饰带的片断

装饰带的片断

位于大门、窗间壁和室内的竖向装饰带多是成对出现，文艺复兴时期装饰的变化在这种装饰带中的表现最为明显。早期的构图不仅对称，而且有简有繁。而到了后期，则出现了过分堆砌装饰图案的现象，甚至在坟墓建筑中，这种竖向装饰带也布满了同建筑物中一样的裸体人像和各种动、植物花边，导致装饰风格与建筑本身的功能以及建筑基调不符。图示装饰带来自 16 世纪意大利维罗纳市佩莱格里尼小礼拜堂（Fragment from the Pelegrini Chapel, Verona）。

三叶草线脚

三叶草线脚

三叶草叶饰在哥特式建筑中被普遍使用，其本身的样式也在不断发生着变化。早期的三叶草饰由三个相交的圆形组成，图案比较饱满，哥特式后期的三叶草图案则逐渐向着尖细发展。此时期再度被使用的三叶草线脚（Trcfoil molding）则横向发展，而且花饰的形状也更加自由。

开放式楼梯

开放式楼梯

同以往的楼梯不同的是，这种开放式楼梯（Open stair）从一侧或两侧都可以看到台阶。文艺复兴时期，随着建筑技术的提高，各种复杂和高技巧性的楼梯也相继诞生，而贯层的大型楼梯形式更是在一些比较大的厅堂中被广泛使用，这是建筑技术与建筑艺术双重进步的表现。

铁艺装饰

铁艺装饰

各种铁艺制品的广泛应用也是文艺复兴时期建筑的一大特色，这些由铁铸成或由铁片敲打而成的图案相比于雕刻图案更具立体感和通透感。铁艺制品多作为阳台、大门等处的栏杆和楼梯的扶手使用。

花饰陶板装饰

花饰陶板装饰

这是一种文艺复兴时期在意大利生产的上彩釉陶制瓷砖装饰（Majolica），这种陶瓷砖通常被镶贴在墙面或地面上，而砖面上的曲线与裸体的天使形象也是文艺复兴时期最常见的装饰图案。

圣水池

圣水池

圣水池是教堂中不可缺少的设置，图示圣水池虽然雕刻华丽的装饰，但仍旧带有明显的文艺复兴风格特点。圣水池本身从下到上有一条暗含的中心线，所有图案都以中心线为轴对称设置，而且上下层通过相同的装饰图案取得风格的统一。图示大理石圣水池（Marble stoup）来自 16 世纪初期意大利奥维耶托主教堂（Orvieto Cathedral, Italy）。

窗楣装饰

窗楣装饰

简单线脚装饰的窗楣与顶部复杂的装饰形成对比，大门两侧设置下垂的涡旋饰是源自古希腊时期的传统，而断裂的山花装饰则是巴洛克风格出现的前兆。

文艺复兴晚期大门

文艺复兴晚期大门

这座大门虽然布满细碎的雕刻装饰图案，但仍散发出强烈的古典建筑意味。大门两边的装饰性壁柱与纤巧的檐部如同神庙的一个开间。但科林斯柱的柱头雕刻与布满雕刻的门楣却打破了古典的装饰法则，贝壳、花环以及天使图案也表明，这是文艺复兴向巴洛克过渡时期的装饰风格。图示为意大利佛罗伦萨圣灵教堂入口大门。

钉头装饰

钉头装饰

钉头（Nailhead）是建筑中一种比较常见的装饰，众多的钉头可以组成变化复杂的图案。有些钉头装饰中还把钉头的面积扩大，以增加其表现力，还有一种用镏金钉头组成的图案，其装饰非常华丽。

色彩装饰法

色彩装饰法

这是一种广泛用于各个建筑结构部分的装饰方法，被称之为色彩装饰法（Polychromy），以颜色艳丽为其主要特点，文艺复兴时期的室内空间中尤其普遍使用。图示色彩装饰法图案来自瑞典（Sweden）。

圆形门头装饰

圆形门头装饰

图示这种半圆形的装饰（Round pediment）通常被用来做门或窗上部的装饰，可以是三角形或半圆形加中心装饰图案。这种圆山头饰的形式在稍后的巴洛克风格中被广泛运用并进行精细雕琢。

装饰风格柱顶端

装饰风格柱顶端

传统的柱式在新时期被赋予新的形象，这是一种反向圆线脚装饰的柱顶端头，并列的圆圈线脚使端头看上去更厚重，柱顶端圆形的平面同柱身相一致。

镶嵌细工

镶嵌细工

镶嵌细工（Marquetry）是一种用材料碎片拼合组成的图案，与马赛克非常相似，但其所用材料更为广泛，可以是廉价的木材，也可以是昂贵的象牙。这种镶嵌细工的图案多作为公共建筑中的背景装饰，设置在墙面、屋顶等处。

烟囱装饰

烟囱装饰

文艺复兴时期对植物的螺旋图案雕刻手法形成了一定的规则，即从涡旋开始处雕刻最深，而越向外雕刻越浅，直到涡旋结尾处的雕刻最浅，这种雕刻手法使图案更具变化性。但此时也出现了不分所处位置和建筑功能都遍饰雕刻的倾向，各种人像、动物、植物的图案随处可见，也预示着繁缛的巴洛克风格的到来。

梁托装饰

梁托装饰

早期文艺复兴建筑中出现了古老建筑样式的复兴，图示的梁托就是仿照古典柱头的样式。莨苕叶以单片的形式出现与爱奥尼克式的涡旋相搭配，但此处的涡旋更加秀丽。贝壳形装饰从此时起逐渐流行，成为以后巴洛克风格中的主要装饰图案。

钉头装饰线脚

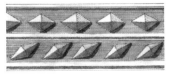

钉头装饰线脚

这是一种状如钉头的装饰性线脚（Nailhead molding），由一个个四面体的菱形组成。由于菱形块是立体的四面形式，因此可以根据花边所处位置处理菱形块的方向，以及各面的大小与明暗关系，以使其产生丰富的变化。

第八章 巴洛克与洛可可建筑

巴洛克风格的起源

巴洛克式建筑（Barque）在 17 世纪时起源于罗马，在经历了文艺复兴建筑那充满理性的严谨风格以后，在社会财富积累到了相当雄厚的基础之上，活泼、新颖而不拘一格的巴洛克式建筑诞生了。这种新风格天生就是反叛者，它建立在对古典建筑主题的改变和破坏基础上，用大量的曲线代替了直线，用不完整的构图代替了完整构图，相比于古典建筑整齐的面貌来说，巴洛克式建筑的面貌是自由多变的，每一座建筑都宣扬着属于自己的独特个性。

此时的教堂建筑，不再像文艺复兴式那样理性十足，而是丰富且亲切的。除了种种繁复的装饰因素以外，巴洛克式建筑还解决了一系列复杂的结构问题，而且对透视原理的应用也更加普遍和得心应手，可以说是对以往建筑风格、技术和结构上的一次总结。技术上的进步和风格上的兼收并蓄，使这种新式的风格一经出现就受到人们的喜爱，并开始在整个欧洲大陆流行开来。但发展到后期却过于追求繁复，出现了一味追求堆砌装饰物的建筑。

巴洛克粗毛石墙

巴洛克粗毛石墙

粗毛石墙（Rustic work）装饰的建筑外观给人以简洁肃穆之感。16 世纪末期，威尼斯地区的建筑底层大多作为商店出租，因此建筑底部十分开敞。图示建筑为早期巴洛克式建筑，因此立面中门窗的设置还沿袭着对称而均衡的构图法则，但夸张的涡旋托架与底部断裂的山花却已经显示出巴洛克建筑不拘一格的装饰特色。图示为 16 世纪末期威尼斯宫殿（Facade of a palazzo in Venice end of 16th cent.）外观。

313

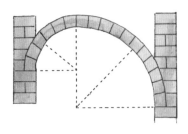

跛形拱结构

跛形拱结构

这是一种两边拱基处于不同水平高度的拱形，高低脚的拱形由取自不同半径的两个圆形中取得的弧线组成。这种不规则的拱券结构大多作为楼梯的支撑结构。从文艺复兴时起，对建筑中楼梯的建设就日益受到人们的重视。建筑内部通层而开敞的大楼梯经常被设置在大厅中，而且与装饰奢华的内部一样，也被装饰得异常精美。这种在大厅中设置楼梯的做法在当时颇为流行，当时楼梯就多使用这种双圆心的跛形拱支撑。

巴洛克螺旋形柱

螺旋状的柱式（Twisted Column）是巴洛克时期柱式上发生的变化，尤其以伯尼尼设计的圣彼得教堂支撑华盖的四根螺旋形柱为代表，柱身的螺旋也有多种形式。螺旋形柱的出现，从内在比例和外在形象上打破了古典柱式的束缚，增强了柱式的表现力，也同巴洛克自由而活泼的装饰风格相契合。

马洛克螺旋形柱

手法主义与巴洛克风格的关系

文艺复兴时期，以维诺拉和米开朗基罗为代表的一些建筑师的作品被称为手法主义（Mannerism），而手法主义建筑中所体现出的怪异的建筑形象、不同于以往建筑中各组成部分的比例关系、新的组成元素等，都被认为是巴洛克风格建筑的开端。断裂的山花、曲线、椭圆形的建筑空间、繁复的装饰、明快的色调、绘画和雕塑同建筑的大胆结合等，都是巴洛克式建筑的特色，不管是教堂还是世俗建筑，都以一种前所未有的自由奔放的面貌呈现在人们面前。

中断式三角楣饰

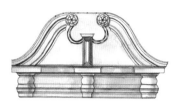

中断式三角楣饰

古希腊建筑中的人字形山墙在此后建筑中多被作为门或窗上部的装饰，在文艺复兴后期到巴洛克和洛可可风格流行时期，这种中间断裂的山墙面形式被广泛应用。山墙面也由直线形轮廓转变为曲线形轮廓，并加入了各种雕塑、花饰和标志等装饰物。

普若文夏拉府邸

设计这座府邸的建筑师阿曼纳蒂（Ammanati)同米开朗基罗一样，也是一位雕刻家，在他设计的这座手法主义风格的建筑中，突出特点是各组成部分紧凑的布局，而且整个立面凹凸有致，形成了很好的观赏效果。在立面的入口处，拱门上还设置了两个单独的爱奥尼亚式柱头装饰，这种装饰手法最早来自于米开朗基罗。

普若文夏拉府邸

卡普拉罗拉法尔内别墅

这是由维诺拉设计主体的法尔内别墅建筑（Castello Farnese)，四角如堡垒一般的建筑由另一位建筑师设计。这座建筑立面是明显的文艺复兴风格，但其中也加入了一些手法主义风格的元素。建筑立面被分为三大层次，楼梯层与建筑的底层统一使用粗面石墙体，因此获得了相当高的统一性，而中层则设置成连续的拱券形式，并设方形壁柱相间隔，最上一层由高低窗组合的形式构成。

法尔内别墅顶层檐部使用了多立克与科林斯混合式上楣，这是他创造出的檐部新形式。此后，这种檐部形式也被许多建筑师所使用，成为维诺拉风格檐部。图示别墅坐落于卡普拉罗拉地区（Caprarola)，1559至1564年建成。

卡普拉罗拉法尔内别墅

中断式三角楣

中断式三角楣

这种中间顶部或底座上开口的中断式三角楣形式，早在古罗马时期就已经出现过，但在巴洛克时期被普遍地使用，成为一种巴洛克风格的特色装饰形式。三角楣断裂的部分可以设置各种标志物、人像或涡旋形饰等装饰，其中贝壳饰和椭圆形的标志物最为常见。

意大利的巴洛克建筑及建筑师

作为巴洛克风格的发源国，意大利早在文艺复兴时期就出现了向巴洛克风格过渡的趋向，以米开朗基罗为代表的许多建筑师都突破了传统柱式的束缚，以新颖的表现方式诠释着他们对于建筑的理解。这种新颖面貌的建筑在当时称为手法主义，是文艺复兴向巴洛克的过渡风格。文艺复兴后期建筑师维诺拉设计的罗马耶稣会教堂（The Gesu），以其丰富的组成元素和复杂的组合，被认为是第一座巴洛克风格的建筑。这座教堂的立面有两层，每层都由四对方壁柱和入口处的圆柱式组成，顶层边角上设有涡旋形支架装饰，立面上还有三角和半圆形的山花组合和特设的壁龛装饰。至此，巴洛克式建筑中的巨柱式、断裂或组合形的山花、带卷边的镶板、凹凸的墙面等代表性的母题全部出现了。

各地都兴建起大量的巴洛克风格建筑，同时出现了两位优秀的巴洛克风格建筑大师——伯尼尼（Gian Lorenzo Bernini）和波洛米尼（Francesco Borromini）。这两位建筑大师设计了许多知名的巴洛克风格建筑，他们对各种建筑元素突破传统的演绎，也构成了意大利巴洛克式建筑的主要面貌和风格特点。

米兰马里诺府邸

米兰马里诺府邸

由加莱亚佐·阿莱西（Galeazzo Alessi）设计的手法主义风格建筑马里诺府邸（Palazzo Marino）中，最引人注目的就是建筑立面上满布的装饰性雕刻图案。建筑采用了拱廊的形式，并在底部使用了优雅的爱奥尼亚柱式，底部的拱廊主要由凸出的狮头及一种处理成嵌板样式的雕刻装饰。建筑上层的拱廊不仅使用了如胸像基座一样上大下小的壁柱，而且由各种花饰、动物和人像雕刻装饰，拱廊间壁上甚至还开设了壁龛，并设置独立的人物雕像。这种对于装饰图案的堆砌，和对柱式的灵活运用既是手法主义的特点，也是巴洛克风格的特点。

罗马圣维桑和圣阿纳斯塔斯教堂

隆吉（Martino Longhi）于 1646 年设计的这座圣维桑和圣阿纳斯塔教堂（SS. Vincenzo ed Anastasio），更明确地将巴洛克不拘一格的装饰元素一一展现。整个教堂立面主要由柱式与山花装饰，并且十分对称，两边的涡旋形饰也变得更加细小。教堂的山花设置表明了张扬的巴洛克式风格，连续三柱式的设置上下对应，但上部每对柱子之间也相应设置了变化山花，形成层叠的山花装饰，中部打破山花界限的巨大雕刻图案，也是巴洛克式教堂立面中最抢眼的设计。

罗马圣维桑和圣阿纳斯塔斯教堂

罗马圣苏珊娜教堂

圣苏珊娜教堂继耶稣会教堂之后修建，是早期巴洛克风格的建筑。卡罗·玛丹纳（Carlo Maderna）设计的这座教堂样式虽然承袭自耶稣会教堂，但却做了相当大的调整。更富有立体感的立柱被强调出来，成为立面上主要的装饰元素，山花和壁龛也更加紧凑，突出教堂入口的同时，也更好地显现出建筑本身高大的体量。上层的涡旋立体感被削弱，而且采用浅浮雕，并拉伸其高度，通过上下涡旋大小的变化，增强了教堂的纵向高度感。

罗马圣苏珊娜教堂

罗马耶稣会教堂

这座教堂由文艺复兴后期的建筑师维诺拉设计，并被认为是第一座巴洛克风格建筑的代表之作。耶稣会教堂打破了文艺复兴以来理性的尺度和均衡的构图，整个教堂立面呈下小上大的不规则 形式，而且全部由华丽的科林斯方形壁柱装饰，还出现了若隐 若现的不完整倚柱形式，并设置层叠的山花和虚实相生 的开窗与壁龛。教堂最超出常规的是上层左右对 称设置的巨型涡旋形支架，这座有着独特 面貌的教堂一出现，随即成为人们争 相效仿的对象，许多与之相似的 小教堂相继落成。在这些小教堂 中，对建筑立面的修饰变得 更为大胆和突出了。

罗马耶稣会教堂

巴黎格雷斯教堂

位于法国巴黎的格雷斯教堂（Val de Grace）由芒萨尔主持兴建工作。这座教堂显然也是受耶稣会教堂立面的影响，立面中包含了令人熟悉的方壁柱、更多的涡旋支架和窗口与壁龛的结合。但是，这座教堂立面却更具有条理性，圆柱到方柱的过渡不仅体现在线条的变化上，还体现在独立柱式到壁柱式的渐变上，而中部三角形的山花形成统领全局的效果，再搭配弧形山花和拱券装饰。

巴黎格雷斯教堂

伯尼尼及其建筑作品

伯尼尼的建筑作品，就在文艺复兴时期最有代表性的梵蒂冈圣彼得教堂（San Pietro）中，他为这座文艺复兴风格大教堂的建设做了巴洛克风格的内部装饰和外部广场设计。富丽堂皇而又精美绝伦的巴洛克风格装饰，尤其是主穹顶下的祭坛部分，与雄伟高大的教堂外部形态完美契合；而在教堂外部，环形的柱廊广场以其独特的造型而富有深邃的含义，让雄伟的大教堂不失亲切之感。此外，伯尼尼还亲自为环形广场设计了喷泉和铺地，使整个教堂的形象更加统一和完整。

伯尼尼在设计建筑的同时还是一位雕塑家和歌剧作者，同时也为舞台做背景，所以他的一些建筑作品仿佛带有很强的戏剧情节，能营造出犹如舞台效果般的氛围。他善于利用建筑各组成部分间体量和形态的变化，来达到出奇不意的效果，因而其建筑作品更显得变化丰富，充满了灵动的美感。但同时，因为伯尼尼沉醉于自己创造的这种充满变化和注重搭配的建筑风格之中，也招致一些人的批评，因为他太过自我，有些作品根本不能被人们所理解。

圣彼得大教堂广场

科尔纳罗祭坛

由伯尼尼设计的这座科尔纳罗家族礼拜堂位于罗马，被认为是最能代表巴洛克风格的经典建筑作品之一，而祭坛又是整个礼拜堂中最为成功的设计。祭坛不仅由彩色的大理石装饰墙面并雕刻立柱，最为惊心动魄的设置是祭坛上表情生动的人物，以及伯尼尼设置的舞台般的效果。伯尼尼在雕像的上部开设了一个采光口，并设置了如阳光般发射的金饰，因此雕像就笼罩在一层金色光芒之下。与以往礼拜堂不同的是，伯尼尼还在祭坛两边设置了如同剧院包厢一样的开龛，并将科尔纳罗家族成员的形象都雕刻其中，更烘托了祭坛的舞台效果。

圣彼得大教堂广场

又称圣伯多禄大教堂，由米开朗基罗设计，是位于梵蒂冈的一座天主教宗座圣殿。伯尼尼为其广场设计者，他在教堂原有梯形广场的前面又设计了一个平面为椭圆形的大广场。大广场主要由两边弧形的柱廊组成，柱廊宽达17米，并设置4排多立克式柱支撑。由于立柱密布，当阳光照射在柱廊中时，会产生丰富的光影变化，人们犹如置身于森林当中。此外，在柱廊的檐头上还设置了96尊圣徒和殉道者的雕像。两边的环形柱廊还极具象征意义，犹如一双张开的臂膀，热情迎接着前来朝圣的信徒，同时也将人们的视线引导向主教出现的祭坛处。

科尔纳罗祭坛

圣彼得大教堂内部

圣彼得大教堂内部

圣彼得大教堂（St. Peter's Cathedral, Rome 1506—1629）的内部由巴洛克建筑大师伯尼尼主持修建工作，他集中了当时一些著名的艺术家，将圣彼得大教堂的内部装饰为一座集中了雕塑、绘画及珍贵陈列品的博物馆。大教堂穹顶下方是由伯尼尼亲自设计的铜制华盖，由四根螺旋式的扭曲铜柱支撑，华盖里设置着同样奢华无比的圣彼得宝座，显示了巴洛克时期高超的铸铜技术。

圣彼得大教堂与教皇公寓之间的楼梯

圣彼得大教堂与教皇公寓之间的楼梯

这条圣彼得大教堂与教皇公寓之间的楼梯，由伯尼尼设计完成，并把它塑造成为一座同样具有舞台效果的通道。伯尼尼利用了楼梯本身水平面高度和宽度的变化，随着高度的上升，两侧的柱廊柱身的高度也不断减小，在视觉上拉长了走廊的实际距离。楼梯旁边的开窗被隐藏于柱廊之后，以一种神秘的方式为走廊带来斑驳的光线，并与沉稳的爱奥尼亚柱式一起，渲染出整个走廊凝重而肃穆的宗教气氛。此外，包括走廊入口在内，还都设置了大面积的浮雕装饰，与底部单调的阶梯形成对比。

波洛米尼及其建筑作品

波洛米尼是一位意大利建筑家，他也是从雕塑转向建筑而成为一名建筑师的，他擅长利用夸张的建筑语言来塑造建筑，同时他对建筑内部空间的把握也十分成功。他设计了巴洛克式建筑的代表之作——罗马的圣卡罗教堂（Church of St. Carlo alle Quatro Fontane）。这座希腊十字形的椭圆形小教堂主要在两个等边三角形组成的菱形框中进行设计，不仅内部包含着两个圆形相交组成的椭圆形，建筑顶部是一个圆形的藻井，外部的檐口也是一个椭圆形，而且整个建筑立面也是波浪起伏般的曲面。教堂每层都设有巨柱式、壁龛和雕像，是巴洛克式建筑中最富特色的一座教堂建筑。教堂内部设置了多达 16 根的圆柱，所以虽然内部也充满了弯曲的线，但柱子还是强化了垂直的空间感。教堂顶部是蜂窝状的格子图案，内部以灰色调为主，并没有过多的颜色装饰，但众多的建筑元素和线条无疑是最好的装饰。

波洛米尼曾经跟随伯尼尼等建筑大师学习建筑，他通过对建筑结构本身的组织来营建独特的内部空间，使建筑本身带有一定的情节性，使人们能够感觉到建筑中所蕴含的丰富情感。虽然波洛米尼现在与伯尼尼一起被后人喻为巴洛克的建筑大师，但在当时他所设计的建筑并不能被人们所理解，因此他只有一些小型的建筑作品。

圣卡罗教堂

圣卡罗教堂

由巴洛克建筑师波洛米尼设计的圣卡罗小教堂（Church of St.Carlo alle Quatro Fontane 1634—1682），是意大利乃至整个欧洲地区巴洛克风格的代表性建筑。小教堂由椭圆形的中厅与四个小礼拜室组成，最大的特点就是大量曲线的使用，使教堂立面如同一个如波浪般起伏的曲面。在只有两层高的小教堂中，立面中包含的装饰元素很常见，但整个立面中部略突出，而两边则凹进的曲面形式却非常新颖。底部设置了上下两层壁龛，并设置了雕像装饰，而上层的壁龛则处理成开窗的形式，还有小尺度的窗间柱装饰。顶层檐口中间断开，插入了一个椭圆形的徽章装饰，底部还有两个天使承托。教堂内部中厅平面也是椭圆形，并有细密的柱子和同样起伏的壁龛装饰，穹顶上布满了几何形的格子装饰，而且向上逐渐变小，拉伸了教堂的高度。

巴洛克风格在英国的发展

在英国，由于文艺复兴的建筑运动本身开始得就比较晚，所以巴洛克风格也略迟于其他国家。英国的巴洛克式建筑多是与古典建筑立面相结合的产物，最具有代表性的是伦敦的圣保罗大教堂（St. Paul）。大教堂的设计者雷恩（Sir Christopher Wren）曾经在法国受伯尼尼的影响很深，在大教堂的设计过程中加入了许多巴洛克式样，但没有被保守的人们所采用，所以大教堂整体仍采用了古典形式，但通过成对的科林斯柱式、钟楼上弯曲的线条和顶部侧面的涡卷来看，已经具有相当浓郁的巴洛克风格。

在雷恩设计的其他一些建筑中，这种巴洛克风格的表现更加大胆和明显。受雷恩和欧洲其他国家的影响，其后的许多建筑师也开始尝试在其作品中加入一些活泼的巴洛克元素，不仅是教堂，英国的许多世俗建筑在外观形态和整体风格上也开始突破传统的风格，各部分严谨的比例关系被打破。但总体来说，英国人对巴洛克风格的态度比较谨慎，所以巴洛克风格在英国的表现更为节制，由于没有大量堆砌的装饰，反倒给人以轻快、愉悦之感。

伦敦圣保罗大教堂剖透视图

英国伦敦圣保罗大教堂是英国国教的总堂，也是英国的一座标志性的教堂建筑，由英国本土建筑师雷恩设计。圣保罗的大穹顶内部直径 30 多米，比起圣彼得大穹顶的结构又有了新的进步。穹顶分为三层，里面两层都用砖砌，而最外面一层使用木构，并覆铅皮，这种材料和结构上的变化也使整个穹顶的重量和侧推力都减轻了。圣保罗大教堂在穹顶上借鉴了坦特式尖塔，更有巴西利卡式的大厅，还显示大教堂四边翼殿都采用相同的穹顶结构，并同的结构和统一的模数关系，由于小穹盖，因此从外表完全看不出其真实的 比哀多的构图，还带有哥特出一些巴洛克风格。大且这些小穹顶都有着相顶最后被两坡屋顶覆穹顶结构。

伦敦圣保罗大教堂剖透视图

门头装饰

门头装饰

这座大门的门头（Overdoor）采用了古典神庙立面的样式，但在两侧加入了涡旋形托架。这种涡旋形托架的设置手法同手法主义风格的耶稣会教堂，以及早期巴洛克式的几座教堂中的此类设置有着紧密的联系。在这座大门的装饰中，柱式的使用不再拘泥于旧的程式，而且使用了成对的小柱形式，柱础与柱头同样雕刻精美的图案装饰。

巴洛克式建筑结构的进步

巴洛克风格建筑不仅在装饰和建筑形象上有所改变，在建筑结构上也有了相当大的进步，尤其在营造复杂而灵活的室内空间方面，建筑结构的进步最为突出。这些结构带给室内的变化突出地表现在一些建筑当中，由瓜里尼（Guarino Guarini）设计的位于都灵的圣尸衣礼拜堂（Chapel of the Holy Shroud）就充分反映了这一点。这座小教堂最大胆的设计是它开敞和结构复杂的穹顶，建筑师在设计了阶梯状的开敞穹顶之后，还通过材质的变化和光线的引入使得穹顶具有更好的装饰效果。

圣尸衣礼拜堂

圣尸衣礼拜堂

由瓜里尼设计的这座圣尸衣礼拜堂，位于意大利的都灵。礼拜堂的穹顶正位于安放着象征耶稣身体的圣尸衣陵墓之上，无论结构还是装饰都异常华丽。穹顶从底部支起六个拱券，然后向上叠加，每层拱都形成一个弓形的窗。随着拱与弓形窗的不断缩小，穹顶就形成了一个六角椎形的塔形结构，错综排列的结构与开窗不仅为室内带来了充足的光照，也把穹顶本身渲染得更加雄伟。

天花板装饰

天花板装饰

巴洛克风格的建筑中，天花板也成为重要的装饰区域，而且此时的天花板开始综合雕塑、绘画两种艺术形式进行装饰，并且与墙面装饰连为一体，形成了绚丽异常的室内装饰效果。用灰泥塑饰或骨架将顶部划分为不同的区域，再在每个区域中进行彩绘装饰的方法非常普遍，而在各个区域交接处也通常设置一些过渡性的装饰图案，如珍宝、天使、果实等。图示为路易十四风格的天花板装饰（Ceiling decoration）。

圣路可教堂

圣路可教堂

这座教堂在建筑结构上沿袭了平衡的古典主义构图法则，而双柱式、上层两边涡旋形托架装饰，则显现出来自手法主义代表建筑耶稣会教堂的强烈影响。但细部的垂花饰，断裂的门楣与各种人物雕塑装饰，则显现出活泼的巴洛克风格特点。这种比较严谨的对称式构图与有节制的装饰风格立面，也是法国路易十五风格的一大特点。图示为 1739 年建造的圣·路可教堂立面（St.Roch 1739）。

双重四坡水屋顶

双重四坡水屋顶

这种屋顶又被称为折线形屋顶（Mansard roof），或复折式屋顶，或双重斜坡屋顶，因为这种屋顶的四边每个面上都有双层斜坡的屋面。底层的斜面较陡峭，且斜面和转角处处理成弧面形式，犹如倒放的船底部，因此也可以被称之为船侧反倾式屋顶，这一层屋顶通常都开设老虎窗或形式灵活的高窗，以利室内取光。也有的则成为建筑顶部的阁楼。上层的屋顶较小，采用直面形式，以利于排除积水。

托架装饰

托架装饰

这是由一整块长方形的石头雕刻而成处于末端的托架（Terminus）装饰，既可以是起承重功能的建筑结构的一部分，也可以是以托架的形式设置的雕刻装饰。从文艺复兴时期起，托架就开始雕刻成裸体的人像形式。巴洛克时期将这种装饰更进了一步，往往将人像与此时期常用的巨大涡旋形结合起来，并雕刻精美的图案，而且这种托架多成对或成组地出现，更增强了总体的表现力。

铁艺大门

铁艺大门

随着钢铁的出现，一种铸造或经敲打而形成的铁制装饰品出现了，由于铁制品优质的柔韧性和坚固性，因此不仅可以较容易地制作出各种复杂的图案，甚至形成了专门的铁制品装饰艺术，可以作为大门、栏杆等护卫性装置，其适用性非常强。图示为18世纪早期，维也纳贝尔韦代雷宫殿中花园的铁艺大门（Belvedere Palace, Vienna 18 cent.）。

巴洛克式壁炉

巴洛克式壁炉

建筑风格的转变往往会影响到装饰及家具。巴洛克时期的壁炉在此时也多由华丽的大理石雕刻而成，并以涡旋和圆形、弧线等柔和的线条为主。此时对于壁炉的装饰，不仅借鉴古老的装饰线脚，还使用具有异域风情的东方装饰图案，而在建筑中广泛使用的半身像式托架结构，在壁炉中也非常多见。

巴洛克式半身人像式壁炉

半身人像的托架形式在巴洛克式建筑中被广为使用，而在这个壁炉中，人像托架则与富有东方风格特点的拱券相互搭配。虽然整个壁炉的装饰很少，但以多种形状的灵活运用为主要特点。具有强烈风格特点的形象被加以组合、对比，正是巴洛克风格的特点之所在。

巴洛克式半身人像式壁炉

法国的巴洛克建筑

法国最典型也是最伟大的巴洛克风格建筑是凡尔赛宫（Palais de Versailles）。虽然法国人对古典样式的建筑外观情有独钟，凡尔赛宫的外观仍是严谨而肃穆的古典风格，但在建筑内部的装饰风格上，法国人对华丽的巴洛克风格却又是极为推崇的，所以在沉稳的建筑内部却藏着最为精致、奢华和张扬的巴洛克式装饰。当时的法国国王路易十四召集了各个国家的画家、雕塑家服务于整个凡尔赛宫的装饰，宫内的黄金、水晶、大理石等贵重材料数不胜数，建筑中的每一个房间、走廊都布满了精美的壁画和雕塑，将巴洛克艺术发挥到了极致。

祭坛上的装饰华盖

华盖是祭坛上最主要的陈设，图示华盖做成了建筑立面的形式，四个面都由夸张柱头支撑的拱券组成，顶部设置断裂的三角形山花装饰。虽然这座祭坛的组成相对简单，除了雕像和简单的花边以外再无其他装饰物，但祭坛本身各部分构成元素都有着突出且夸张的体块，打破了古典建筑中合适的比例与构图的均衡。祭坛顶部的皇冠图形利用直线与曲线的对比、正曲线与反曲的对比加强了这种叛逆的风格。

祭坛上的装饰华盖

凡尔赛宫中的小教堂

凡尔赛宫中的小教堂

这座小教堂由芒萨尔始建，后由他的学生兼助手完成。这座小教堂也设置了繁多的装饰，并使用了比较轻快的色调，一反传统教堂压抑的气势。小教堂最突出的特点是顶部，顶部使用了密布的圆柱取代了连拱廊，因此内部空间更加通透，而两侧墙壁上的浅浮雕装饰也显得很有节制，既恰到好处地起到了点缀和装饰作用，又没有削弱柱廊的主体地位。

巴洛克时期的大门

巴洛克时期的大门

这座大门是多种不同建筑材料互相搭配装饰的范例，两边与门上部通透的铁艺图案有简有繁，其轻巧的造型与沉重的石料和封闭的大门形成对比。圆形的开窗与门上部弧形外廊的装饰相对应，而大门上的装饰图案则与上部阳台的铁制栏杆相对应。整个大门的装饰图案虽然多而细碎，但因为被包含在规整而多样的体块中，因此并不显繁乱，在变化中暗含着统一。图示巴洛克风格大门建于1760年。

路易十五风格

路易十五风格

此时期建筑中的圆形柱式被抛弃，建筑立面总体上保持了朴素的风格特点，主要装饰集于门窗和各种铁制品构件上。此时的建筑底层通常都采用连拱廊的形式，而窗外和阳台上的栏杆、拱顶石和装饰性山墙面，是建筑中主要的装饰部位。此时在建筑外立面设置凸肚窗并搭配铁艺花栏杆的做法非常流行。

布兰希姆府邸

布兰希姆府邸（Blenheim Palace）是由范布勒（Sir John Vanbrugh）与霍克斯摩尔共同设计完成的，由于建筑中包含了多种建筑风格、复杂的结构和不同的处理手法，因此被认为是欧洲最复杂的建筑之一。布兰希姆府邸四周各有一座塔楼，并使用粗石墙面，如同中世纪的堡垒一般。塔楼规定了整个建筑的长方形平面，而塔楼与主体建筑之间起连接作用的柱廊却曲折回环，时而显露出来，时而又没入建筑之中。整个建筑立面呈"凹"字形，中心入口处由巨大的科林斯柱式装饰，与塔楼柱廊低矮的多立克柱式形成对比。

2 塔楼

布兰希姆府邸的四个边角各设有一座塔楼，从空间上给整个府邸界定出了一个十分规整的平面。这些塔楼并没有使用古典的柱式，而是采用粗面石材砌筑而成的，并开设极其简单的拱洞，给人以粗犷、庄重之感。这些塔楼的样式来自英国中世纪的城堡建筑，但从檐部以上却使用了不同材质的高塔与标志物装饰，既与大厅屋顶设置的雕塑相对应，也丰富了整个府邸的建筑形象。

3 门廊柱

大厅之前设置了一座由巨大的科林斯柱子支撑的门廊，旁边柱廊中多立克壁柱的高度恰为这些柱子高度的一半，通过建筑体量和柱子的对比突出了其主体建筑的地位。门廊的科林斯柱子也并不是统一的，只有中间两根采用圆柱的形式，旁边则采用了成对的方柱样式，为门廊增加了变化。

1 柱廊

柱廊连接着主体建筑与四边的各座塔楼，并在塔楼前形成独立的入口。入口处的柱廊由独立的多立克柱子支撑，楼梯处于柱廊之内，在顶部还有许多兵器和小尖塔的装饰。当柱廊经过塔楼之后，成为封闭的走廊形式，但还保留着多立克的壁柱形式，既与入口处的多立克柱子相对应，又在大厅门廊的科林斯柱式与柱廊的多立克柱式之间形成自然的过渡。

4　大厅山花

大厅建筑立面采用了双层山花的形式，由较低的门廊山花与大厅山花组成。门廊后部的升起部分与大厅屋顶形成一个完整的三角形山花，而门廊与大厅山花的尖顶饰也形成对应关系，这种断裂山花的设置虽然是巴洛克建筑的特色，但这座建筑中形成的既断裂又统一的山花形式还是十分新颖的。

5　广场

由柱廊围合的广场形式，自从圣彼得大教堂广场建成之后就成为一种建筑形式，各地都出现了不同形式的柱廊与广场相组合的建筑形象。布兰希姆府邸的这个由伸出的塔楼和柱廊形成广场，有力地烘托出整个建筑的宏大气势。

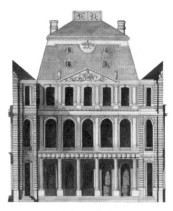

德诺瓦耶旅馆

德诺瓦耶旅馆

虽然建筑内部以繁多而华丽的装饰为主，法国建筑的外部却一直坚持着简约的古典建筑风格。但巴洛克时期的古典建筑立面也在细节处发生了一些变化。建筑出现了不规则的平面结构，而且对古老建筑元素的使用也更加自由，拱券上也出现了一些装饰物。梯形的屋顶形式在法国建筑中极为多见，上面还要开设各式老虎窗。山花的主体地位消失，在这里褪变为建筑顶部的装饰。图示为德诺瓦耶旅馆（Hotel de Noailles）。

路易十六风格装饰

路易十六风格装饰

这是一种晚期洛可可的装饰风格，随着此时期考古工作在古罗马建筑上取得的成就，古典主义的装饰法则与装饰图案，开始冲击过于堆砌华丽装饰元素的洛可可风格。这是路易十六时期的一种称为战利品饰的装饰类型，主要以火炬、箭筒等武器与各种农具和农作物为表现重点。

门廊

门廊

法国路易十五风格前期以洛可可风格为主，但发展到后期也开始逐渐走出了洛可可的繁缛装饰风格，其装饰风格和布局趋于平和。图示路易十五风格的大门，就表现出了这种平和的装饰特点。整个大门上虽然仍旧以细碎的花饰为主，但整体装饰图案两边对称，还已经出现了图案的分区，并注意留白。大门上楣与两边的门框只有层叠的线脚装饰，整个大门繁简搭配，已经向着新的古典主义风格转变。

洛可可风格的出现及特点

巴洛克风格对法国的影响最大，不仅因为它在不同的时期显现出不同的特点，并主要被法国王室用来创造了辉煌的建筑，还因为法国对巴洛克风格进行了扩展，又产生了更加华丽、繁复的洛可可（Rococo）装饰风格。

受凡尔赛宫中最为装饰精美的镜厅长廊（Galerie des Glaces）的影响，巴洛克风格也变得更加精致，从而发展成为洛可可风格。洛可可风格装饰的房间，其平面大多为圆形，且室内大部分墙都是高大的玻璃窗，以增加房间的通透感。室内多用铜或灰泥塑造众多枝蔓纤细的树木、花草等形态，连同贝壳、海浪等图案全都镀以纯金，有的则干脆以纯金制造。这些图案以不对称的构图和涡旋的图案为主，通常与明亮的水晶吊灯和大面积镜子配合，布满整个房间，由于这些图案多以淡蓝、粉、象牙白等柔和的颜色为主，再加上通透的玻璃窗带来的充足光线，使整个室内空间呈现出一种甜腻、灿烂的风格特点。

洛可可风格的门

洛可可风格的门

产生于法国宫廷的洛可可风格，只在一些宫廷、教堂或高级沙龙建筑中得到生存和发展，并主要被用于室内装饰。洛可可装饰以浅色调的蓝、粉、绿等颜色为主，并附以金箔、水晶、大理石等昂贵的材料装饰。洛可可风格以圆形、椭圆形和曲线为主，并以装饰图案的堆砌为主要特点，并且追求建筑内部装饰图案的连贯性，从地面到屋顶，不放过每一个角落。

洛可可装饰

洛可可装饰

洛可可的装饰图案纤细、轻快，多以贝壳、花枝、天使等美丽而纤小的图案作为表现题材。图示的洛可可装饰可以设置在门头或墙面上，还可以设置在一种洛可可的代表性沙龙建筑室内，多由金箔或彩绘的灰泥制成，镶嵌在大面积的镜子上装饰。

凡尔赛宫的维纳斯厅

凡尔赛宫的维纳斯厅

维纳斯厅是典型的路易十四风格，反映了法国巴洛克初期的一些装饰特点。此时宫廷建筑室内的装饰材料主要以大理石、金、青铜和玻璃、油漆为主，既要使室内显得更加宽敞高大，又要层次鲜明，色彩丰富。建筑顶部稍显厚重的檐部与顶部的灰泥相对应，将整个屋顶分为大大小小的画框，再在其中进行彩绘装饰，绘制各种虚拟的人物和建筑。由于此时人们对透视原理认识的加深，使得室内也呈现出高敞的空间感和宏大的气势。室内的主要色调浓重而富丽堂皇，因此稍显凝重，但这种装饰风格很快被洛可可明亮、轻快的风格所打破了。

罗卡尔祭坛

罗卡尔祭坛

法国与路易十五风格流行相一致的建筑风格，被命名为"罗卡尔"（Rocaille），而在法国以外的国家里，则被称为洛可可风格。这种以贝壳、纤细而柔软的枝蔓和镂空雕刻的图案为主，以淡雅、清新、明快又奢华的颜色为主色调的风格，也影响到室内家具和祭坛的样式变化。这座1730年路易十五时期放置物品的祭坛（Altar）采用了缠绕的枝蔓，从底部一直延伸到皇冠形的顶部，而通透、脆弱的顶部结构也正是洛可可风格的突出特点。

凡尔赛宫镜厅

凡尔赛宫镜厅

这座举世闻名的镜厅是一条长75米、宽10米的筒拱顶长廊，并以大面积的镜子与华丽的装饰而闻名。在镜厅长廊外侧的墙壁上，开设有17扇高大的玻璃窗，而与之相对应，在内侧的墙面上也设有17面同样巨大的拱形镜子，高大的开窗与大面积的镜子，将整个长廊映照的极为明亮。镜厅的墙壁都由大理石贴面装饰，并设有金灿灿的装饰和少女烛台。而顶部除了同样金光闪耀的雕塑以外，是再现庆祝胜利场景的绘画，布满整个拱顶。而在拱顶下的半空中，则垂吊着晶莹剔透的水晶灯烛台。早年，路易十四就在这里举行盛大的舞会，无论夜晚白昼，都是一派富丽、欢乐的辉煌盛景。

巴洛克风格的影响

德国、奥地利和西班牙等国家对巴洛克的认知受法国影响，因此巴洛克在这些国家也发展得相当顺利，但也有着地区间的差异。德国和奥地利等国的巴洛克风格也大多集中在室内，简洁的建筑外观与金碧辉煌的室内对比强烈，而且建筑的布局也打破了传统，呈现越来越灵活的布局形式。而在西班牙，巴洛克风格也主要体现在教堂建筑和宫殿建筑中，无论是雕刻还是装饰都变得更加大胆，建筑往往有着异常热闹的外观。

德康姆波斯特拉大教堂

德康姆波斯特拉大教堂

位于西班牙圣地亚哥的这座教堂是一座罗马式建筑，但在17世纪时对其进行了一系列的改造工程，教堂的西立面就是重点被改造的部分。教堂立面由金色的花岗岩建造，并加入了一对哥特式的尖塔。包括尖塔在内的整个立面都被各种重叠的、断裂的、涡旋形的花饰填满，还大量的壁龛和人物雕像，这种过度的装饰将整个教堂立面塑造成一座雕塑的展示台。教堂底部对称的折线形楼梯与粗面石的墙面还带有一些手法主义的痕迹，与满饰雕塑的立面形成一定对比。

西班牙特洛多大教堂

西班牙特洛多大教堂

西班牙的巴洛克风格建筑，在17世纪中叶时逐渐流行起来，由纳西索·托美设计的特洛多大教堂内部，将绘画、雕塑，甚至是舞台效果都集中于建筑之上，创造出了极具震撼性的巴洛克风格装饰。整个装饰部分位于教堂顶部，还根据圣经故事将整个装饰面分为多个不同的层次，并在每个层次上雕塑不同的场景。建筑师还出人意料地在顶部设置了一个圆形的孔洞，并在孔洞周围描绘了天堂的场景。由于包括孔洞在内的装饰中大量使用镀金装饰，整个雕塑被笼罩在一片金色的光芒中，更加强了作品的表现力与宗教性。

帐篷形屋顶楼阁

帐篷形屋顶楼阁

这是一种带有帐篷式屋顶的双层楼阁，但在立面上使用了高拱窗和三角山花的古老形式，带有砌砖缝的立面与古老的建筑样式相结合，使整个楼阁显得简约而优雅。独特的帐篷形顶部与涡旋形托架上的精美铁艺栏杆，又增加了建筑的时代气息。图示为法国巴黎路易十五风格苏比斯旅馆（Pavilion, Hotel Soubise, Paris）。

兰姆舌形楼梯扶手

兰姆舌形楼梯扶手

兰姆舌形（Lamb's-tougue）装饰样式是一种在末端形成朝外或朝下弯曲的曲线形装饰，大都设置在栏杆的尽端，因其向外翻卷的曲线与舌头的形状非常相像而得名。

亚玛连堡阁

这是由邱维利设计的位于慕尼黑宁芬堡宫中的一间大厅，受凡尔赛宫镜厅的影响，各地都兴建起平面为圆形、并且内部镶满大镜子并布满装饰的厅堂来。这座亚玛连堡阁围绕整个房间相间设置巨大的开窗和数面同样巨大的拱窗形镜子。整个房间以淡蓝色为主色调，并有镶金的灰泥做成的各种动物、人物、贝壳等环绕装饰，从底部墙基一直延伸到屋顶，呈现出一派明快、欢乐的气氛。

亚玛连堡阁

门上的雕刻嵌板

门上的雕刻嵌板

路易十四风格的巴洛克风格由意大利传入，因此在装饰图案上也出现了茛苕叶饰，而且装饰的构图还遵从于对称的古典法则。但到了路易十四风格的后期，这些装饰图案则向着轻巧、纤细的风格发展了。图示为门上的装饰图案细节（Details of door panel）。

嵌板装饰

这是法国路易十四风格的门上嵌板（Overdoor Panel）装饰图案，由变形的涡旋形叶饰与串珠饰组成。这种弯曲变化的叶形饰还遵循着对称的构图原则，但大量曲线与反曲线的出现，却已经明显呈现出巴洛克风格的特点。此时建筑中的装饰图案追求怪异的形态和宏大的气势。

嵌板装饰

铁艺栏杆

铁艺栏杆

这是一种装置在窗户外部的栏杆形式，与阳台的栏杆形式非常相像，但出挑很小，是一种保护兼装饰性的铁艺栏杆形式。挑台栏杆（Balconet）受窗框大小的限制，面积不大，但图案却比阳台上的栏杆丰富得多，也是装饰建筑立面的重要元素。

城市住宅入口

这是路易十六风格的代表性入口处的大门形式。法国洛可可流行的后期，建筑与装饰虽然又向着古典风格发展，而且各种装饰图案大大减少，但洛可可风格的影响仍旧存在。图示这个入口大门的装饰元素已经大大减少，但门外部的拱券与方形门框自然形成对比，顶部的圆窗与涡旋饰、大门上近似于圆形的棂格，都形成了一种对应关系。

城市住宅入口

圣体龛三角楣

门窗的装饰性三角楣也可以采用较复杂的形状，中断的三角楣内可以设置此时期代表性的卷边形牌匾和壁龛装饰。同时，极富变化的三角楣外廓本身也通过方、圆线脚的变化增加了表现力，并注重通过繁简的装饰搭配来增加建筑立面的变化。

圣体龛三角楣

阿拉伯式花饰

阿拉伯式花饰

以贝雷因为代表的一些艺术家，对阿拉伯等异国装饰风格的广泛使用，是法国路易十四时期装饰风格的又一特色。图示为阿拉伯风格的装饰图案与贝壳、涡旋、人像等图案的结合，所有图案的线条都纤细而轻盈。这种组合式图案还可以在四角搭配回纹或花饰边框，用于大门、墙上嵌板等处的装饰。

洛可可托座

法国路易十五风格打破了以往的装饰法则，开始向着自由随意的构图方式发展。图示的托座将大量的正反弧线相结合，制造出如同波浪般起伏的装饰效果，而不同卷曲程度的涡旋使用了多种雕刻手法，还采用了不对称的方式设置，充分显示了路易十五时期法国洛可可风格的特点。

洛可可托座

头盔和栎树枝装饰

头盔和栎树枝装饰

法国路易十四时期，出于对伟大帝国的炫耀和对皇帝的歌颂目的，一些极具象征意味的装饰图案大量出现，这其中也包括各种战利品和兵器图案。图示这种头盔的图案被广泛地雕刻于各种材质上，在一些金属材质上的头盔图案为了突出，往往还要镀金装饰。头盔也多与战剑、权杖等相搭配，而栎树叶则是胜利的象征。

火焰边饰

起伏的火焰状边饰也可以创造出波浪纹，与哥特式建筑中出现的火焰纹相比，此时的火焰纹变得更加抽象，而且火焰纹多作为一种边饰，与贝壳、棕叶等其他装饰元素相互组合成为完整的装饰图案。

火焰边饰

路易十三风格的三角楣

路易十三风格的三角楣

法国路易十三风格吸收了枫丹白露派风格，以及包括意大利在内的诸多国家的巴洛克风格，产生了一种硬朗的线脚与繁缛的装饰图案相混合的独特风格。用这种风格装饰的三角门楣和门框只有简单的直线线脚，却搭配了许多人像和各种动植物图案，而底部悬挂对称的爱奥尼亚柱头装饰手法，则来自于手法主义。

贝壳棕叶饰

贝壳棕叶饰

贝壳与棕榈叶都被重新演绎，而将这两者组合在一起形成的独特装饰纹样，也是路易十五时期的一种代表性图案。平衡对称的构图方式与自由随意的不对称式构图形成强烈对比，但精细的图案与细部处理却是相同的。这两种截然不同的构图方式并存，也是路易十五时期，法国巴洛克与洛可可风格的特点之一。

罗卡尔式波形边

罗卡尔式波形边

法国流行的罗卡尔式，也就是在其他国家被称为洛可可的装饰风格。这种风格的线脚及边饰，以一种多变线条和涡旋构成的波浪形为主。洛可可风格也区别于巴洛克时期的深色调，而是以金色和各种浅色调为主，将灵动自由的姿态与柔和的色彩相结合，更加精致、细腻，但也更加放纵缺乏节制。

马赛克式锦底饰

马赛克式锦底饰

法国路易十四时期，建筑室内墙壁上部与天花板之间以木制的装饰性壁板连接过渡。这种过渡性的壁板通常由木材制成，并模仿马赛克的形式做成有小花装饰的格状，并涂以瑰丽的金黄色装饰，然后，在这层壁板上再设置各种雕塑或开窗装饰。图示壁板装饰来自凡尔赛宫牛眼窗厅。

第九章　新古典主义

新古典主义风格的出现

巴洛克和洛可可流行到了 18 世纪初期时，人们逐渐厌弃了这种繁琐的风格。随着社会经济带来的社会形态变化和建筑技术的进步，以及考古学家在古典建筑研究上所取得的新成就，古典主义又以其简洁的造型和所蕴含的独特意义而倍受推崇起来。

由于封建体制的完结，新兴的资本主义国家逐渐建立起来，而新古典主义建筑也主要集中在实力雄厚的新兴资本主义国家中，以英国、法国、美国、德国为代表。而此时在北美洲又出现了一个日益强大的新国家——美国，美国摆脱了殖民统治，也更需要以古典主义庄重的形象、实用的功能和所代表的民族精神树立自己国家的特色，于是新古典主义的建筑成为政府和民间普遍采用的建筑风格。

各地都开始了古典建筑的复兴运动，由于社会结构的变化，此时的古典形式建筑大多集中在国会、银行、学校、剧场等新形式的公共建筑上。

贝壳饰 1

莨苕叶饰 1

贝壳饰 2

新古典主义装饰图案

莨苕叶饰 2

新古典主义风格的各种装饰图案，都来自于以往出现过的建筑风格之中。许多诸如莨苕叶、贝壳饰这样的图案样式既具有很强的时代特性，同时也是多种建筑风格中通用的样式，因此对这些图案重新演绎的难度很大。新古典主义时期，更广泛地借鉴了来自异域的风格特点，和来自纺织、绘画等其他艺术门类的样式特点，又因为此时建筑师与雕刻工匠的分工、人们自身对各种建筑风格的喜好的不同，把一些传统的图案创造出了更多更新的样式，通过比较就可以看出其中的不同。

斯菲斯泰里奥体育场

意大利马切拉塔地区的这座体育场建造于 1820 年至 1829 年，可容纳约 1 万名观众。体育场入口立面和弧形的观众席外立面设置相同的拱券，并在拱券间设置同样简约的壁龛装饰。整个体育场外立面为红砖形式，显示出地方化的传统建筑特色。

斯菲斯泰里奥体育场

保拉圣弗朗切斯科教堂

位于意大利拿波利的这座教堂，广场前部弧形的柱廊形式明显来自罗马城圣保罗广场的弧形敞廊，后部圆顶形主体建筑与带三角山墙爱奥尼克柱廊的立面，则是古希腊神庙立面与古罗马万神庙的超时空组合。

保拉圣弗朗切斯科教堂

那波利王宫

王宫于 1837 年至 1844 年之间改扩建，由安东尼奥·尼科利尼（Antonio Niccolini）设计。整个立面恢复了意大利文艺复兴时期的典型府邸立面风格，由粗石立面的底层和上部带拱形与三角形相间壁龛的长窗组成，整个立面不设壁柱，营造出统一、肃穆的格调。

那波利王宫临码头立面

雕刻装饰

雕刻装饰

随着经济与交通的发展，新时期的装饰图案也日渐多样，这种如莲花瓣样的装饰具有相当浓郁的东方风格特点。人像装饰被越来越多的植物装饰所替代，这种装饰可以是石雕或木雕，其适用范围也非常广泛，既可以作为洗礼盆的托座，也可以作为墙面镜框的支架。

牧师座位

这是一种设置在教堂的高坛或走廊边的牧师座位（Stall）形式，为神职人员所专用。座位侧面根据材质的不同可以雕刻图案装饰，但通常都是木嵌板装饰。座位的涡旋托架形式显然来自建筑的影响。图示座位来自17世纪巴黎诺塔尔教堂（Church of Notre, Paris）。

牧师座位

新古典主义壁炉装饰

新古典主义壁炉装饰

这个壁炉架（Chimneypiece）从上到下布满了装饰，顶部还出现了断裂的山花形式，但从其整体的对称式构图和繁简图案之间的搭配来看，却是严格遵从于古典构图规律。虽然壁炉上出现了多种形状和多种装饰图案，但却讲究搭配，显示出一种均衡、严谨的装饰风格，同巴洛克那种活泼、自由的装饰大大不同。

法国路易十六走廊

亚当风格建筑

亚当风格是以英国建筑师罗伯特亚当的名字命名，亚当与他的兄弟所设计的建筑既承袭古典风格的传统，又有所创新，而且以独特的色彩运用、细部处理和精美的室内装饰为主要特点。他所设计的建筑几乎无一雷同，并且善于将传统元素与异域风格相混合，创造出英国历史上颇具特色的新古典风格。

法国路易十六走廊

这座走廊是法国路易十六时期的走廊样式，虽然有一些洛可可装饰的痕迹，但总体已经呈现出明显的古典主义风格特点。走廊的立面明显被分为上、中、下三部分，底部装饰相对较多，但已经采用对称的布局，各扇窗间饰及窗上装饰带基本统一，只在细部小有变化，中层和上层的构成元素大大缩略，线条也以直线为主，显现出古典主义大方、沉稳的风格特点。图示走廊由那夫格（J. F. Neufforge）设计。

亚当风格建筑

新古典主义建筑入口

新古典主义建筑入口

这座大门融合了多种以往流行过的建筑元素，简洁的爱奥尼亚式大门与简化的科林斯式方壁柱相搭配，大门顶部加入了牌匾、圆框和带底座的人像装饰，打破以往的山花形式，装饰元素虽然多样，但因为安排设置得当而显得简约而大方。

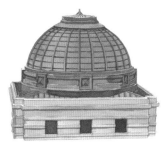

钢结构穹窿

钢结构穹窿

古典建筑中的穹顶建筑在新古典主义风格建筑中也非常多见，由于钢铁等新建筑材料的应用，此时的穹顶建造得更容易，结构也更轻，因此可以与鼓座、帆拱等结构相脱离，成为独立的样式。新的建筑材料与结构的出现，使以往的建筑规则和传统被打破，也引起了建筑界的革命。

褶皱图案

这种仿照卷轴形的亚麻布样式雕刻而成的褶皱图案，因此又被称为亚麻布图案（Linenfold）。褶皱图案大多被雕刻成装饰性嵌板的形式，且适用于木材、石材和金属等各种材料上，是一种应用较为广泛的装饰图案。

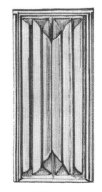

褶皱图案

猫头鹰的檐口装饰

猫头鹰的檐口装饰

在建筑檐部末端设置装饰图案是非常传统做法，这种写实性的动物图案也是其中一种，不仅形象十分逼真，连尺寸也采用与真实动物原大，极富趣味性。

法国新古典主义风格建筑

从 18 世纪过渡到 19 世纪初的这段时间，法国掀起了一系列的革命运动，由于皇权统治被推翻，奢华的巴洛克和洛可可风格也被古典复兴的建筑风格所代替。其实就在巴洛克与洛可可风格大行其道的时期，法国建筑的外观仍旧采用的是简洁大方的古典样式，卢浮宫（The Louvre）、凡尔赛宫都是以古希腊和古罗马建筑样式为范本建造的，而且由于整个修建过程持续了相当长的时间，这两座建筑群中的建筑都综合了从文艺复兴到新古典主义时期多种风格和样式。以法国早期的新古典主义风格建筑——巴黎先贤祠（Pantheon 1764~1790）为代表，这座平面为希腊十字形、中间带有大穹顶的建筑采用了古罗马庙宇的构图方式，但却没有传统的带门基座。虽然也有三角形山花和柱廊，但由于技术的进步，所有列柱都要比古典柱式细得多，也高得多。

法国皇家宫殿的美术馆

法国皇家宫殿的美术馆

这座建筑底部使用了连续拱廊和通层的方形巨柱形式，还在中间加入了一层高窗，并通过相同的装饰与下层相统一。这种独特的设置使室内采光量大大增加，也活跃了建筑外立面。建筑顶部采用法国传统的高屋顶形式，并与建筑相对应开设窗口，使整个建筑立面显得格外通透。图示为1781~1786年巴黎王室建筑回廊（Galleries of Palais-Royal, Paris）。

圣伊斯塔切大教堂

路易十六时期已经开始向单纯而简约的古典建筑风格发展，这座教堂立面柱式的使用遵从了古典法则，同时建筑中大大小小的拱券与椭圆形开窗，都是为了增加建筑内部的采光而设置，这种开窗形式也是当时十分流行的做法。图示为法国巴黎1772至1778年重建的圣伊斯塔切大教堂（St.Eustache, Paris）。

圣伊斯塔切大教堂

凡尔赛宫门的装饰

凡尔赛宫门的装饰

众多的组成元素与复杂、精细雕刻的巴洛克风格装饰发展到了末期，又呈现出古典风格的一些特点。有节制的装饰与对称的画面构图方式都反映出经历了近乎疯狂装饰的洛可可风格之后，人们的审美重又回到了传统的古典主义风格中的过程。

法国路易十六风格旅馆

图示为纽弗吉（J. F. Neufforge）设计
的路易十六风格旅馆正立面，此时正
处于古典主义风格繁盛期，因此建筑
的外观也呈现出新的古典主义风格特
点。三段式的立面结构划分、粗面石
的拱券底层，都遵循着古典建筑法则，
但顶部的托架与山墙上的花环装饰则
是对过去辉煌装饰时代的回忆。建筑
中层大小窗的设置手法早在文艺复兴
时就使用过，这次古典主义复兴建筑
的样式不仅局限于古希腊和古罗马，
还包括所有以往流行过的建筑样式。

法国路易十六风格旅馆

新古典主义时期住宅

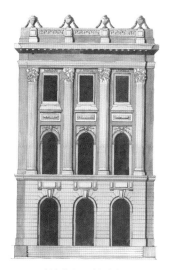

法国路易十六时期，无论室内还是室
外，建筑的古典主义风格已经成为主
流，而巴洛克时期繁复的装饰则退居
其次。底层的粗石立面，以及中部通
层的巨柱式，这些都已经显现出文艺
复兴时期的一些特色，而屋顶的回纹
装饰带与杯状雕塑则颇具特色。

新古典主义时期住宅

卢浮宫北立面

法国对古典风格的建筑立面十分偏
爱，并尽可能地赋予古老建筑法则以
新的含义。卢浮宫的建筑以古典立面
突出其稳重和肃穆，而且通过加长立
面的方法获得雄伟的气势。图示立面
通过古老的拱券、山花和粗面石墙等
古老的建筑元素，但也加入了此时期
标志性的花饰，细碎而活泼的花朵两
边对称设置，而且所处位置和数量显
得相当有节制，既恰到好处地点缀
了建筑，又没有破坏总体庄严的气
氛。图示为法国卢浮宫北部中央立面
（Central compartment, northern fa_ade,
Louvre）。

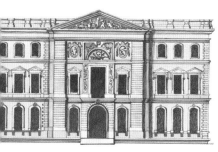

卢浮宫北立面

345

路易十五雕刻装饰带

路易十五雕刻装饰带

这是一条充分反映法国路易十五风格的装饰带，兵器和各种战利品、翅膀、各种植物和农作物、贝壳饰等，这些都是此时期所广泛使用的装饰元素。这些图案采用高低浮雕结合的手法雕刻而成，甚至还使用了透雕，再加上纤细而张扬的植物和打破边框的灵活设置，使得众多的装饰元素丝毫不显沉重，反而给人以丰富、饱满之感。

卢浮宫东立面

卢浮宫东立面于 1667 至 1674 年改造完成，虽然东立面在改造之时正值巴洛克流行，也请来了著名的建筑师伯尼尼来设计，但最终还是选择使用古典形式的建筑立面。整个立面全长 172 米，高 28 米，从下至上由基座层、带柱廊的中层和檐部的女儿墙三部分构成，以中层为主；从左至右则在中部和两边各有凸出，将整个立面分为五部分，也以中间带山花的一段为主。

上下和左右各段以统一的拱门样式和柱式取得总体风格上的统一，又突出了主次关系。此外，在立面中还巧妙地包含着一些呼应关系：底层高度为建筑总体高度的三分之一，这样既能使基座显得平稳而坚定，又不会削弱中层的统领地位；柱子高度的一半恰为双柱的中线距离，而两边凸出部分的宽度又为柱廊宽度的一半。为了突出中层的主体地位，建筑的顶部没有采用传统的法国高屋顶，而是采用了意大利式的平屋顶，这样使建筑整个立面更加简洁，也加强了建筑的整体性。卢浮宫东立面的种种做法，也成为日后法国新古典主义风格建筑中所沿用的惯例。

卢浮宫东立面

巴黎歌剧院

巴黎歌剧院

这座歌剧院由加尼埃尔(Jean-Louis-Charles Garnier)设计,建造于1862至1875年。此时世界建筑正处于转折期,建筑的外在形式并没有跟着新建筑材料及建筑技术的出现而进步,因此许多以往流行过的建筑风格开始相互混杂着出现。

巴黎歌剧院（The Opera, Paris）已经是一座拥有现代材料和建筑结构的建筑,但设计师却仍旧为他设计了一层古典风格的外罩。正立面底层为传统的连拱券形式,二层有成对的壁柱装饰超大的开窗。窗户上设置了对称的山花装饰,并加入了一层装饰带,上面布满了各种装饰物,歌剧院顶部还被设计成了一个巨大的皇冠。

胸像垫座装饰

胸像垫座装饰

放着装饰花瓶的胸像高垫座（Scabellum with decorative vase）在此时成为一种单独设置的装饰品,除了花瓶以外,还可以设置一些其他的装饰物。虽然整个胸像座呈上大下小的倒椎体形式,但底部基座的覆盆状设计却加强了稳定性。胸像座的上部设计了一个高浮雕的人像装饰,并通过束腰的设置与上部花瓶的底座相对应,给人以优雅而稳定之感。

巴黎歌剧院正门楼梯

巴黎歌剧院正门楼梯

巴黎歌剧院一层大厅有着一座超大的
楼梯，这种大楼梯的做法从文艺复兴
到巴洛克时期都非常流行，而大厅内
豪华的装饰与楼梯本身的样式，也同
样具有上述两个时代的风格特色。通
层的巨柱与大拱券同楼梯相互配合，
使整个大厅气势磅礴，这种多种建筑
风格混合的做法也是19世纪后半叶
建筑的主要发展特色。

内外三层的穹顶结构

这座建筑的穹顶也采用三层的形式，
底部两层主要由石材或砖砌筑而成，
因此在其外部设置了平衡侧推力的实
墙，而最顶部的一层则使用木构架结
构。这种穹顶由于结构较轻，所以可
以建得很高，而外覆的一层保护性金
属或瓦既美化了穹顶，又起到保护木
构架的作用。图示为巴黎莫拉利德教
堂穹顶剖面图（Section of Dome of the
Lnvalides, Paris 1679~1706）。

内外三层的穹顶结构

巴黎先贤祠内部

先贤祠由新一代建筑设计师索夫洛
（Jacques Germain Soufflot）设计，
也是一座挑战建筑结构的极限作品。
在这座建筑中，索夫洛试图用柱式作
为包括穹顶在内的整个建筑的支撑结
构，由圆柱、三角形墩柱等不同柱子
支撑的内部空间因此显得格外通透，
没有实墙的阻挡，也使建筑内部的采
光更加充足。

巴黎先贤祠内部

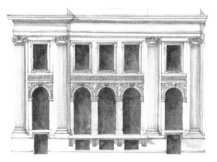

巴黎沙瓦纳府邸

巴黎沙瓦纳府邸

约建造于 1756 年，位于巴黎圣殿大街上。这座府邸的立面形象充分显示出此时期古典建筑风格回归的特色，即在恢复古希腊、古罗马建筑风格的口号下，实际建筑处理手法和造型更多是来源于文艺复兴时期的建筑之中。

普廖拉托圣玛利亚教堂

由皮拉内西（Giovanni Battista Piranese）设计，1764 年始建于罗马。这座教堂显示出对古典主义建筑元素的突破性运用，以及注重装饰性的建筑特征。作为一座主题建筑，这些装饰大都具有特定含义。

普廖拉托圣玛利亚教堂

海军部建筑

这是巴黎路易十五广场（协和广场）及其附属建筑，由法国建筑师安热 - 雅克·加布里埃尔（Ange-Jacques Gabriel）主持设计建成。广场北侧的两座建筑分别设置在一条道路的两侧，强化了广场与建筑的轴线性。两座建筑的立面基本相同，由底部粗石层与两层带通层单柱柱廊的上层构成，两端头设置了带三角形的山墙装饰，强化了建筑的体量感。

海军部建筑

巴黎先贤祠建筑结构

巴黎先贤祠全长 110 米，翼殿宽 82 米，原为四臂等长的希腊十字形平面，后迫于教会压力而在东西两面各加建了一个小室，削弱了原来的平面结构。由于索夫洛在这座建筑中糅和了希腊建筑与哥特式建筑的双重结构特点，主要由各种柱子作为主要承重部分，因此建筑内外都相当通透。建筑外部的墙面上开设大量的高窗，建筑室内则由纤细的柱子代替实墙。但这种超前的结构并不成熟，以至于教堂建好后不久即出现结构问题，人们不得不将立面中的窗子封死，并在建筑内部加建承重墙体。

2 穹顶

先贤祠的穹顶加上采光亭高度达 83 米，分为三层，最外层由石料砌筑而成，底部厚 7 厘米、上部厚度缩减为 40 厘米。内层穹顶直径达 20 米，并且可以通过中央的圆洞看到夹层的彩画。

1 门廊

先贤祠的门廊高 19 米，平面矩形，由 18 根巨大的科林斯柱子独立支撑。此门廊模仿自古希腊神庙建筑，但柱子的安排上又别具特色。外层两边对称设置平面为三角形的三棵柱子，三柱式里侧对称设置前后排列的对柱，而中间则是单柱形式。内层两边设置并排的双柱，内侧则只对称设置了一根单柱，增加了入口的宽度。门廊的山墙上还雕刻着以神庇佑下的法国为题材的巨大雕刻装饰。

3　鼓座

穹顶的鼓座原来由底部的柱子支撑，但后来为了加固穹顶，则把柱子改为粗壮的墩柱形式。鼓座样式仍采用坦比哀多式，其结构来自伦敦的圣保罗大穹顶。鼓座周围还设置了一圈 32 根比例优雅的柱廊装饰，使整个穹顶显得高耸、挺拔。

4　侧翼

先贤祠内部由巨大的科林斯列柱分隔出中殿及侧翼，柱子上再设置额盘支撑拱券形式的顶部。但在教堂外部，侧翼上则覆盖着两坡的屋顶，完全看不出拱顶结构。这种设置既起到保护拱顶的作用，同时也使得中央穹顶更加突出。

巴黎法国喜剧院

巴黎法国喜剧院

这座剧院现更名为法兰西剧院，始建于 1779 年到 1782 年，又于 1807 年火灾后进行了改建，是巴黎第一座采用椭圆形观众厅的剧院建筑。剧院外部由严谨的古典风格柱廊与粗石立面构成庄重的形象，在铸铁桁架的金字塔式屋顶下面，是连接着二层环廊并描绘精美的穹顶。

谷物大厅

谷物大厅

位于法国南部普罗旺斯地区，于 18 世纪后期的新古典风格公共建筑潮流中兴建。除立面采用古典风格之外，最具特色的就是山墙的装饰性雕刻凸出到山墙框之外，使整个建筑立面更加生动。

佩鲁台地水堡

这座平面几近方形的水堡始建于 1767 年，是此时期法国南部蒙彼利埃修建的市政输水管道尽端建筑，采用单券凯旋门的样式，但正立面向内凹进，形成简洁但富于变化的外观形象。

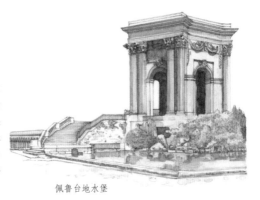

佩鲁台地水堡

王室盐场厂长宅邸

王室盐场厂长宅邸

这座住宅与行政中心建筑，是勒杜设计的阿尔克‐塞南（Arcet Senans）王室盐场少数几座建筑。这座住宅是整个盐厂建筑风格的代表，简化的古典主义建筑风格和沉重、粗犷的建筑形象，通过明确的几何图形叠加表现出来，暗示出权威的建筑功能特征。

巴黎拉维莱特收税亭

巴黎拉维莱特收税亭

勒杜自 1785 年始，为巴黎设计了 40 多个收税关卡建筑。这些小型的关卡建筑虽然使用柱式、山墙、拱券等古典主义建筑元素，但比例、形象以及组合方式都有所创新，呈现出对新建筑风格的探索。

博阿尔内府邸

博阿尔内府邸

位于巴黎的这座府邸于 1803 年开始扩建，是帝国时期高级私人府邸的代表。扩建的古埃及风格门廊，采用古埃及莲花与棕榈树图案的柱式、雕刻以及向上收缩的塔门形式，体现了追求新奇的异域建筑风格特征。

巴黎北站

巴黎北站

由雅克‐伊尼亚斯·希托夫（Jacob Ignaz Hittorff）设计，于 1861 年至 1865 年间建成。这座车站的最大特征就是现代铸铁结构与古典式立面的结合，并且车站内部支撑铁桁架的铁柱也都被以古典柱式的形象呈现。

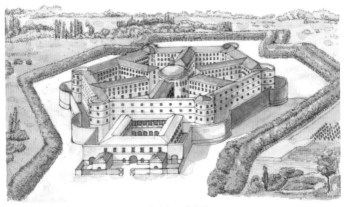

巴黎少年犯感化院

巴黎少年犯感化院

由法国建筑师纪晓姆-阿贝尔·布卢埃（Abel Guillaume）设计，由位于中心的圆堂与呈辐射状的六栋三层的牢房建筑为主，在圆堂的两端还建有管理大楼。这座建筑以公共服务建筑为中心，独特的六边形平面形式均以使用功能为先导，显示出此时注重建筑使用功能的设计趋势。

巴黎圣热纳维耶芙图书馆

拉布鲁斯特设计，建于 1843 年至 1850 年间，由铸铁柱与拱券结构支撑的长方形建筑，外部采用了意大利文艺复兴风格的立面。图书馆略显沉重的底层是办公室间及书库，带大拱窗的上层则为阅览室。

巴黎圣热纳维耶芙图书馆

巴黎圣叙尔皮斯教堂

巴黎圣叙尔皮斯教堂

由乔瓦尼·尼科洛·塞尔万多尼（Giovanni Niccolo Servandoni）为原有教堂设计的新立面，其改造工程自 1732 年始，一直持续至 1777 年才全部完成。在哥特式双塔的立面基础上引入拱券和柱廊立面，原设计中部顶层为带雕刻的山墙，后被简易的栏杆与人物雕像所取代。

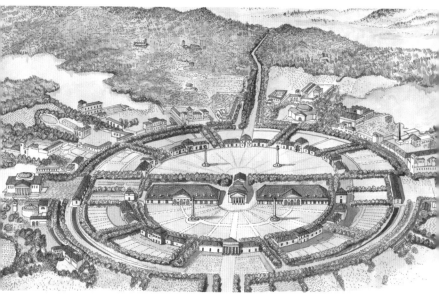

查奥克斯城远景

查奥克斯城远景

查奥克斯城由法国建筑师勒杜（Claude-Nicolas Ledoux）设计，不仅体现了建筑师对于理想社会的构想，也反映出一种有着明确规划的理性建筑思想。

整个城市呈椭圆形平面，并以短轴上的大道为中心，两边对称设置建筑，并以植物带为分界，围绕椭圆形的圆周呈放射状向外扩建，形成建筑与环道相间的形式。居民的住宅建筑、服务性建筑、公共活动性建筑等依次排列，而且所有建筑都有着相当简约的几何体块。这座理想的城市中体现出了深刻的哲学、道德、建筑思想，但也因为过于理想化而未能建造成功。

法国帝国风格建筑

由于拿破仑急于用雄伟的建筑来烘托新帝国的强盛，这时的法国开始以古罗马的建筑为参照物，大量兴建起诸如凯旋门、广场、荣军院等纪念性建筑，这时法国的新古典式建筑被统称为帝国风格。帝国风格的建筑早期注重高大的体量和简单的外形，所以建筑上少有装饰，就连墙面的砖缝也被隐藏起来，线脚多用棱角分明的直线，所以建筑突显出了高大、冷峻的风格特点。后来随着对外侵略的扩张，建筑的装饰性受到重视，各个时期各种风格的装饰元素都被混杂在一起，以达到华丽、美观的效果，人们称这种风格为折衷主义风格。值得一提的是，这时已经出现钢筋混凝土的建筑材料，新的建筑结构也开始被人们所使用，但建筑外观却还停留在古典样式中，这也造成新的建筑形式还被困于旧的古典式外衣之下的情况。

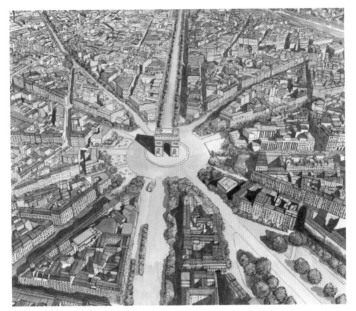

凯旋门及附近区域

凯旋门及附近区域

这座著名的凯旋门（Arc de Triomphe）是拿破仑下令建造、由查尔格林（J·F·T·Chalgrin）设计的新古典主义风格建筑。凯旋门高 50 米、宽 45 米，正面只有一个桶形拱门，但四边均有门洞相通，凯旋门的每一面上还都有巨大的浮雕装饰。这座凯旋门抛弃了传统的三门洞凯旋门样式，也没有高大的基座，开启了凯旋门的新样式。

凯旋门所处的广场被命名为戴高乐广场，正位于著名香榭丽舍大街尽头，同时也是城市的一个中心，在其周围有 12 条以此为原点的大道呈发散状向外延伸，城市中的各种建筑就错落地分布在这些道路之间。这种从一圆心向外发散的环状城市布局，也正是巴黎的城市布局特色。

英国帕拉第奥复兴风格建筑

英国在巴洛克与洛可可大肆流行的时期就对其持非常审慎的态度，进入 18 世纪后，在建筑界更是开展起了对巴洛克与洛可可建筑的批判，英国首先开始回归到文艺复兴时期。因为早在文艺复兴时期，英国的建筑师琼斯就已经形成了对古典主义的深刻理解，他在亲身考察过意大利文艺复兴时期建筑状况之后，结合自己的新认识发表了许多重要的建筑著作。因此，以琼斯的理论和他所推崇的帕拉第奥建筑风格为基础，英国建筑的新古典主义发展首先经历了一段帕拉第奥建筑风格的复兴时期。

英国古典主义建筑立面要素

英国的新帕拉第奥式古典主义建筑风格，以粗石的基层、柱廊和有节制的装饰为特征，讲究比例与简约的形象整体性，而且这一风格普遍流行于公共建筑、私人府邸、政府和商业等各种建筑领域当中。

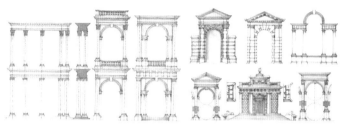

英国古典主义建筑立面要素

约克议会厅

英国的古典建筑风格复兴，尤其以新帕拉第奥风格最为流行。理查德·博伊尔·伯林顿（Richard Boyle Burlington, 1694—1753）约 1730 年依照帕拉第奥设计的埃及厅设计了约克议会厅。 议会厅采用古罗马的连续拱券形式，在内部形成带有半圆形顶的长厅。 建筑外立面将装饰标准降到了最低。这种素净的建筑形象， 也成为英国新帕拉第奥建筑风格的特色之一。

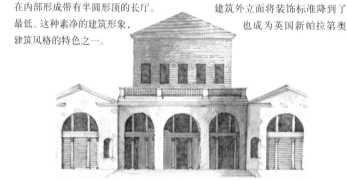

约克议会厅

斯陶尔黑德乡间府邸

斯陶尔黑德乡间府邸

英国帕拉第奥复兴式建筑的代表作之一，约建造于 1721 年。这座府邸是斯陶尔黑德乡间花园著名的系列古典复兴建筑中的一座，在此之外园林中还建造了古希腊式、古罗马式和新哥特风格的其他园林建筑。

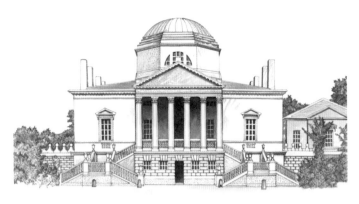

齐斯克之屋

齐斯克之屋

这座别墅是由伯灵顿伯爵（Lord Burlington）和威廉·肯特（William Kent）于1725年在英国伦敦设计修建的齐斯克之屋（Chiswick House），也是在模仿帕拉第奥圆厅别墅的潮流中所产生的诸多建筑作品中的一件。这座建筑平面也为正方形，并以中心穹顶为统领，但只设置了一个正式的大门，并以对称的折线形楼梯相衬，大大增加了建筑内部的使用面积。同时，建筑上中下三层的分界更加明显，巨大柱子支撑的门廊和高大的墙面则突出了二层的主体地位。

由于琼斯对帕拉第奥风格的介绍，到此时英国的新古典主义建筑风格，首先回归到新帕拉第奥风格的建筑上，而且与优美的庄园相结合。但在建筑室内，也同时使用古罗马式、巴洛克式等各种装饰风格，呈现出一种怀旧，而又缤纷热闹的装饰格调。

新古典主义大门

这座大门采用了经典的三段式构图，主要由较高的基座与拱券大门组成。立面中除了对柱装饰以外，没有设置多余的装饰图案，但其檐部以上却加高，并设置了三角形山花。大门主要利用本身材质的变化来丰富立面形象，同时以平直的线脚与拱券形成对比。通过大门平面可以看出，对柱也使用了不同的壁柱形式，增加了大门的变化。这座大门看似简单，实际上却是将精心的设计隐藏于简约的立面形象之中。

新古典主义大门

英国古希腊复兴风格建筑

工业革命不止为英国经济带来了新生，在促进社会变革的同时，英国的建筑也走上了新古典主义之路。由于受拿破仑发动的侵略战争之苦，英国没有采用在法国的罗马复兴建筑样式，在帕拉第奥建筑风格重新流行了一段时间后，英国的新古典主义建筑转向了古希腊风格的复兴。古希腊神庙式以其较强的实用性被用来建造各种功能的建筑，如学校、车站、议会等，无论乡村还是城市、公共建筑还是私人住宅，古希腊式的建筑风格迅速普及起来。

圣乔治大厅

新古典主义建筑风格晚期，古典建筑简单明晰的建筑体块和一些细部的处理为人们所喜爱，并被广泛应用于新结构的建筑中。这座大厅的总体形制来自古希腊神庙，但其建筑形式更为灵活，不同建筑体块间用不同的柱式相区隔，通过圆形与方形柱身达到既统一又相互区隔的目的，并通过凹凸的平面为简单的建筑增加了变化。

圣乔治大厅

安妮女王时代联排式住宅

随着经济的发展，城市的规模越来越大，人口越来越多，而联排住宅的出现就很好地解决了居住与众多人口的矛盾。联排住宅占地相对较小，且以统一的面貌出现，使城市住宅变得更加规整。这种新型的住宅形式在城市中行列整齐的大量兴建，也成为一种新兴的建筑现象。

安妮女王时代联排式住宅

伦敦摄政大街街景

伦敦摄政大街街景

作为 1811 年伦敦中心区改造的重点工程，由约翰·纳什（John Nash）设计的摄政大街端头，用简化的古典风格排屋顺应街道的曲线形变化，构成了宏伟的城市街道形象。此后，伦敦城市中又兴建了多座与此类似的简化古典风格排屋。

伦敦维多利亚时期街景

在英国维多利亚女王在位期间（1837—1901），古典建筑复兴风格与新建筑材料发展并行，出现了这种铸铁框架的现代结构与古典建筑外观相结合的建筑形式。

伦敦维多利亚时期街景

伦敦维多利亚时期的多层建筑

伦敦维多利亚时期的多层建筑

英国的古典建筑风格复兴，是多种古典风格的同时兴盛，同时还兼有古埃及、印度、中国等异域建筑风格的重合。总体来看，城市建筑中以文艺复兴风格为主要特色，追求简洁、典雅和庄严的建筑形象。

伦敦圣潘克拉斯新教堂

伦敦圣潘克拉斯新教堂

由伍德父（Wolliam Inwood）子（Henry William Inwood）设计，建造于 1819 年至 1922 年间，是希腊复兴风格的代表性建筑。教堂西正立面及塔楼的形象，都来自古希腊的柱廊式神庙建筑形象。教堂东端南北两侧的横向建筑端头，还依照希腊伊瑞克提翁神庙，设置了女像柱式的门廊。

英格兰银行入口厅

位于银行西面，在入口处设置高大的多立克柱式与通向外部的走廊，形成一种类似透视的景观效果，加强了景观效果和光影变化，这也是英国古希腊建筑风格复兴的特色之一，追求建筑空间的透视感和景观效果。

英格兰银行入口厅

英格兰银行利息厅

英格兰银行利息厅

建于 1818 年至 1823 年间，至 1927 年被拆除，这座大厅内部空间大跨度的拱券、细立柱、玻璃窗与古典风格室内装饰、双女像立柱形成的鲜明对比，也暗示着此时期现代建筑结构、材料与传统建筑样式之间的关系。

英国折衷主义风格建筑

继古希腊风格复兴之后，英国建筑也进入到折衷主义时期，不仅以往的诸多建筑风格被混合使用，甚至还出现了异国情调的建筑，如中国风格、印度风格等，尤其以哥特式建筑的复兴为代表。哥特式建筑复兴之前，在没落的封建势力和小资产阶级中还出现了一种风景画派运动。这种风格的建筑以回归中世纪的园林式建筑为主，把建筑同园林紧密地结合在一起，追求一种隐居的生活状态。但风景画派运动毕竟只是为了迎合少数人的口味而兴起的，所以总体影响不大，真正有影响的是哥特式建筑的复兴。英国的国会大厦就是这场声势浩大的哥特式复兴潮流的代表性建筑，虽然大厦有着古典式的对称布局，但地上的建筑部分却披着高耸的外衣。在国会大厦的带动下哥特式建筑又大大地流行了一段时间，这其中不乏一味追求建筑外观、使得建筑的实用功能大打折扣的建筑作品，但也出现了不少对哥特式建筑元素正确运用，既有良好的实用性又相当美观的建筑。同时由于后期经济的发展，英国的伦敦、巴斯等城市还掀起了旧城改造运动，规划整齐的联排住宅取得了很大的成功。

皇家新月住宅

由小约翰·伍德（John Wood,The Younger）设计的位于英格兰巴斯（Bath）城中的皇家新月住宅（Royal Crescent），是英国第一座弯月形的联排住宅建筑。整个建筑立面被分为底层、中层和顶层三大段，底层被处理成高高的底座形式，并开设简单的长方形大门和长窗，建筑上部则采用了高屋顶形式。最为精彩的建筑中层采用了帕拉第奥风格的建筑样式，由通层的巨大爱奥尼亚式柱统一。这种独特的建筑形式一出现，就成为人们竞相模仿的对象，在巴斯和伦敦等地，又兴建了许多类似的弧线形联排住宅建筑。

皇家新月住宅

新门监狱

新门监狱

粗面石工多被用在建筑底层，但同时也可以表现出冷峻、严肃的建筑效果。图示为丹斯（George Dance）受皮拉内西的影响设计建造的新门监狱（Old Newgate Gaol）。这座建筑以单一的粗石墙面和较小的开口表现了这一建筑的封闭性，而窄小的入口和开窗也与厚重的石材和粗糙的材质表面形成对比，突出了监狱的主题，给人望而生畏之感。

皇家新月联排住宅区鸟瞰

皇家新月联排住宅区

18世纪中后期，英国建筑师约翰·伍德（John Wood）父子分别在英国巴斯小城设计建造了弧形的联排住宅项目。老约翰·伍德设计建造了由三条圆弧形平面联排建筑构成的巴斯圆环（Bath Circus），小约翰·伍德设计建造了更大规模的弧形联排住宅皇家新月（Bath Royal Crescent）。这种联排住宅是一种新型的砖结构建筑形式，为避免建筑立面的单调性，都在立面采用古典壁柱的形象装饰，这些看起来高大的壁柱，实际上并无功能作用。

马德雷纳教堂

马德雷纳教堂

马德雷纳教堂的正立面由顶楼、檐部与混合柱子支撑的入口三部分构成。建筑中同时出现了柱式、山花和尖塔楼等多种形象，整个立面各部分的设置也力求均衡而简洁。立面中方形与圆形柱子组成对柱形式、盲窗的设置以及三角形与弧形山花的组合形式，都是文艺复兴时期的典型做法，而重新使用包括哥特风格在内的许多以往出现过的建筑元素，则是新古典主义风格的又一显著特点。

贝尔西府邸

贝尔西府邸

位于英国诺森伯兰郡，建于
1806 年至 1817 年。这座府
邸建筑由房主人查理蒙克、
艺术家威廉盖尔和建筑师约
翰多布森共同设计，从外立
面到内部都更加严格地遵循
了古典主义的建筑原则，外
部由实墙面和高大的多立克
柱式门廊组成，内部采用爱
奥尼克柱式和直线形线脚形
式，营造出严肃、庄严的空
间氛围。

拉辛·德蒙维尔住宅

这种废墟式的建筑，是英国
风景园式中流行的配景建筑
（staffage building）的典型代
表。位于巴黎郊外的拉辛·
德蒙维尔住宅约在 1780 年建
成，整个住宅在外部被建成
了一根庞大的残柱形式，但
在内部则是现代的多层楼房。

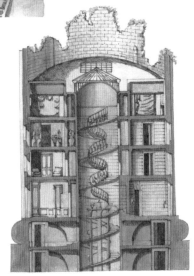

拉辛·德蒙维尔住宅

德国新古典主义风格建筑

德国虽然还不是统一的国家，但也已经形成了几大势力分治的局面。德国受巴
洛克的影响很深，直到 18 世纪中期才开始受欧洲各国革命的影响，纷纷实行改
革，无论在文化、经济还是其他方向都取得了很大的进步。对于新古典主义建
筑风格，是从当时比较开明的普鲁士统治区，尤其是柏林及附近地区开始的。
经济的发展促进了大城市的兴起，在此时大规模的新古典主义建筑活动中，也
以古希腊风格建筑的复兴为主流，还涌现出了一些哥特复兴样式的城堡建筑。

维克托艾曼纽尔二世纪念碑

维克托艾曼纽尔二世纪念碑

这座用来纪念意大利首位国王的纪念碑有着超大的规模，但它的组成元素和风格却多种多样，甚至可以说是混乱的。纪念碑有双重基座，而开有窗口的建筑底层的做法显然来自文艺复兴风格，主体建筑立面为一弯月形的柱廊，让人立刻想起圣彼得的广场。建筑本身高大而雄伟的体量和到处设置的雕像都突出它本身的纪念性，但夸张的表现方法却成为新古典主义建筑的一大败笔，它的出现也正说明了处于新旧时代交接点上的建筑发展所面临的问题。

勃兰登堡门

慕尼黑雕塑作品展览馆

由莱奥·冯·克伦泽（Leo von Klenze）设计，1816 年至 1834 年间建成，位于德国慕尼黑国王广场，由古希腊式的 8 柱爱奥尼克柱廊立面与两边的平顶侧翼构成。整个立面形象简洁、典雅，与华丽的内部装饰形成鲜明对比。

勃兰登堡门

在统治者的大力支持下，普鲁士地区的新古典主义风格建筑得到了很大发展，由朗汉斯（Carl Gotthard Langhans）设计的勃兰登堡门（Brandenburg Gate 1789~1793）就是普鲁士早期新古典主义风格建筑的代表性作品。这座大门以雅典卫城山门为原形，主要由多立克柱式支撑的山墙组成，但这座大门的柱子没有遵循古老的比例关系，而是纤细一些。此外，檐部也被加高，并在当中设置了四驾马车的雕像装饰。

慕尼黑雕塑作品展览馆

慕尼黑山门

由莱奥·冯·克伦泽设计，1843
年至1850年间建成，位于国王广
场上的入口处，这座建筑将埃及塔
门与古希腊多立克式门廊的建筑形
象组合在一起，形成简化、肃穆的
形象特征。

慕尼黑山门

德累斯顿歌剧院（第一座）

由戈特费里德·森佩尔（Gottfried
Semper）设计，1841年建成后，
于1869年焚毁。歌剧院的平面由
正方形的大厅与另半圆形平面的剧
场构成。大厅部分在正方形的两侧
均设有文艺复兴风格的入口立面。

德累斯顿歌剧院（第一座）

德累斯顿歌剧院（第二座）

由戈特费里德·森佩尔（Gottfried
Semper）于焚毁的歌剧院基础上改
建而成，在半圆形剧场的入口处设
置了内凹的门廊和雕塑装饰，显示
出浓郁的巴洛克风格倾向。

德累斯顿歌剧院（第二座）

波茨坦逍遥宫新橘园

由弗里德里希·奥古斯特·施蒂勒
（Friedrich August Stuler）和路德维
希·费迪南·黑塞（Ludwig Ferdi-
nand Hesse）共同设计，建于1851
年至1864年间。新建筑整体采用
文艺复兴建筑风格，但立面更简化，
有节制地使用了雕刻装饰。

波茨坦逍遥宫新橘园

第九章 新古典主义

波茨坦市政厅

波茨坦市政厅

由扬·博曼（Jan Bou-mann）设计，建于1753年。这座建筑显示出极强的功能主义倾向，立面采用半壁柱的形式，搭配顶端的人物雕像和有节制的穹顶。整个建筑弱化了古典三段式或中心式的构图，突出了实用的大面积采光窗。

柏林夏洛腾堡花园观景楼

柏林夏洛腾堡花园观景楼

由建筑师卡尔·戈特哈德·朗汉斯（Carl Got-thard Langhans）设计，建筑采用文艺复兴式的粗面石基座与上部两层构成，简省了大部分的古典建筑元素，只使用了科林斯柱式和人像柱进行装饰。

夏洛腾霍夫宫罗马浴室院落

夏洛腾霍夫宫罗马浴室院落

由申克尔设计的罗马浴室，在外部平面上深受庞培古城院落布局的影响，在外部设计了一座台地式带葡萄架的小院，在内部则设置了一座带有古希腊女像柱的浴室。

柏林王宫门廊

由安德烈亚斯·施吕特（Andreas Schluter）和约翰·弗里德里希·厄桑德（Johann Friedrich Eosander）设计，通过设置通层的壁柱和拱形门廊，拉大了入口的尺度，同时通过加入大量的雕刻装饰而突出入口的特殊性，与简化的建筑立面形成对比。

柏林王宫门廊

波茨坦圣尼古拉教堂

波茨坦圣尼古拉教堂

由申克尔（Schinkel）改建于1837年，后又于1850年完成了高鼓座穹顶和屋顶角楼的建造。教堂平面呈正方形，最早的建筑形制可能来源于古罗马万神庙。

柏林歌剧院

18世纪中期城市兴建公共建筑的热潮中，由建筑师乔治·文策斯劳斯·冯·克诺贝尔斯多夫（Georg Wenzeslaus von Knobelsdorff）于1740年设计，1743年建成的柏林歌剧院建筑，是一个城市公共建筑计划中建成的唯一建筑，也是城市主干道上的标志性建筑之一。

柏林歌剧院

柏林绍斯皮尔豪斯剧院

柏林绍斯皮尔豪斯剧院

由申克尔（Schinkel）设计，1818 年至 1821 年间建成，采用古希腊风格的爱奥尼克柱式门廊。由于剧院是在原本一座老建筑基础上改建而成，因此门廊檐下的样式一直向后延续至整个建筑，以统一建筑形象。门廊后部高出的观众席部分仍采用带雕刻的三角山花和列柱形式，并通过上下层一致的列柱形式获得了肃穆的建筑形象效果。

汉诺威歌剧院

由乔治·路德维希·费里德里希·拉弗斯（Georg Ludwig Friedrich Laves）设计，1845 年至 1852 年间建成。这座歌剧院的立面统一采用圆拱券的形式，没有过多装饰，在门廊处仅通过圆券尺度的大小变化和柱廊的强化，突出了入口，显示出简化的大众风格特征。

汉诺威歌剧院

德国名人堂

位于德国雷根斯堡的这座纪念堂由克伦泽（Klenze）设计，源于北欧神话中一种名为 Walhalla 的殿堂形式，形式上采用古希腊帕提农神庙的四面柱廊的样式。建筑位于多瑙河边的一处高地上，通过曲折的阶梯通向纪念堂。纪念堂内部采用暗红色石材饰面，为开敞的长方形大厅形式。

德国名人堂

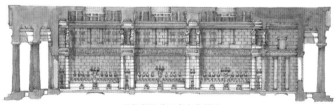

雷根斯堡德国名人堂剖面

波茨坦公立高等学校

波茨坦公立高等学校

在 18 世纪 30 年代，德国兴建了一批公立学校建筑，大多采用简化的古典主义风格。在这些建筑中，古典主义的建筑形象被简化成符号化的装饰或线条，更适用于复制和批量建造，同时又具有严谨、庄重的建筑形象特征。

柏林菩提树下大街商场

位于柏林以勃兰登堡门为标志的中心大街上，是一系列以公共、文化建筑为主的地区规划中的一座大型的商业建筑。从设计图中的建筑形态和大面积玻璃窗为主的建筑形象可以看出这座建筑对古典主义建筑元素的简化，以及对现代工业建筑材料的大胆运用。

柏林菩提树下大街商场

德国历史博物馆

由约翰·阿诺德·内林（Johann Arnold Nering）设计，建于 1695 年至 1729 年间，原为柏林军械库，位于柏林菩提树下大街。这种底层粗石拱券加上层规则长窗的组合，也是这条大街上建筑所普遍采用的形式。

德国历史博物馆

新鲁平学校

新鲁平学校

18世纪末期的城市规划运动中，新鲁平城市也进行了一系列城市改造，这座建于1789年至1971年的学校建筑，是在统一规划兴建浪潮中，由一个三人建筑师小组所设计而成，只使用了简化的古典式窗楣和山花。

王室铸币厂

位于柏林，由海因里希·根茨设计，1800年至1802年间建造。底层采用粗面石立面和小开窗形式以突出坚固性，中部装饰带展示了铸币的过程，整个建筑的古典风格形象已经相当弱化。

王室铸币厂

美泉宫花园凉亭

位于维也纳美泉宫（schoenbrunn palace）的陆军纪念亭，由霍恩贝格（Johann Ferdinand Hetzendorf von Hohenberg）设计。凉亭由一座带对称大拱窗的建筑和两边开敞的拱廊组成。这种带双面高窗和拱廊的建筑，是巴洛克时期相当流行的休闲建筑形式，如著名的凡尔赛宫镜厅。

美泉宫花园凉亭

霍夫堡皇宫新堡

位于维也纳的霍夫堡皇宫在19世纪进行了一系列改造，以便符合时代潮流。新堡由卡尔·冯·哈泽努尔（Karl von Hasenauer）改造设计，1881年至1894年建成，在立面加入双柱元素，这种方法在欧洲多国的皇宫建筑立面中均被应用，也起到了强化这部分作为三段式立面构图主体地位的作用。

霍夫堡皇宫新堡

霍夫堡皇宫圣米歇尔宫

圣米歇尔宫的立面延续了双柱装饰的做法，但只在建筑两端和中间门廊处设置了独立的双圆柱形式，其他建筑立面则只在窗间壁上做出方形壁柱，通过柱式的配合来强化立面的主次关系。

霍夫堡皇宫圣米歇尔宫

辛克尔的建筑成就

辛克尔是德国新古典主义建筑师中最杰出的代表，他对古典风格的运用不是简单地模仿和改进，而是在熟练把握古典建筑语言基础之上的重新表述，以他设计的柏林国家博物馆为代表的一系列建筑作品，都在其古典形式的外观之下隐含着特有的德国民族自豪感。

柏林历史博物馆

由辛克尔设计的柏林历史博物馆（The Altes Museum）是辛克尔的代表性建筑作品。这座博物馆由一个长方形的主体与中心带穹顶的两层圆形大厅组成。中心圆厅外又罩了一个方形的阁楼，这个阁楼在正面设置了两座雕塑，因此完全看不出它内部的圆厅结构。建筑外部规整的造型与灵活变化内部空间形成对比，形成了属于辛克尔的独特建筑风格。

柏林历史博物馆侧立面

柏林历史博物馆正立面

博物馆有着长长的正立面，18根高大的爱奥尼亚柱子支撑着门廊，而门廊内的墙面上则有大块的红色大理石板贴面装饰。建筑顶部的与柱子相对应，还设置了18个鹰状挑檐装饰。博物馆的入口首先设置了两尊骑士雕像，再通过高大的台基进入有柱廊环绕的圆形大厅中，带给人们时空变幻之感。

柏林历史博物馆正立面

新古典主义风格对欧洲各国建筑的影响

除德国外，波兰、俄罗斯等其他欧洲国家也先后都掀起了新古典主义建筑复兴运动。这些国家多是受法、英、德等国建筑风格的影响，再加上本地区的建筑特色，从而形成了新的古典建筑样式。如波兰的新古典主义建筑中，因为统治者大多引进了来自上述国家的建筑师，所以其建筑风格也与其他几国相类似。例如波兰就曾受英国风景画派运动的影响，在国内兴建了许多风景优美的风景式花园，而在这些花园中也出现了哥特复兴式的屋子、希腊式的小神庙，甚至中国风格的亭子。而俄罗斯的统治者不仅从意大利、英、法等国家聘请了大量的建筑师，还将本国建筑师专程送到新古典主义建筑发达的国家去学习。俄罗斯的圣彼得堡、莫斯科等地也陆续兴建起不同风格建筑师设计的各种建筑作品。

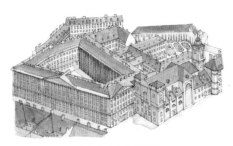

维也纳苏格兰修道院

维也纳苏格兰修道院

于 1826 年至 1831 年由约瑟夫·科恩霍伊塞尔（Josef Kornhausel）在原修道院的基础上改造设计而成，建筑师为建筑群设计了严谨的古典主义建筑形象，由此营造出肃穆和带有压迫性的宗教建筑氛围。

维也纳 1873 年城市全景

1873 年维也纳的城市改造方案中，剧院、教堂、公园和国会大厦等现代的公共建筑开始大量建造，并将其设置在宽阔的环城大道与城市公园之间，围绕原有的老城区向外扩展。这种新城建筑围绕老城建筑发展、主干道路顺旧城道路延伸的传统，在以后的各个时期均被遵循，直到近代。

维也纳 1873 年城市全景

维也纳环城大道博物馆区

维也纳环城大道博物馆区

由霍夫堡皇宫弯月形平面的新堡及其面对的英雄广场区、和两座"曰"形平面且相对公园而建的博物馆区共同构成。这两个区域之间原本相通，均属于霍夫堡的宫殿建筑。

维也纳霍夫堡皇宫及博物馆区

在之后的城市改造中，两个区域边缘相接处的拱门被拆除以便修建道路，新堡所在的宫殿区通过霍夫堡皇宫大门形成相对独立的区域，大门和大道另一侧区域的两座建筑，则分别成为艺术和自然史博物馆。

维也纳霍夫堡皇宫及博物馆区

维也纳市政厅外景

市政厅建筑是在维也纳19世纪中后期城市改造中修建的一座哥特复兴式的建筑，由弗里德里希·冯·施密特（Friedrich von Schmidt）设计，建于1872年至1883年。市政厅与市政广场相对，与城市主要的环形道路相接，剧院、国会大厦和城市大学等重要的公共建筑都围绕广场和环路设置。

维也纳市政厅外景

维也纳市政厅

维也纳市政厅

市政厅建筑是四面建筑围合的庭院形式，主立面采用三段式构图，各层整齐排列各式尖拱券，立面正中修建了一座带尖顶的入口塔楼，高近百米。主塔的两侧还在立面屋顶上对称设置四座小尖塔，共同面对着市政广场。

375

维也纳国家话剧院

这座剧院原名为维也纳城堡剧院，由戈特弗里德·森佩尔（Gottfried Semper）与哈泽努尔（Karl von Hasenauer）设计，1874 年至 1888 年建成。剧院隔环城大道、广场与市政厅相对而建。主立面弧形的外观采用文艺复兴时期经典的通层壁柱与单层壁柱组合形式。

维也纳国家话剧院

维也纳国会大厦

由特奥菲尔·汉森（Theophil Hansen）设计，建于 1874 年至 1883 年。新建的国会大厦位于城市环形大道一侧，带有科林斯通柱和双面坡道的主立面也面向环城大道设置。国会大厦整个外立面采用的柱廊加壁柱的做法，当时并不多见，呈现出了直接的古希腊神庙式建筑风格特色。

维也纳国会大厦

维也纳大学

由海因里希·冯·费斯特尔（Heinrich von Ferstel）设计，建于 1873 年至 1884 年。受法国新古典主义宫殿样式的影响，这座建筑采用了中部带凹形入口院的主立面和芒萨尔式屋顶，立面也采用粗石墙面的底层和壁柱长窗相间而设的上层组合形式。

维也纳大学

维也纳国家歌剧院

由奥古斯特·西卡尔茨堡（August Sicardsburg）、爱德华·范德尼尔（Eduard Van der Null）设计，建于1861年至1869年，以面向环城大道的立面为主立面。主立面为上下两层五连拱券门的形式，下层略低拱券设置为出入口，上层拱券略高，各拱券间设置人物雕像装饰。前身为宫廷歌剧院，以内部装饰豪华而著称。

维也纳国家歌剧院

维也纳音乐之友协会

建筑师为特奥菲尔·汉森（Theophil Hansen），建于1866年至1869年，这座建筑以内部可容纳2000名观众的金色大厅而闻名。相较于华丽的内部装饰，建筑外部立面较为朴素，凸字形的立面分为左中右三部分，中间主立面采用三层拱券形式，两侧立面则统一采用带三角楣的长窗。

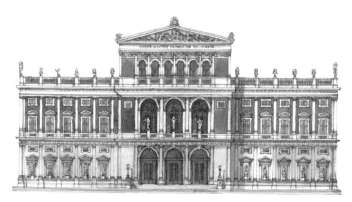

维也纳音乐之友协会

维也纳军械库

维也纳军械库

由奥古斯特·西卡尔茨堡（August Sicardsburg）、爱德华·范德尼尔（Eduard Van der Null）设计，建于1849年至1856年。建于动荡时局背景下的军械库建筑，采用封闭的堡垒建筑形式，其中混合了文艺复兴、哥特、罗马风等多种风格，现已被开辟为军事博物馆。

马德里阿尔卡拉拱门

马德里阿尔卡拉拱门

由弗朗切斯科·萨巴蒂尼（Francisco Sabatini）设计，1764年至1768年间建造。阿尔卡拉拱门被作为标志性建筑建造在城市新建主干道上，采用巴洛克风格。

布拉尼茨风景园宫殿改造

由戈特费里德·森佩尔（Gottfried Semper）于1852年在一座巴洛克风格的宫殿基础上改造而成。整个建筑摒弃了外部装饰，只保留简化的外墙和屋顶，以便与周围的自然风光相协调。

布拉尼茨风景园宫殿改造

骑术学院

骑术学院

这是一种由钢铁作为拱肋，并在两边砌实墙加固的建筑形式，宽敞的内部空间专门为教授骑马而建造完成（Riding house）。由于钢铁材料的使用，整个屋顶的拱肋结构变得很轻，不再需要很厚的实墙，而且还可以开设高侧窗，并铺设大面积玻璃屋顶，以利于采光和通风。古典的拱券、屋顶结构、扶壁等都被赋予新的形式，组合成了具有古典风格的现代建筑形式。

新古典主义拱门

拱门底部粗犷的风貌与上部细致的装饰形成对比。此时的拱门多为混凝土结构，再在外层贴粗面石砖装饰。大门两边的爱奥尼亚式柱，但柱子分段式的横向石料又与墙壁融为一体，其形式极为独特。爱奥尼亚柱子的涡旋与上部横向装饰带的涡旋相对应，又与简洁平直的檐部线脚形成对比。

新古典主义拱门

雅典国立图书馆

这座图书馆也是一座颇具希腊神庙古风的建筑，整体建筑由主体与两座附属建筑构成，中央建筑带有一个6根多立克柱支撑的门廊。建筑内部还设置了一圈爱奥尼亚式柱，简洁的建筑体块为内部营造出宽敞的阅读空间和书库。附属建筑改为方形壁柱，并各有一条浮雕带装饰。此建筑最为特别的是在主体建筑前对称设置了巴洛克风格的大楼梯，弯曲的楼梯增加了整个建筑立面的变化，平衡了简洁建筑本身的单调感。

雅典国立图书馆

雅典新古典三部曲建筑群

雅典城中兴建了许多新古典风格建筑，图示三座就是其中最有代表性的古典风格建筑，从左右到右依次为雅典大学图书馆、雅典大学和雅典学院。但这三座建筑又不仅仅是对古老建筑样式的模仿，而且加入了一些新的表现方法，比如图书馆门前的马洛克式大楼梯；雅典大学门廊中心两根为圆形的爱奥尼亚柱，而两边则为方形的塔司干柱式；雅典学院中与主体建筑垂直设置的附属建筑，以及雕塑与建筑的搭配。这些都为古老的形式注入了新的活力。

雅典新古典三部曲建筑群

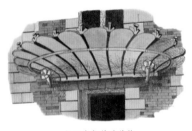

入口上部的遮盖物

入口上部的遮盖物

在门或窗的上方设置遮盖物的做法也是建筑中的一种传统做法。随着建筑材料的进步，此时的遮盖物多由钢铁支架镶嵌玻璃制成，既美观又明亮，而遮盖物的样式也在发生着变化。钢铁单独支撑的结构也逐渐成为建筑的主要结构，但建筑外观还保留着古老的样式。

喀山大教堂

喀山大教堂（The Cathedral of Virgin of Kazan）由俄国本土设计师沃洛尼克辛（A. N. Voronikhin）设计，这位设计师曾被凯瑟琳皇后送往巴黎和罗马接受建筑教育，归来后设计了这座俄罗斯帝国的代表性新古典主义建筑。教堂平面为拉丁十字形，在巨大穹顶统率下，还依照圣彼得大教堂在正立面两侧设置了一个半开性的椭圆形柱廊广场，由94根巨大的科林斯柱子组成，并于广场上树立方尖碑。也许这座教堂建筑太过于注重外表的雄伟与纪念性，与高大的外部立面相比，教堂内部可供使用的室内面积并不大。

喀山大教堂

美国新古典主义风格建筑

除欧洲各国以外，新古典主义在美国的影响最大。新兴的美国脱离殖民统治而建立起独立的资本主义国家，也正需要一种能代表新时期的新式建筑。而在此之前，美国的建筑总体上来说还是因袭自欧洲大陆，缺乏新的建筑面貌。杰斐逊为新古典主义风格在美国的普及做出了推动性的作用，因为他有法国工作的经历，又参观过欧洲各个国家的新古典主义建筑，所以大力倡导以新古典主义的建筑作为新共和国的建筑样式。

从自己的住宅开始，杰弗逊开始大力提倡和推行以古希腊和古罗马复兴风格为主的建筑样式。在杰弗逊的引领之下，来自欧洲和美国本土的建筑师建造了大量新古典主义复兴风格建筑，各个州的议会、大学、剧院、教堂、私人住宅、纪念堂等各种类型的古典风格建筑都开始拔地而起。在这些建筑中最为著名的就是美国国会大厦，这座希腊复兴风格的建筑是由多名建筑师共同设计完成的。国会大厦总体上仿照巴黎的万神庙设计，由中央的一个大穹顶统率，而这个大穹顶由于使用了铁框架的新结构，因此在保证其雄伟的高度同时，底部环绕的柱式也可以更高细一些，最终形成了大穹顶清秀、高挑的形象。主穹顶与旁边对称布置的两座建筑由柱廊相连，都采用平顶的柱廊形式，左右通过凹凸的平面变化，削弱了整个建筑群的单调感，一切的设计都力求通过雄伟的建筑形象来表现这个新兴国家的高昂的气势，同时突出纪念性。

美国风向标

由于美国主要是来自欧洲的移民，因此早期的美国国内建筑也是欧洲各个地区和国家建筑的展示所，这种公鸡形的风向标（Vane）就是欧洲最为传统的一种样式，欧洲建筑风格对美国建筑风格的影响可见一斑。

美国风向标

美国国会大厦

美国国会大厦（United States Capitol）是美国联邦政府的所在地，也是一座古典建筑风格的标志性建筑。国会大厦最初由在设计比赛中胜出的威廉·斯顿（William Thornton）设计，包括一个圆顶的大厅和两侧翼建筑，但建筑工作并不顺利，从1793年开始兴建以后，先后更换了多名建筑师，才于1867年最终完成。

国会大厦主要由上下议院和最高法院、以及一些附属和服务性建筑组成，所有建筑被统领于中央大穹顶之下。在国会大厦中，虽然建筑形象遵循古典建筑风格，但却使用了钢铁、混凝土等新型建筑材料。此外，美国人还发明了属于自己的"玉米柱头"和"烟草柱头"，这两种新的柱子样式也成为美国本土古典建筑的特色。包括白宫和国会大厦在内的，在华盛顿兴建的许多古典风格建筑中，都体现出了这种古典与现代、传统与创新的结合。

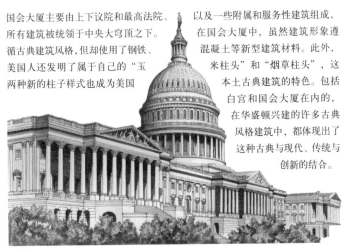

美国国会大厦

弗吉尼亚大学图书馆

校园的主轴尽头为大学的图书馆，而从图书馆的外形就可以看出，它的形制来自古罗马万神庙。图书馆由平面为圆形的主体与一个带三角山花的柱廊构成，而图书馆两边则是成排的学生宿舍，并同样设置柱廊相连接。杰弗逊本人对古典建筑形式非常钟爱，他自己位于弗吉尼亚州的住宅就是仿照帕拉第奥的圆厅别墅设计而成，也有着三角形门廊和圆形穹顶的搭配。

弗吉尼亚大学图书馆

弗吉尼亚大学

弗吉尼亚大学（University of Virginia）由杰弗逊设计完成，校园虽然兴建于
1817 年至 1826 年，但整个校园的规划却早已经形成。校园平面为长方形，并有
四列规划整齐的单栋住宅组成。校园就以这些单栋的独立住宅为主体，这些小
住宅都采用简洁的长方体形式，并通过有顶棚的柱廊相互连接，建筑和柱廊之
间相间设置花园。

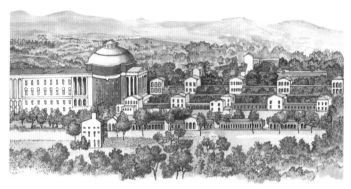

弗吉尼亚大学透视图

杰斐逊住宅

由托马斯·杰斐逊（Thomas Jefferson）设计，1770 年至 1784 年建造。是设计
师自己位于美国弗吉尼亚州蒙蒂塞洛庄园的住宅。又于 1793 年至 1809 年间进
行改建。这座住宅以文艺复兴时期帕拉第奥式十字形平面别墅为基础，是古典
主义风格与实用空间的完美结合。

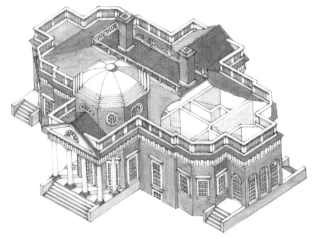

杰斐逊住宅

弗吉尼亚州厅

位于李奇蒙（Richmond）的弗吉尼亚州厅（The Virginia Capital）是一座仿照古典神庙形制建造的大型公共性建筑，也是美国的第一座古典神庙式公共建筑，由杰弗逊在法国建筑家克拉苏（Clerisseau）的协助下设计完成。但这毕竟是一座新时代的新式建筑物，虽然建筑外观采用了神庙的样式，但混凝土与钢铁的使用，以及作为一座拥有众多房间的公共性建筑，这座州厅也有许多的变化。建筑由主体建筑与两边的附属建筑组成，之间有柱廊相连接，都坐落在高高的台基上。主体建筑正立面有6根高大支柱的柱廊，山花不做装饰，显得朴素而大方，四面都开设了高大而简洁长窗以利于室内采光，两旁的附属建筑也采用相同样式，但柱廊则变为装饰性壁柱，高度和面宽也相对缩小了。

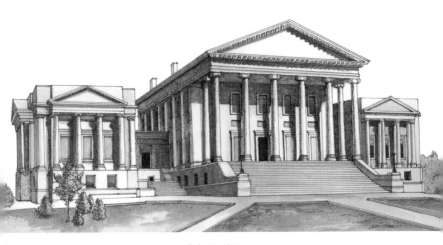

弗吉尼亚州厅

第十章 近现代建筑

现代主义建筑

现代主义建筑（Modern Architecture\Modernism）又被称为国际式建筑（International style architecture），是指 20 世纪 20 年代形成的建筑形式。现代主义建筑思想早在 19 世纪后期已经出现，伴随着一些现代建筑运动、现代建筑教育和现代建筑大师的思想理论及建筑作品的产生与发展，至 20 世纪 20 年代成为西方建筑界的主流思想，并在五六十年代影响到了世界的建筑风格。20 世纪 60 年代之后，现代主义建筑则受到越来越多的批评和质疑，逐渐被新的建筑风格所取代。

现代主义建筑同现代社会、政治、经济的产生与发展有着密不可分的关系，是现代社会意识形态下的产物。现代主义建筑主要以贝伦斯等早期建筑师的作品为先导，以格罗皮乌斯、柯布西耶等一批现代主义建筑大师的建筑设计为代表。此外，从这些大师的建筑作品中也可概括出一些现代主义建筑的基本特点：

为了满足新式的工厂及公共建筑的需要，现代主义建筑普遍使用钢筋混凝土、玻璃等新的建筑结构和建筑材料。从此之后，人们对新材料、新结构、新技术及新的建筑形式的接受与重视程度日益加强，建筑形象和建筑风格的更替速度大大加快。

古典建筑样式被新的建筑样式所取代。新式建筑从实用性出发，以更纯粹、更简洁的新形象出现，抛弃了以往的柱式、线脚和装饰性元素，实用功能与经济因素成为建筑师在设计时首先要考虑的问题。随着新建筑形式的出现，新的建筑美学、建筑力学等相关学科也得到了很大发展。

新建筑的设计与建造工作越来越讲究科学性与效率，并与现代大工业生产相结合，促进了建筑及建筑构件的系统化与标准化。这种做法使得建筑构件乃至建筑，都可以实现工业化的批量生产，既节约了生产成本，又大大提高了建筑速度。

建筑中的装饰因素被排除在外。造成这种局面的原因，不仅是因为几乎所有的现代主义建筑大师都是反装饰风格的拥护者，还是由现代建筑的大众服务性功能所决定的。此外，建筑的造价与讲求实用的功能性也将装饰视为一种不必要的设置。建筑中的色彩也主要以黑、白、灰等单纯、中性的色彩，或建筑材料本身的颜色为主。

彼得·贝伦斯（1868—1940）

贝伦斯（Peter Behrens）是德国现代工业产品与建筑设计的开创性人物，他为德国电器公司所进行的形象设计也是世界上企业形象设计的开端。贝伦斯以为德国电器公司所设计的一系列工业产品与建筑为其代表性作品，他从实用性出发，秉承功能主义的立场，使用现代的建筑结构和建筑材料，设计现代主义风格的建筑与工业产品，是现代主义建筑设计的重要奠基人之一。

AEG 涡轮工厂

位于德国柏林 AEG 涡轮工厂（AEG Turbine Factory, Berlin, Germany）的车间由贝伦斯于 1909 年设计完成。这座工厂平面为矩形，主体采用钢架结构，顶部采用大跨度钢架的三铰拱结构支撑，再配合大面积的玻璃窗。这座现代风格的建筑从实用性出发，没有任何冗余的装饰，只有两边折线形的山墙面和转角处的粗石墙面，似乎还带有一丝古典建筑的遗风，但仍是第一座明确表明了现代建筑概念的作品，是早期现代建筑的代表性作品。

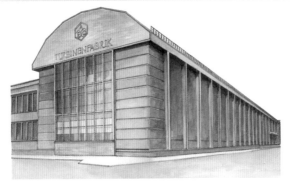

AEG 涡轮工厂

沃尔特·格罗皮乌斯（1883—1969）

格罗皮乌斯（Walter Gropius）是早期重要的现代建筑设计师，现代建筑协会的奠基人之一，现代建筑与设计教育的发起人。

格罗皮乌斯原籍德国，出生于一个建筑与艺术世家。他早年曾先后就读于慕尼黑和柏林的工科学校并学习建筑学，在校期间不仅成绩优异，而且已经开始进入建筑事务所工作，并进行独立设计建筑。1907 年，格罗皮乌斯进入贝伦斯的建筑事务所工作，并参与了德国电器公司建筑项目的设计工作。1910 年，格罗皮乌斯独立开设建筑事务所，开始了职业建筑师的生涯，同时加入德国的建筑协会"工作同盟"，并因他与迈耶（Adolph Meyer）合作设计的法古斯工厂（Fagus Factory）建筑而一举成名。

1915 年起，格罗皮乌斯开始在德国魏玛实用美术学校工作，并于 1919 年将学校合并为世界上第一所现代建筑与工业产品设计的专门教育机构，即著名的公立包豪斯学校（Bauhaus），为现代建筑教育奠定了基础。1928 年，格罗皮乌斯与柯布西耶等建筑师发起成立了国际现代建筑协会，并于其后担任副会长。

1937 年受战争影响，格罗皮乌斯定居美国，并任哈佛大学建筑系教授，参与建筑系的教学与管理工作。在担任教学工作的同时，他也进行现代建筑的设计和建筑理论的总结工作。他通过讲学、建筑实践和出版相关书籍，将包豪斯的知识、教育方法和现代设计观念带到了美国，大大推动了美国的现代建筑发展进程，同时也得到世界各地建筑学界的认可，成为世界级的现代建筑大师。

格罗皮乌斯主张现代机械化大生产，积极使用新型建筑结构和建筑材料，并大力推进建筑和建筑构件的标准化与预制工作。他注重将建筑的功能、建筑技术与其艺术性相结合，同时重视建筑的经济效益，因此建筑有着简洁的外形和非常良好的实用性功能。

包豪斯教学车间

包豪斯位于德绍的校区建筑（Bauhaus, Dessau, Germany）建于 1925 年至 1926 年，由格罗皮乌斯及其助手共同设计完成，有着简洁大方的现代风格建筑与灵活的平面结构。新校舍是一个包括了教室、礼堂、学生宿舍等各种功能空间的综合性建筑群，各建筑之间有天桥相互联通。

教学车间同所有建筑一样，都采用简单的几何外形，主体由钢筋混凝土结构支撑，外立面则采用大面积的玻璃幕墙结构，平屋顶形式。建筑中的大部分构件都是预制后装配而成，包括室内装修和家具在内的所有用品都由学校的教师和学生设计，并在学校自己的工厂制作完成，也是简约形式的现代主义风格。

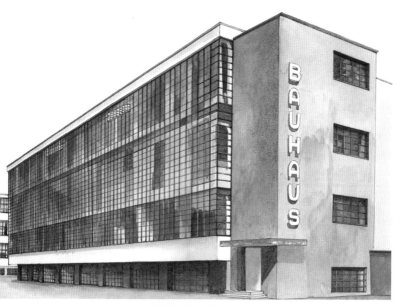

包豪斯教学车间

法古斯工厂

这座位于德国的法古斯工厂（Fagus Factory, Alfeld-an-der-Leine, Germany）办公楼是一座钢筋混凝土的三层建筑，采用钢铁框架和柱支撑的结构，不设任何细节装饰，建于 1911 年。办公楼采用平屋顶，并利用钢筋混凝土优良的悬挑性，将外墙与支柱分开，而且彻底抛弃了设置角柱的做法。建筑主体的外墙由大面积玻璃幕墙和底部的金属板墙裙构成，暴露出内部的建筑结构。格罗皮乌斯在这座建筑中所使用的结构和许多做法具有开创性的意义，成为以后建筑师的建筑规范而被广为使用，尤其是建筑中玻璃幕墙的使用，更是成为现代建筑的标志性特色，同时也显示了新的建筑材料、建筑结构和建筑技术给建筑带来的新形象。

法古斯工厂

密斯·凡·德·罗（1886—1969）

密斯（Ludwig Mies Van Der Rohe）是一位现代主义建筑设计大师，他通过建筑实践所总结出的"少就是多"的现代建筑理论，和他在建筑中对钢结构框架与玻璃的组合的应用，都影响了世界建筑的风格和面貌。

密斯原籍德国，出生于一个普通的石匠家庭，从童年就开始在自家的作坊里学习石工技术。1908 年，密斯开始在贝伦斯的建筑事务所工作，并通过自己勤奋的学习逐渐走上了建筑设计之路。1910 年密斯开办自己的建筑事务所，开始职业建筑师生涯，他还参加各种建筑团体，并担任了国家制造联盟（The Deutscher Werkbund）的领导工作，逐渐开始在建筑界崭露头角。1928 年，密斯参与组织了国际现代建筑协会。1929 年，密斯以其为巴塞罗那世界博览会设计的德国馆而成名。他的设计以较强的实用性和简洁的建筑形态为主要特点，不仅集中显示出了现代建筑的特点，也将他主张的"少就是多"付诸实践。通过伊利诺伊工学院、芝加哥湖滨路公寓、西格拉姆大厦等一大批成功的建筑作品，密斯的建筑思想与理论得到了世界建筑界的认可，成为一代现代主义建筑大师。

德国展览馆

密斯 1929 年为西班牙巴塞罗那举行的世界博览会设计的德国展馆（German Pavilion of Barcelona International Fair），在现代主义建筑发展进程中占有相当重要的地位。原展馆于博览会结束后被拆除，之后又为了纪念密斯而复建，被人们称之为巴塞罗那馆。

整个展馆平面为长方形，由室外的水池、主体建筑和建筑后部的露天庭院组成。主体建筑由 8 根十字形断面的镀镍钢柱支撑，薄薄的钢筋混凝土板覆顶，室内由落地玻璃窗和大理石板分隔成互相联通的半开敞性空间，有一部分大理石板还延伸出去，围合出后部的小型庭院。

整个展馆中除了室内的椅子和庭院中的一尊雕塑外，没有设置任何物品。但展馆中使用了棕色与绿色两种不同的大理石隔板，再加上通透的玻璃窗、地毯和水面的映衬，使得展馆建筑本身就成为一座经典的现代主义风格展品。

勒·柯布西耶（1887—1965）

勒·柯布西耶（Le Corbusier）原名 Charles-Edouard Jeunneret，出生于瑞士的一个钟表制造之家，小学毕业后曾跟随父亲学习钟表制作和雕刻技术。青年时代的柯布西耶对建筑学产生兴趣，并通过云游欧洲各国参观，以及在贝伦斯等建筑师开办的事务所工作等途径自学建筑，也开始接触到现代主义建筑思想。

1917 年，柯布西耶来到法国巴黎，并在这里结识了一些前卫的艺术家，开始全面了解现代艺术，并与这些艺术家们合作出版介绍现代艺术的《新精神》刊物（L'Esprit Nouveau）。柯布西耶就是他在刊物上发表文章时使用的笔名，他在这份刊物上发表的有关文章，反映了对于现代建筑的理解和观点。随着柯布西耶建筑理论与思想的成熟，他还出版了自己的第一部建筑著作《走向新建筑》（Vers une Architecture），这本书也成为以后的现代主义建筑师们必读的建筑著作。

1922 年，柯布西耶开设自己的建筑事务所，1928 年，他参加并组织了国际现代建筑协会，随后加入法国籍。柯布西耶本身的设计思想非常复杂，在当时和现在的建筑界，他的建筑设计思想都是长期以来人们研究和争论的焦点。他崇尚机械美学，主张"建筑是居住的机器"，因此建筑工作也要向工业化方面发展，他还从人体比例中研究出建筑比例模数系统，以满足"大规模生产房屋"的需要。他设计的建筑有着自由活泼的平面和外形，以现代技术创造出了新的现代建筑形式。柯布西耶在其职业生涯的不同时期所设计的建筑，都有着各自不同的风格和特点，在现代主义建筑师当中，他一直是新建筑理论的倡导和实践者。除了建筑设计工作以外，柯布西耶还热衷于城市布局与规划工作，但一直未能得到人们认可，只完成印度昌迪加尔城一处城市规划设计。

萨伏伊别墅

柯布西耶于1928年设计了位于巴黎附近的普伊西（Poissy）地区萨伏伊别墅（Villa Savoy），1930年建成。这是一座平面为22.5×20米的大规模建筑，主体采用钢筋混凝土的框架结构，建筑采用统一的白色墙面与玻璃窗组成。建筑底层三面由细柱支撑，中心设置门厅、车库及各种服务用房，并在中心设置了一个通向上层的斜坡式通道。建筑二层在客厅、餐厅及卧室之间设置了露天的庭院，三层是采光充足的主人卧室和晒台。内部墙面由于不承重，因此空间分隔极其灵活。

这座乡村别墅向人们展示了柯布西埃此时期"建筑五特点"的建筑思想，即：底部独立支撑柱；自由的建筑平面；自由的立面；屋顶花园和横向长窗。同时，简洁的建筑形态也表现出柯布西耶独特的机器美学观点。

萨伏伊别墅

马赛公寓

柯布西耶的建筑思想和设计风格在战后出现明显的改变，这座为马赛郊区设计的集体式住宅楼（L' unite d' Habitation, Marseille, France）就呈现出这种粗犷、豪放的建筑风格特点。

公寓平面为长方形，采用钢筋混凝土结构，长165米、宽24米、高56米，由底层开敞的墩柱与上面的17层住宅楼组成。底层开敞的墩柱可以用于停入车辆，上部建筑的7、8两层为商店、餐馆、邮电所等公共服务性设施，17层之上的顶层则为各种休闲运动场所，并设有幼儿园。其余15层设置了23种户型的标准间，可供337户人家，约1600人居住，并满足其日常需要。

马赛公寓的这种被柯布西耶称之为"居住单位（L' unite d' Habitation）"的建筑模式其实早已经形成，只是直到第二次世界大战结束后，才得以实现。虽然公寓有着较强的实用性，但其直接暴露混凝土粗糙墙面的做法却引起人们的批评，柯布西耶所倡导的这种建筑模式也没有得到推广。

马赛公寓

昌迪加尔议会大厦

柯布西耶从 1951 年开始为昌迪加尔城进行城市布局与规划工作，并设计了主要的市政建筑，这其中包括最高法院（Palace of Justice）、议会大厦（Palace of Assemble）、官员府邸等。这些钢筋混凝土结构的现代风格建筑，都采用了统一不加修饰的清水混凝土墙面，同时为了应对当时炎热的天气，还在建筑上设置了五颜六色的遮阳板，并在建筑前设置了大片水池。

议会大厦从 1952 年开始设计，直到 1962 年才建成，是所有政府建筑中耗时最久的一座建筑，它弧线形的屋顶和内部设置的双曲线圆形议会大厅，与单纯的建筑体量形成对比。连同马赛公寓和昌迪加尔城市建筑在内的，不加修饰的清水混凝土墙式的粗犷建筑风格被后人称为"粗野主义"，这种风格在以后又得到了很大的发展。

昌迪加尔议会大厦

朗香教堂

这是位于法国贝尔福特市郊、朗香地区的一座小教堂（The Chapel at Ron-champ），由柯布西耶设计，于 1950 年至 1953 年建成，但却引起了世界建筑界的关注，成为一座颇受争议的建筑。朗香教堂由主体建筑和一座高塔组成，屋顶部两边向外翻的屋檐会合在一起，底部是弯曲而封闭的墙面，而且每个方向上的墙面各不相同。屋顶由钢筋混凝土的薄板构成，东南高、西北低，在西面尽头还设有排水管，将积水排入一个水池当中。

朗香教堂

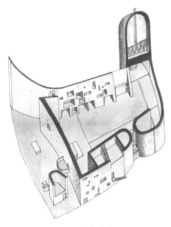

朗香教堂内部

朗香教堂内部

朗香教堂内部很小，只能容纳大约 200 人，主要靠三座高高的塔状物中折射进来的阳光和一面墙壁上开设的看似随意的窗口取光。朗香教堂最富于特色、也最富想象力的是屋顶的样式，它曾引起人们无数的猜想，例如轮船、修女的帽了等，具有很强的象征和隐喻意味。

弗兰克·劳埃德·赖特（1867—1959）

赖特（Frank Lloyd Wright）出生于美国威斯康星州，是一位美国本土的现代主义建筑大师，他一生设计了大量的建筑，仅建成的就有约400处。赖特大部分的作品都是住宅建筑，而且在不同时期的建筑风格变化明显，但都广为人们喜爱。赖特注重建筑与周围环境的关系，提出了"有机建筑理论（Organic Architecture）"，并在相关领域做出了有益的尝试。

赖特早期曾就读于威斯康星大学，专门学习土木工程，中途退学后即进入芝加哥学派领导人物沙里文的建筑事务所从事建筑工作，并深受其影响。1893年，赖特开办自己的建筑事务所，并设计出"草原式住宅"（Prairie houses），这种建筑以优雅的姿态、经济而良好的使用功能受到国民的喜爱；东京帝国大厦（Imperial Hotel, 1916—1922）则以坚固的结构而受到世界的瞩目，赖特也因此在业界成名。

1901年，赖特发表他的第一本建筑理论著作《机器的工艺美术运动》（The Art and Craft of the Machine），提出了"有机建筑"的概念。此后，他致力于建筑与环境、建筑与自然形式之间关系的研究。两次世界大战期间，赖特以其独特的设计而成为美国最重要的建筑大师之一。而在晚年，赖特开始注重建筑作品的艺术性，甚至设计了显得与周围环境格格不入的纽约古根海姆美术馆。

赖特同其他现代建筑大师一样，始终坚持使用新的建筑材料与建筑结构，并利用新的技术来表现他对于建筑的理解。但同时他并不排斥在建筑中设计一些装饰性的细节，也使用一些传统的自然材料，虽然他提出的有机建筑理论是一个非常复杂而广泛的概念，但仍然对现代主义建筑，尤其是美国现代主义建筑的发展起到了重要的推动性作用。

罗比住宅

这是城市中的草原式住宅，赖特于1908年在芝加哥设计完成，罗比住宅（Robie House）也是此种形式的住宅在城市中的代表性建筑之一。罗比住宅平面约呈长方形，是一座横长的二层建筑，并通过向外伸展的水平阳台和花台、出挑很深的檐部和平缓的屋顶，加强了建筑的这种横向的稳定状态。

在罗比住宅中，赖特使用了传统的砖墙面和石材顶部，但也使用了大面积的玻璃门窗，建筑内部也是最先进的现代设施，创造了新的住宅模式，同时也打破了现代建筑单纯的形式。

罗比住宅

流水别墅

这座位于美国宾夕法尼亚州山林里熊跑溪（Bear Run）上的小别墅，是实业家考夫曼的乡间度假别墅，人们习惯称它为流水别墅（Kaufmann House on the Waterfall）。别墅坐落在一个小瀑布的上面，由支撑在墩柱和墙上的三层钢筋混凝土的平台组成，平台在一边与竖向石墙相连接，其余部分向不同的空中延伸，与周围的树木相接。

主体建筑由石墙和大面积的玻璃窗构成，将室内外连为一体。流水别墅的横向平台采用光洁而明亮的墙面，而竖向的石墙由保持了石质的粗糙表面，再加上通透的玻璃窗与优美的环境，使之在一年四季中都呈现出不同的景致。这座建筑以其独特的形态，以及与自然环境完美的结合而成为最著名的现代主义建筑，几乎出现在每一本介绍现代主义建筑的书籍当中，是赖特最重要的住宅设计作品。

流水别墅

纽约古根海姆美术馆

古根海姆美术馆（Solomon R. Guggenheim Museum, New York）是赖特晚年设计的较大规模的公共建筑，主要为展示私人美术收藏品而建。这座美术馆主体建筑与周围的建筑全然不同，是一座向上逐渐扩大的螺旋形圆柱。这个螺旋形的圆柱厅高约 30 米，底部直径 28 米，其内部也由是由打破楼层的盘旋坡道和墙面构成，形成一个连续上升的空间，中庭顶部由巨大的玻璃穹顶覆盖，并留有一个采光的天井，展品就挂在坡道旁边倾斜的墙面上。

纽约古根海姆美术馆

阿尔瓦·阿尔托（1898—1976）

阿尔托（Alvar Aalto）是芬兰现代建筑设计大师，也是现代家具等工业品设计大师，同时还进行现代城市规划的研究与设计工作。同其他现代主义建筑大师不同的是，阿尔托在现代建筑的设计与建造过程中，非常注重对砖、石，尤其是木材等传统建筑材料的使用，并且一直关注着自然环境、建筑与人之间的关系。

阿尔托早年在赫尔辛基技术学院学习建筑学，接受了系统的专业高等教育。1923年开始，开始开设自己的建筑事务所，并于 1928 年加入国际现代建筑协会。20世纪 30 年代之后，阿尔托还成立了一家专门设计和制作现代风格的家具及居家用品的公司，使用新技术生产他设计的现代新式家具，对现代家具的发展起到了推动性的作用。

阿尔托的设计，非常注重建筑带给人的心理感受。他利用芬兰丰富的木材资源，设计了大量富有人文主义风格和民族特点的建筑，如帕米欧结核病疗养院（Paimio Sanatorium）、维堡图书馆等。阿尔托在这些建筑中所使用的设计手法被人们称之为"有机功能主义"（Organic Functionalism），在充分满足功能需要的同时，创造出一种轻松、亲近的建筑环境，使建筑也带有浓厚的人情味。

迈里尔住宅

位于芬兰诺马库的迈里尔住宅（The Villa Mairea, Noormarkku, Finland），建于1938年至1941年，是阿尔托为自己设计的一座小型别墅建筑。这座住宅位于一片树林与一个曲面游泳池之间，建筑平面呈"L"形，主体采用钢筋混凝土结构建成，也加入了一些石材和木材等传统的自然建筑材料。

小别墅通过不同材质所营造的不同体块的组合，丰富了立面形象，同时以植物、水面和纯净的白墙、自然纹路的木窗、透明的玻璃来取得一种自然、和谐的建筑氛围，突出了建筑清丽、温馨的格调，极富生活气息。

迈里尔住宅

奥斯卡·尼迈耶（1907—2012）

尼迈耶（Oscar Niemeyer）是巴西乃至整个拉丁美洲的代表性现代建筑师，在建筑设计方面深受法国现代建筑大师柯布西耶的影响。尼迈耶出生在巴西里约热内卢，1934年毕业于当地的国立美术学院建筑系。毕业后进入巴西现代主义建筑和艺术大师科斯塔（Lucio Costa）的事务所工作，并受其影响，于1937年独立开办建筑事务所，开始了建筑的设计实践。

1939年，尼迈耶与科斯塔合作设计了纽约世界博览会巴西馆，并开始在建筑界成名。1947年，尼迈耶作为巴西代表，参加了纽约联合国总部的设计小组。1956年至1961年，尼迈耶主持新首都巴西利亚的规划与建设工作，并设计了国会大厦、总统府、巴西利亚大教堂等大型建筑。在这些建筑项目中，尼迈耶将他极富个人风格特点的曲线形建筑特点发挥到极致。

巴西国会大厦

尼迈耶设计的国会大厦（National Congress）建于 1960 年，坐落于新首都巴西利亚著名的三权广场（Square of the Three Powers）上，与总统府和联邦最高法院构成三大权力建筑。与其他两座建筑不同的是，国会大厦由三部分独立的建筑组成，包括两座并排设计为"H"形的办公大楼和两座碗形、且一正一反设置的众议院和参议院。

办公大楼由两幢并排的高层建筑组成，在两座建筑的中部设有沟通的横桥，同时形成"人文"两个字母的缩写"H"形式。这种设计使大厦具有很强的象征意味，但是，由于两栋大厦仅在中部有横桥，也造成了双方沟通上的不便，而且参众两院的建筑也出现了维护费用昂贵的弊病。

巴西国会大厦

巴西利亚大教堂

大教堂（Cathedral of Brasilia）建于 1950 年至 1970 年，坐落在三权广场建筑群的旁边。尼迈耶在这座教堂外形的设计上借鉴了海中生物章鱼的形态，在外部使用分散状的钢筋混凝土骨架，再在骨架间设置网格状金属网，并在其中镶嵌彩色防热玻璃。

由于独特的结构和大面积玻璃窗的使用，使得教堂得到了一个中间没有任何阻隔物的宽敞空间，而顶部的大幅彩色画使身处于教堂中的人们置身于一个奇幻空间。简洁的建筑造型所取得的惊人效果，正如尼迈耶说的那样，拥有了一个"简洁、纯净匀称"的艺术品般的效果。

这座平面为圆形的教堂建筑，打破了以往传统教堂在人们心中的形象。尼迈耶以其设计的建筑使新首都和他自己在世界扬名，也吸引来众多的参观者，优秀的现代建筑被赋予除使用功能以外更深刻的意义。

巴西利亚大教堂

贝聿铭（1917—2019）

贝聿铭（Pei Ieoh Ming）是美国现代建筑大师，也是一位活跃在近代的现代主义大师，在各种新的建筑学派层出不穷、和现代主义建筑受到广泛批评的年代里，他也是一位少有的始终坚持现代主义建筑风格的设计者。

贝聿铭出生于中国广东的一位现代银行家的家庭中，在上海的教会学校完成了中等教育后，他前往美国学习建筑。1940 年和 1946 年，贝聿铭先后在麻省理工学院和哈佛大学获得学士与硕士学位，而在此期间担任他所在学校领导和导师的，也正是现代主义建筑大师格罗皮乌斯和他的得意门生布鲁尔，贝聿铭也深受其现代建筑理论和思想的影响。1948 年，贝聿铭开始与房地产开发商泽根道夫合作，这在美国首开了开发商直接与建筑师合作的先例。通过几年的合作，贝聿铭对建筑与环境及经济成本的认识加深。

1955 年，贝聿铭创建事务所，这个事务所不仅仅由建筑设计师组成，还包括一些规划师和室内设计者。这一特点也使得贝聿铭设计的建筑总是与整个城市的建筑、自然与人文环境等紧密联系在一起。贝聿铭坚持他的现代主义建筑风格，但对混凝土、钢铁和玻璃的使用更富创造性，也使现代建筑有了新的面貌，在轰轰烈烈的后现代及多元化建筑流派中独树一帜。

贝聿铭是美国建筑师协会、美国室内设计协会、美国设计科学院和国家艺术委员会会员，同时还是英国皇家建筑师协会会员。其代表性建筑包括美国科罗拉多州大气研究中心、法国卢浮宫扩建工程、新加坡的中国银行办公楼及北京香山饭店、华盛顿国家美术馆东馆、香港中银大厦等。

美国国家大气研究中心

美国国家大气研究中心（National Center For Atmospheric Research）坐落在科罗拉多州（Colorado）落基山脉的一个小山顶上，是贝聿铭1966设计的一座建筑。在这座建筑中，贝聿铭借鉴了当地印第安人的岩洞建筑形象，设计了以实墙为主的建筑群。这座大气研究中心建筑群包括科学家的办公室和各种实验室、宿舍，以及辅助人员用房。各个不同功能的建筑彼此分开，通过走廊连接。建筑中的开窗很少，但建筑内部空间有相当大的可塑性，可以根据需要方便地拆装墙壁，组成大小不一的空间。整体建筑虽然采用钢筋混凝土结构建成，但其外表没有都市建筑的冷峻之感，而是通过采用当地的石料和特殊的处理使之与周围的山地合为一体。

美国国家大气研究中心

现代主义之后及当代建筑的发展

1959年，由格罗皮乌斯、密斯、柯布西耶等现代主义建筑大师领导成立的国际现代建筑协会（The International Congresses of Modern Architecture CIAM），因内部存在严重的思想分歧而宣布暂时停止活动，这个事件也寓示着新的建筑思想对现代主义建筑思想的冲击。已经存在了半个多世纪的现代主义建筑，因为过于单一的形式、缺乏人情味等诸问题而受到来自各方的批评。而在二战以后，各种新的建筑思想与理论层出不穷，从现代主义风格分裂出的各种建筑风格，以及新一代建筑师的思想和理论、新技术与新材料的产生以及社会结构的调整等因素，都促使世界建筑向着多元化、个性化的方向发展。

1972年，由雅玛萨奇设计的，位于美国密苏里州圣路易斯城中的现代主义住宅区由于民众的反对而被炸毁，也同时有人宣称"现代主义已经死去"。实际上，从20世纪50年代之后，西方建筑思潮已经开始向多样化、地区性和个性化发展，随着现代建筑大师的离世和新的社会与教育背景下成长起来的新一代建筑师的崛起，产生了更多样的建筑流派和各种各样的建筑思想与理论，世界建筑的面貌也逐渐变得丰富起来。尤其到了近代，随着高科技和信息化社会的来临，这种多元化的趋向更加明显。建筑更多地与人文、自然学科，尤其是科学技术的发展联系起来，而与建筑相关的各种学科，也都在进行重要的调整与发展。

粗野主义

这是在 20 世纪 50 年代出现的一种建筑风格，以柯布西耶所设计的暴露清水混凝土墙面的几座建筑为先导，以暴露建筑材料的自然肌理为特点，保留建造痕迹。粗野主义（Brutalism）相比于有着光滑墙面和玻璃幕墙的现代建筑而言，给人以粗犷和清新之感。早期的粗野主义建筑以柯布西耶的马赛公寓和昌迪加尔城中的建筑为代表，后由英国的史密斯夫妇（A. and P. Smithson）发扬光大并为其定为粗野主义。路易·斯康（Louisl Kahn）就以他设计的粗野风格建筑而被世人推崇。

印度经济管理学院宿舍楼

在为印度经济管理学院（Indian Institute of Management）所做的整体校园规划与建筑设计上，路易·斯康注意到一个不发达国家的国情，因此设计了这种利用当地建筑材料、以大片墙面为主的建筑形象。这所大学中的所有建筑都有朴素的红砖墙面，与周围的自然植物和谐共处，而大面积的实墙则尽可能地遮阴，再加上建筑上开设的各种奇特的孔洞，使不能靠电子设备来降温的室内也照样凉爽、通风。

路易·斯康在这座建筑中所选用的清水砖墙，既是成本最低的建筑材料，同时也呈现出一种淳朴而静谧的学术气息。学生宿舍中的大小跨度孔洞，采用圆拱加扶壁墙垛或平拱加钢筋混凝土拉杆的结构制成，并且内部还设置了一些非正式的公共活动空间，而对于宿舍内部的设置，则在照顾其私密性的同时又保证每间宿舍有穿堂风经过。

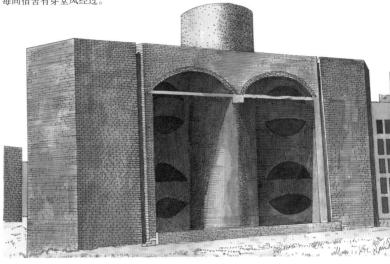

印度经济管理学院宿舍楼

隐喻主义

隐喻主义风格（Metaphor）建筑的特点是其外部形式或细节处，有着极具象征或隐喻性质的形象，因此建筑本身的形态更具艺术性，而建筑的形象既可以直接表明一定的立面或寓意，也可以是抽象的，可以引起人们无数的遐想，因此又被称为象征主义（Allusionism）。

悉尼歌剧院

由丹麦建筑师伍重（John Utzon）设计的澳大利亚悉尼歌剧院（Opera House, Sydney），是一座规模庞大的综合性文化服务建筑，由多座音乐厅和剧场以及展览大厅、图书馆等空间组成，坐落于悉尼的一块突出于海面上的小半岛上，三面临水，并以其独特的建筑形式而享誉世界。

这座歌剧院方案的入选与建造过程曲折而艰辛，人们也不得不为了这座建筑所采用的壳体结构而解决一个又一个的结构与技术问题，其间还受到来自各方的批评和压力。最终，剧院在长达 17 年工期和付出大大超出原来预算的代价之后建成。建成后的歌剧院如同立在海边的巨大贝壳、扬起的白帆、盛开的花朵，引发人们无数联想，并广受赞誉，成为悉尼的象征。

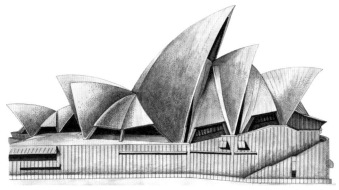

悉尼歌剧院

环球航空公司候机楼

位于纽约肯尼迪机场的环球航空公司候机楼（The TWA Terminal, Kennedy International Airport），由美国建筑师埃罗·沙里宁（Eero Saarinen）设计，并于 1961 年建成。候机楼主体建筑由 4 个"Y"形的墩柱支撑的 4 片混凝土结构薄壳体构成，且每片薄壳体都向内倾斜，形成了如展翼般的屋顶形式，其余地方则由大面积的玻璃窗覆盖。

20 世纪 50 至 60 年代，薄壳体结构非常流行，也出现了包括悉尼歌剧院和候机楼这样的优秀代表，开启了钢筋混凝土与玻璃窗结构建筑的新形式。沙里宁以他所设计的几所此类建筑奠定了他有机形式现代设计大师的地位。

环球航空公司候机楼

柏林犹太博物馆

由利贝斯金德（Daniel Libeskind）于 1989 年至 1998 年设计的犹太博物馆，是一座非常具有视觉冲击力和象征意义的建筑作品。整个博物馆采用了如雕塑般的外形，给人以饱满的力度感，建筑表面全部由金属板覆盖，不设开窗，其入口设置在地下。博物馆表面有一些不规则的裂纹，如同是累累的伤痕，向人们展示着犹太人所经历的沧桑历史。

建筑师在这座博物馆的设计中，使用了象征和隐喻的建筑语言，使建筑表面具有很强的倾诉性，达到了利贝斯金德"参观者从形状上感觉到它"的目的。同时，犹太博物馆地下的画廊通道与临近的柏林历史博物馆相连接，也起到了很好的连接作用。

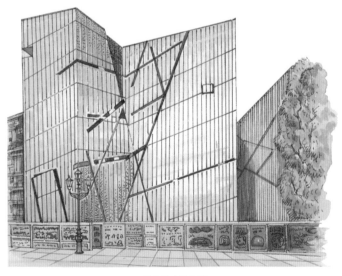

柏林犹太博物馆

典雅主义

典雅主义（Formalism）又被称为新古典主义（Neo-Classicism），是二战之后现代主义建筑众多流派中的一种，主要以美国的一些建筑师及其建筑作品为代表。典雅主义吸收古典建筑的一些特点，以传统的对称式构图及古典建筑样式的新演绎为主要特点，虽然抛弃了传统的柱式形象，但也追求建筑中各部分的比例关系，使现代建筑产生端庄、优雅的形象。典雅主义尤其为美国官方所青睐，此时期美国的许多大使馆等官方建筑多采用此种风格。

阿蒙·卡特西方艺术博物馆

由约翰逊（Philip Johnson）设计的阿蒙·卡特西方艺术博物馆（Amon Carter Museum of Western Art），于1961年建成，是一座现代主义风格的典雅主义建筑作品。这座建筑的主体部分由五跨扁拱和支撑拱的锥形柱子构成，并在建筑前面的玻璃幕墙与支柱间留有一个柱廊。建筑有着简洁的平面与外部形象，内外部的墙面与地面也采用传统的石料或石料的形象，优雅而沉静的建筑与周围宽大的平台、优美的环境完美地融合在一起。

阿蒙·卡特西方艺术博物馆

高科技风格

现代社会以高科技和信息产业的发展为主要动力，也由此产生了高科技建筑风格（High Tech）。现代社会的高科技风格，以大胆使用先进的科学建造技术与建筑材料、建筑方法为主，力求使建筑外表突出这些高科技成果的先进性。高科技风格的建筑使建筑结构、建筑设备和建筑中涉及的各种新技术、新机器更为紧密地结合在一起，创造出了领先于时代的新建筑形象，向人们展示着未来建筑的走向。

诺曼·福斯特（1935— ）

福斯特（Norman Foster）出生在英国的曼彻斯特，并在那里的大学完成了建筑与城市规划的专业学习。当他在美国耶鲁大学以优异的成绩获取硕士学位之后，就留在美国发展自己的事业。1963 年，他回到英国，并与自己的第一任妻子，以及罗杰斯夫妇组成了"四人组"开始建筑设计工作。1967 年，福斯特开办自己的建筑事务所，并将美国的新技术带入自己的设计当中，如著名的香港汇丰银行建筑、新德国国会大厦等，成为高科技建筑的代表性建筑师之一。

香港汇丰银行南立面

香港汇丰银行

位于香港的汇丰银行总部大楼（New Headquarters for the Hongkong and Shanghai Bank Building），是福斯特领导的建筑事务所在 1979 年设计完成、并于 1985 年建成的高科技风格现代高层办公建筑。

大厦主体由竖向的钢桁架与五组横向的钢桁架结构支撑，每组横向桁架都占两层楼高，由底部横向的弦杆和组成"V"字形的内外斜梁构成。建筑外表面采用统一的高技术喷漆铝制表面与双层通高的玻璃窗配合。而由于采用钢桁架结构，因此建筑内部空间的设置相当灵活，不仅可以根据需要随时改变内部的结构与布局，其中还设置了高达 10 层楼的中空天井，并增设电脑控制的镜面玻璃以调节阳光光线。

香港汇丰银行东立面

香港汇丰银行东立面

汇丰银行的主体建筑由前后三跨组成，其高度分别为 28 层、41 层和 35 层，在中部最高一跨的建筑顶部还设有直升机的停机坪。这座建筑抛弃了将电梯井设置在建筑中部的做法，将主要及辅助电梯井、维修吊车及楼梯都设置在建筑两侧，而在建筑内部设置斜向自动扶梯。

理查德·罗杰斯（1933—）

罗杰斯（Richard Rogers）出生于意大利佛罗伦萨，在伦敦接受建筑的专业教育之后，到美国耶鲁大学学习。罗杰斯夫妇与福斯特夫妇的"四人小组"时期，罗杰斯的建筑已经显现出利用高科技来丰富建筑形式的设计特点。1970 年，罗杰斯与皮阿诺联合设计的蓬皮杜中心世界闻名，他本人也于 1977 年开办事务所，成为独立建筑设计师，并于第二年设计了与蓬皮杜相同风格的劳埃德大厦，是高科技风格的代表性建筑师之一。

伦佐·皮阿诺（1937—）

皮阿诺（Renzo Piano）出生于意大利热那亚的一个建筑世家，1964 年毕业于米兰工业大学建筑学院，后加入路易·斯康、Z.S. 马科乌斯基等多位现代建筑大师的事务所工作。1970 年，皮阿诺与罗杰斯因合作设计了蓬皮杜中心而成名，随后他又曾经与彼得·赖斯合作设计建筑。1982 年，皮阿诺同时在热那亚与巴黎建立事务所，并设计了日本关西机场、梅尼尔珍藏品美术馆等高科技风格建筑。

蓬皮杜艺术与文化中心

位于法国巴黎的蓬皮杜艺术与文化中心（Pompidou Centre），由英国建筑师罗杰斯与意大利建筑师皮阿诺共同设计完成，是高科技风格的代表性建筑作品。整个文化中心平面是一个长 166 米、宽 60 米的矩形，由接待、管理、图书馆、两层展馆及一个夹层共 6 层组成，全部采用钢架结构支撑。

整个建筑不仅主体与辅助性的钢架结构都暴露在外部，而且建筑内的所有管线、电梯及空调设备等也都暴露在建筑外部，是一座"骨包肉"式的建筑。所有设备管线都被涂以鲜艳的色彩，并由此分类。黄色为发电机组等电气设备管线、红色为交通管线、蓝色为空调设备管线、绿色为给排水系统管线，白色则为主体钢架支撑结构系统。

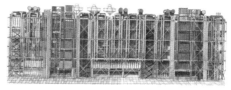

蓬皮杜艺术与文化中心入口立面

解构主义

20世纪80年代中期，以法国哲学家德里达（Jacques Derrida）提出的解构主义哲学为理论基础，在建筑界也出现了解构主义风格（Deconstruction），这种称谓是相对于以前的结构主义（Constructionism）而得来，其主要内容也是对以往稳定、均衡和有序建筑结构的颠覆，以一种不统一的、混乱的、中止的结构来改变以往建筑的形象。解构主义建筑理论也成为一门复杂而深奥的学问，不同的建筑师有不同的理解和表达方式，也出现了埃森曼、屈米（Tschumi）和盖里等解构主义建筑大师。

彼得·埃森曼（1932—）

埃森曼（Peter Eisenman）1955年毕业于美国康乃尔大学，并在1957年至1958年间在格罗皮乌斯的建筑事务所工作，1961年获美国哥伦比亚大学硕士学位，1963年获得英国剑桥大学博士学位。1967年，埃森曼在纽约成立专门的"建筑与都市研究所"，开始他对于建筑和建筑理论的研究工作，并同时进行一些建筑设计实践和建筑理论教学工作。埃森曼的建筑思想以复杂著称，他认为解构主义是一种思维方式，而作为他建筑思想表达的建筑作品也有着抽象而深刻的含义，一直是人们争议和研究的对象。

威克斯那视觉艺术中心

位于美国俄亥俄州立大学的韦克斯那视觉艺术中心（Wexner Center for Visual Arts, Ohio State University），是埃森曼设计的一座解构主义风格的作品，1989年建成。这个艺术中心由两个互相交叉的格网为中心设置各种建筑，并在建筑群的一端设有如碉楼般的砖砌标志物，这个封闭的标志物从中部分开，并与旁边开放的白色网格形成对比。埃森曼在这座建筑群的结构中使用物理学的原理，是其解构思想的代表性作品。

威克斯那视觉艺术中心

弗兰克·盖里（1929—）

盖里（Frank Owen Gehry）生于加拿大多伦多，1954年从美国南加利福尼亚大学建筑专业毕业后，开始加入不同建筑师的事务所工作，并于1957年进入哈佛大学继续深造建筑和城市规划。1962年，盖里在洛杉矶开设自己的建筑事务所。进入70年代后，盖里的建筑作品向解构主义风格发展，尤其以他于1977年开始设计建造的自用住宅而成名，此后盖里的建筑作品向着一种即兴发挥的艺术品形象发展，成为有着巨大影响力的世界级建筑大师。

毕尔巴鄂古根海姆博物馆

借助于现代的计算机建筑设计辅助系统和高科技施工技术，盖里设计了这座位于西班牙毕尔巴鄂市河岸上的古根海姆博物馆（Guggenheim Museum in Bibao）。博物馆是一座包含展厅、礼堂和服务性空间的大型建筑，底部是十分规整的石质墙面，但上部主体建筑则是由一些奇特而且不规则的体块构成，还有着流线型的线条。整个建筑由复杂的电镀钢结构支撑，外表由薄薄的镀钛合金覆盖，因此其建筑成本大大提高。建筑内外的结构都相当复杂，因此所有建筑图纸都由计算机绘制并精密计算，是一座真正的现代高科技建筑作品，并通过建筑本身的结构和形态淋漓尽致地向人们展示了解构主义建筑的实质。

毕尔巴鄂古根海姆博物馆

范得沃克第三工厂

由当代先锋派的蓝天组（Coop Himmelblau）设计的范得沃克第三工厂（Funderwerk Factory3）是一座解构主义建筑作品。由普瑞克斯和斯维茨斯基组成的蓝天组以设计解构主义风格建筑而闻名，这座工厂的特点之处在于，对烟囱和入口处都进行了一些装饰性的改变，也形成了工厂断裂的不连续外观形式，而工厂主体部分则以大面积的开放空间与混乱的架构形成对比。

范得沃克第三工厂

理卡多·波菲尔（1939—）

波菲尔（Ricardo Bofill）出生于西班牙巴塞罗那，并先后在巴塞罗那建筑学校和瑞士日内瓦建筑大学接受专业教育。1963年，波菲尔开设泰勒（Taller）建筑公司，他所设计的建筑在多个国家获奖，开始在建筑界赢得良好的口碑。波菲尔早期的建筑作品中，带有强烈的加泰罗尼亚和地中海风格特点。1975年，波菲尔以其设计的"Walden7"住宅而成名。1978年波菲尔在巴黎开设事务所，并受到法国政府的多项建筑委托。随后，波菲尔开始独立或与福斯特等著名建筑师合作，同时在多个国家设立泰勒子公司，将其建筑事业扩展到全世界。

巴里奥·卡乌迪住宅区

巴里奥·卡乌迪住宅区

位于西班牙塔拉哥那的巴里奥·卡乌迪住宅区（Barrio Gaudi, Reus Tarragona），是波菲尔早期的建筑作品，也是泰勒公司成立以来接到的最大规模住宅区项目。波菲尔在这座郊外居住社区的建筑中，使用了加泰罗尼亚地区的建筑风格，建筑由砖贴面的混凝土结构建成，由不同形式的矩形体块组成变化丰富的建筑立面式样。在建筑预算十分紧张的情况下，波菲尔首先使用了在西班牙并未普及的预制装配技术，开启了新型低造价建筑的新形式。

瓦尔顿7号公寓大楼

瓦尔顿7号公寓大楼

位于巴塞罗那的Walden7住宅是波菲尔的成名作，是一座位于郊区的大型综合性住宅。整个公寓大楼由18座塔楼组成，这些塔楼在底部呈弧线形分开，至顶层又互相连接在一起，形成一个既独立又统一的整体。公寓大楼外部采用独特的半圆柱体阳台形式，而在内部则在各塔楼的相交处形成一个开阔的中庭，各塔楼中还有相互连接的公共性庭院，而各种规格的公寓就环绕在这些公共建筑之间，巧妙地解决了个人空间与公共空间的搭配问题。

马里奥·博塔（1943—）

博塔（Mario Botta）出生于瑞士提契诺，这里也是地中海文化与欧洲文化的交汇地。博塔1969年毕业于威尼斯建筑大学。但早在1965年，他就已经在柯布西耶的事务所中从事实际的建筑设计工作了。毕业后，他又追随路·斯康参加建筑实践，并在多家著名建筑事务所工作过。1970年，博塔开设自己的建筑事务所，在进行建筑设计工作的同时，也在欧洲各国和美国以及拉丁美洲的多座大学进行讲学工作。博塔所设计的建筑极其具有创新意识，他所创造的很多种表现手法，都被广泛地模仿和应用。

旧金山现代艺术博物馆

这是博塔在美国的第一件建筑作品，1989年设计，1995年建成。这座位于高层建筑环绕之下的现代艺术博物馆（San Francisco Museum of Modern Art），采用了横向阶梯建筑形式，通过独特的建筑造型和明艳的色彩从众多高层建筑中脱颖而出。

建筑主体承重为钢框架结构，外覆混凝土镶板以加强其稳固性。横向的展厅部分由红砖饰面，中央则是由两色大理石形成的条纹状筒形大厅，而大厅顶部做成大面积透明的斜面形式，从顶部照射下来的阳光照射在墙面和地面上镶嵌的陶瓷砖上，也照亮着通向每个展馆的通路。

旧金山现代艺术博物馆

办公建筑

办公楼主要是为从事业务或行政活动而建造的建筑，其功能相对单一，但现代建筑的办公建筑也多是综合性办公楼形式。现代办公楼的规模日益扩大，并出现向着大规模超高层建筑发展的趋势，而且与各种现代配套设施的结合更为紧密。

绘画工作室

这座由齐帕菲尔德（David Chipper-field）1987 年设计的绘画工作室（Graphic Studio），是在一座 2 层仓库的基础上改建而成，并同时使用了木材、钢材、大理石、砖和多种玻璃材料。在建筑内部，简单的布局与分隔既创造出比较严密的工作空间，又没有破坏建筑本身空间的开阔感。

绘画工作室

塞维利亚万国博览会意大利馆

这是由意大利当代女设计师盖·奥兰蒂（Gae Aulenti）为 1992 年召开的塞维利亚万国博览会设计的意大利展馆（Italian Pavilion of Expo' 92, Seville），也是这位女设计师的成名代表性作品之一。这座展馆是一座矩形建筑，四周有高墙围绕以阻挡外部的噪声，给内部空间以安静的展览环境。入口处的顶部设有四座高塔和玻璃覆盖的三角形屋顶，而主体建筑与外墙间则由水相隔，人们可以顺着水面上的斜坡通道进入展馆内部。

博览会结束后，意大利展馆被作为永久性建筑保存，并在中上部设置了楼面，使其成为一座办公大楼。作为一名女性建筑设计师，奥兰蒂在她的设计中融入了一些柔和的氛围。这表现在建筑中水的应用与处理上，用水作为建筑与外墙之间的分隔物，将入口设置为水面上的拱桥形式，这些都活跃了建筑的总体气氛，中和了钢筋水泥给人的冰冷、坚硬之感。

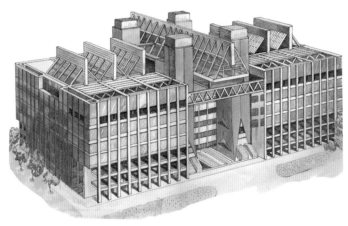

塞维利亚万国博览会意大利馆

阿尔伯门大厦

位于英国伦敦华尔街上的阿尔伯门大厦（Interior of Alban Gate），是法雷尔1993 年设计的办公大楼建筑。法雷尔是英国建筑设计师，并以其大众化的设计风格和注重建筑与城市关系的设计原则而受到人们喜爱。阿尔伯大厦的上部分为三段，由两边的塔状建筑与中部钢架构覆玻璃的中庭组成，两边塔状建筑做成石带与玻璃带相间形式，而中部通透的中厅则为建筑内部带来充足的光照，还在顶部设置了一个古老的拱形结构，抽象地表现出门的概念，与建筑要求中提出的，作为巴比干地区象征性大门的主题相当吻合。

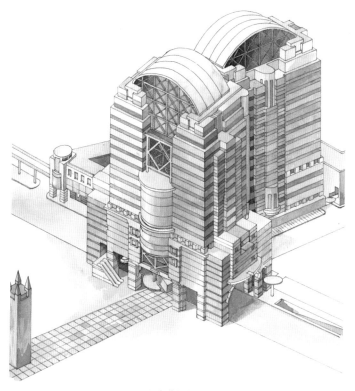

阿尔伯门大厦

公共建筑

公共建筑的最大特点就是其公用性，因此建筑规模一般都相当大，在建筑形式上也讲求一定的标志性与纪念性，因此公共建筑的形象往往更具灵活性，使建筑设计师有相当大的创作空间。公共建筑因其使用功能的不同，对建筑本身的技术与艺术要求也更加严格。

澳新军团大道与议会大厦

随着现代社会的发展，城市规划与设计成为人们面临的新问题，有些国家甚至重新选择地址建造全新的城市，作为澳大利亚新首都的堪培拉，就为世人展现了一个经过规划的新城市形象。在这条断续的轴线上，由远到近坐落着战争纪念馆、人工湖、旧国会大厦和新国会大厦。虽然建筑本身很普通，但其巧妙的设计使建筑与城市的景观相契合，倒也不失为成功之作。

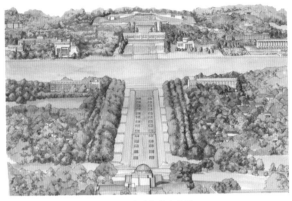

澳新军团大道与议会大厦

卢萨可夫俱乐部

位于莫斯科的卢萨可夫俱乐部建筑（Rusakov Club）建成于 1928 年，由苏联建筑师美尔尼科夫设计（Konstantin Melnikov），这座建筑的特别之处在于三个突出的封闭式体块的设置。这三个体块由悬梁结构支撑，突兀于主体建筑之外，给人以很强的视觉冲击力，而在建筑内部则形成三个独立的建筑空间。突出物封闭的实墙与大面积的玻璃带形成对比。这种建筑形象具有很强的象征性与标志性，因此在稍后也修建了相当一批此类的公共性建筑物。

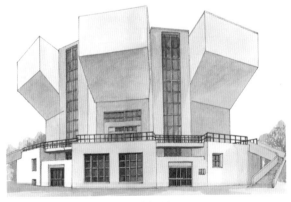

卢萨可夫俱乐部

维也纳中央银行

由甘特·杜麦尼格（Gunther Dome-
nig）设计的维也纳中央银行（Central
Bank in Vienna）也是他 1979 年的成
名作品，这座银行带有明显的有机建
筑风格。杜麦尼格把银行外部的入口
处做成了一个抽象的怪兽形式，来往
的人们在恐怖的大嘴里出现和消失。
这种设计手法与高迪所设计的米拉公
寓极为相似，是有机形式与象征主义
的完美结合。银行内部也随处可见，
各种管道和线路暴露在外，犹如纵横
的血管，在起伏不定的墙面上还出现
了一只强有力的巨大手部。

维也纳中央银行

圣玛丽亚·诺弗拉火车站

圣玛丽亚·诺弗拉火车站

位于佛罗伦萨的这座火车站建于 1933
年，由米舍鲁齐（Giovanni Micheluc-
ci）设计，是意大利独裁者墨索里尼
统治时期的建筑作品。虽然意大利的
独裁统治者在国家政权和重要建筑上
也采用古典样式，但也并不排除现代
风格的设计，尤其以当时用新建筑材
料和结构修建的一批现代风格的车站
建筑为代表。这座火车站就是由巨大
的钢铁架构与大面积的玻璃组成，内
部明亮而敞亮，让人想起了著名的"水
晶宫"建筑，这说明当时的建筑设计
与施工都已经达到一定水平。

人民住宅

这座建筑在墨索里尼当政时期是由建筑师特拉格尼（Giuseppe Terragni）设计的法西斯党总部（The Casa del Fascio），后改为人民住宅，是一座成功的现代主义风格作品。建筑的平面与外形都是单纯的几体，但在外立面上却开设了不同形式的孔洞形门窗。在统一的孔洞中，又同时包含着玻璃门、带遮阳板的窗子和顶部通透的露台等变化的部分，这些丰富而多样的形式与简单的建筑形体和统一的白色大理石材料相均衡，给人以较强的整体感。

人民住宅

新帝国总统府

这座位于德国柏林的新帝国总统府（New Chancellery）建于 1938 年至 1939 年间，由斯皮尔设计（Albert Speer），是德国法国西斯政权下为希特勒所兴建的一座办公大楼。办公大楼仿照辛克尔设计的国家博物馆形式建造，内部布局则模仿自凡尔赛宫，其中设有柱廊和各种办公空间，并由华丽的大理石装饰。无论建筑还是建筑内的家具、装饰物都有着超大的尺度，并在各处都设有纳粹的标志物，万字旗和秃鹰图案。这座大楼也是独裁政权下的代表性建筑，建筑虽然使用现代的建筑材料和建筑技术，但却使用古典建筑样式来体现其核心领导和强烈的民族性，并且通过超大的建筑体量来炫耀帝国的强大实力。

新帝国总统府

柏林国家图书馆

这座国家图书馆（State Library）由设计了著名的柏林爱乐音乐厅（Philharmonic）的建筑师夏隆（Hans Scharoun）设计，1978 年建成。夏隆根据图书馆建筑本身的性质，将其设计成为由大面积开放的空间形式，通层的开阔内部空间与大面积的玻璃窗带，使建筑内部最大限度地使用了自然光线。而建筑内部以灰、白、黑为主的建筑色调，与简洁的桌椅造型，自然木质的墙面，都营造出安静而肃穆的环境氛围。

图书馆的这种打破楼层的通畅空间设置，在很大程度上借鉴了 1963 年柏林爱乐音乐厅的形制。在夏隆的音乐厅建筑中，不管是室内还是室外，都打破了以往音乐厅建筑的形式，观众席环绕于乐池周围，成为深深的不对称的音乐容器。

柏林国家图书馆

筑波中心

1979 年至 1983 年间建成的筑波中心（Tsukuba Center Building）是拥有旅馆、餐厅、剧场和银行等服务性设施的综合公共服务性建筑，由日本建筑师矶崎新（Arata Isozaki）设计，是一座有着新古典风格特点的反现代主义建筑作品。在这座建筑中，建筑师以现代手法使用了代表着西方不同历史时期的月桂树、广场、柱式等元素，创造了一个围绕广场的综合性建筑群。

筑波中心的建筑本身由一组组平行的建筑单元组成，错落分布，其形象也不统一，建筑师通过这种建筑形象，表现了一种没有中心和权威的建筑理念。

筑波中心

比利时新鲁汶大学宿舍

位于比利时的新鲁汶大学学生宿舍于 1975 年建成，建筑师卢琛·科洛尔（Lucien Kroll）在很大程度上让使用者与委托单位也加入到建筑的设计、施工等建造过程中，既完善了建筑的使用功能，又加强了建筑师、使用者与建筑之间的联系。建筑主体采用钢筋混凝土结构和大面积玻璃窗的形式，但也加入了一些传统的木材，并通过丰富的颜色变化活跃了建筑形象。

比利时新鲁汶大学宿舍

阿梅尔饭店

由考恩尼（Jo Coenen）1984 年设计的阿梅尔饭店（Restaurant in Almere）深受博塔的影响，在建筑的外表面使用了不同颜色的贴面砖装饰，使建筑给人以非常亲切的感觉。这座饭店的底层在墩柱间形成门廊，并采用大面积的玻璃窗，符合其酒店的建筑要求。建筑中层比较封闭，主要作为餐馆使用，上层则在侧墙上留有长而窄的玻璃窗带，为提供住宅功能的公寓室内带来充足的自然光照明。

阿梅尔饭店

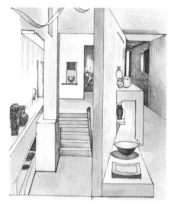

威尔松·高夫美术馆展廊

威尔松·高夫美术馆

这座美术馆建成于 1988 年，由英国设计师齐菲尔德为一座旧楼所做的改造，由众多小空间组成。在空间的划分上，建筑师借鉴了密斯的巴塞罗那展馆经验，利用大理石贴面的不间断墙壁创造出变幻复杂，既开放又封闭的不同展览空间，并利用使用空间造型与线条的变化，活跃了室内的建筑后气氛，将众多小空间连接成动态的整体。

萨特拉斯车站

法国里昂萨特拉斯车站（Statolas Station）是西班牙建筑与结构设计师卡拉塔瓦（Santiago Calatrava）于 1992 年设计，并于 1995 年建成的。卡拉塔瓦在他的设计中，特别重视建筑所表现的动态效果，或许因为他本身还是一名出色的结构工程师的缘故，他所设计和建造的一些作品都以复杂的钢架结构表现出很强的动态感，而且这些建筑大都是模仿大自然中的生物。

萨特拉斯车站就是一座如同展开的鸟翼形式的建筑，建筑主体以一种富于节奏感的复杂钢架结构组成，显得轻盈而透彻，其外形非常具有很强的流动态势，更体现了建筑师本人"建筑是运动的物体"的思想。

萨特拉斯车站

苏格兰国立美术馆

由戈登·本森（Benson）和阿兰·福赛斯（Forsyth）于1991年联合设计的苏格兰国立美术馆（Scotland National Museum），是在原美术馆的基础上进行的增建建筑。由于建筑正处于街区拐角处，因此增建的场馆为三角形建筑，与主体的长方体展馆和圆柱体的入口相组合，使整个展馆在外观上非常富于现代气息。

苏格兰国立美术馆

高层建筑

随着建筑材料与建筑技术等相关建筑产业的发展，建筑的规模和高度都在迅速发展。高层建筑不仅有着优良的使用性，它的建造还是技术进步和实力的象征。世界上现代高层建筑始于美国，并以芝加哥地区和著名的芝加哥学派为代表。

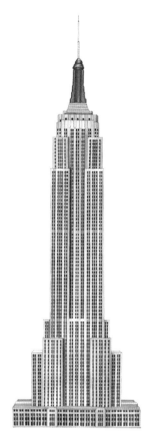

纽约帝国大厦

纽约帝国大厦

由施里夫（R. H. Shreve）、拉姆（T. Lamb）和哈蒙（A. L. Harmon）三位建筑师联合设计的美国纽约帝国大厦（Empire State Building, New York, USA），于1929年至1931年设计并建造完成。这座大厦高达380米，使用钢筋混凝土结构建成，无论是大厦本身的高度还是施工速度，都创造了当时的新纪录。

大厦底部为长130米、宽60米的矩形平面，向上每隔一段距离都做收缩处理，以第6层、第30层等处收缩最为明显，形成塔式外观。到第85层后则建有一座相当于17层楼高的圆塔。大厦从1929年清理基地开始，到1931年全部工程完工。之所以有这么高的施工速度，一方面是大厦本身简洁的形体使所有构件的规格相对单纯和统一，因此可以采用预先制造和简单拼装的方法完成，最后再安装到建筑上；另一方面，人们对建造高层建筑已经有了丰富的经验，因此从设计、施工到工程的管理与各部门的配合均工作严谨，因此大厦的建造工作才可高质、高效地完成。

哥伦布骑士塔楼

位于美国康乃迪克州的哥伦布骑士塔楼（Knights of Columbus Building）建于1969年，是一座中心拱架与四周巨大的支柱为主体结构的建筑，并且建筑主要的钢结构都暴露在外部。这种独特的建筑形式，使建筑内部的空间没有钢架或墙面等承重结构的阻挡，人们可以根据需要自由设置使用空间甚至是楼层的高度。建筑四周的高塔中设置各种设备和机械，并在对角的高塔中设置了楼梯。

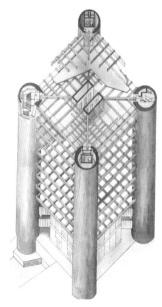

哥伦布骑士塔楼

第一国际大厦

位于美国达拉斯的第一国际大厦（First International Building）建于 1975 年，是一座 56 层高的塔楼建筑。建筑主体采用"工"字形断面的钢结构支撑，在内部还加入同样的斜拉交叉形钢结构加固，虽然整个结构体系非常简单，但却有效地减少了高层建筑所普遍存在的一些问题。建筑外部采用统一而不间断的玻璃幕墙覆面，是一座秉承密斯风格的"玻璃盒子"式高层建筑。

芝加哥施乐印刷品中心

位于芝加哥的施乐印刷品中心（Xerox Centre Offices）建于 1979 年，是一座平面略呈矩形的建筑。这座建筑的独特之处在于一边转角被处理成圆形，不仅使建筑立面增加了变化，也使整个建筑有了收缩之感，给人稳定的视觉感受。建筑内部采用柱网状的支撑结构，外部采用玻璃幕墙形式，但因为形体简单，因此得以采用预制构件而成，用较低的成本获得了比较华丽的建筑效果。

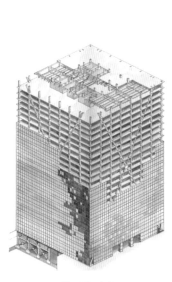

第一国际大厦

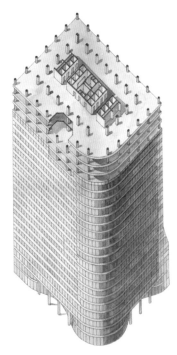

芝加哥施乐印刷品中心

戴得大都会中心

这座位于美国佛罗里达州迈阿密市的戴得大都会中心（Metro Dade Center, Miami, Florida）建于 1983 年，是一座普通钢筋混凝土结构的高层建筑，但其特色在于，充分考虑了当地多风的气候特点，从建筑外形到内部空间的设置都做了适应性的改造。建筑外部的转角处采用斜面相交的形式，其入口处也采用凹进的大门形式，避免了楼底部产生较强的风力。大楼内部底层为包括小公园、商店在内的高敞公共服务性空间，公共空间顶部采用大型拱肩梁增加其负荷量，建筑也采用围合的形式，这些措施既保证建筑的坚固性，也保证内部不会产生较强的涡旋气流。

胡玛娜大厦

这座位于美国肯塔基州露易斯城的胡玛娜大厦建于 1982 年，由著名建筑设计师格雷夫斯设计。大厦正位于市中心地带，坐落于一个宽阔的广场中心。建筑底部是一个大型购物中心，上部则为办公楼。底部和上部的中央都有一个宽敞的中心景观带，采用玻璃幕墙形式，而到了顶部则过渡为一个长方形的大型观景窗。建筑正立面通过两部分建筑形体、开窗形式与玻璃带的搭配增加了立面的变化，而侧面则通过建筑形体本身的收缩使其产生一种高耸入云之感。

戴得大都会中心

胡玛娜大厦

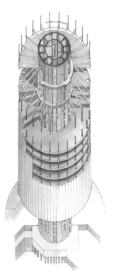

沙巴基金会总部大楼

沙巴基金会总部大楼

位于马来西亚的沙巴基金会总部大楼
（Sabah Foundation Headquarters）建
于 1983 年，是一座环绕中心柱结构的
筒状建筑物。整个大楼由上下两大部
分组成，都采用钢筋混凝土与钢梁组
成的伞形结构建成。利用钢筋混凝土
结构具有的优良悬挑性与钢质较强的
韧性，这座大楼在主体的混凝土构架
上以"工"字形断面的钢构梁加以支
撑，再配合以复杂的支架与承托结构，
就形成了独特的圆柱形外观。大楼外
表层则采用特殊加工的玻璃饰面，使
内部得到了充足的自然光照明。

住宅建筑

现代住宅建筑按其规模的大小分为单独建筑和集合型建筑，随着现代社会和建
筑业的不断发展，人们对住所的要求也在不断提高，住宅建筑逐渐成为一种重
要的建筑类型而受到建筑师的重视。许多建筑师都把较小的住宅建筑作为其设
计理念的实验品，也因此造就了许多著名小型住宅建筑，而在大型的集合性住
宅中，建筑与各种相关设备以及环境的配合，又成为设计师所必须考虑的问题。

施罗德住宅

由荷兰风格派建筑师瑞特维德
（Gerrit Rietveld）设计的施罗
德住宅（Schroder House）建于
1924 年，是当时摆脱传统建筑
结构和建筑形象的新式建筑代
表。受风格派代表人物蒙得里安
（Piet Mondrian）的影响，这座
建筑只以水平或垂直的轴线为
主，并采用钢铁、混凝土和玻璃
等新建筑材料建造而成，还带有
变化丰富的色彩，相对于传统的
建筑显得更加新颖、轻盈和通透，
同时风格也更简约。

施罗德住宅

斯希布瓦特街低层住宅

由奥德设计的现代风格低层集合型住宅楼，抛弃了单一的传统住宅楼样式，采用一种简洁而低密度的设计营造出更加宽松的生活环境。简洁的建筑造型几乎没有任何装饰性元素，这也是对传统建筑追求繁缛装饰，而忽略实际使用功能风格的颠覆，其突出的纵横线条带有强烈的风格派特点，而转角处的圆形处理手法，则是受流线型风格的影响。

斯希布瓦特街低层住宅

卡尔·马克思－霍夫集体住宅

卡尔·马克思－霍夫集体住宅

这座集体住宅是一个包括图书馆、花园和休闲等日常服务性设施的综合性公寓建筑。建筑采用钢筋混凝土结构建成，所有设施和一千多套公寓都设置在一字排开的绵长墙式建筑中，整个建筑长达1公里。虽然建筑本身的形式并没有特别之处，但其庞大的规模却开创了现代建筑的先例。

第 21 号案例研究住宅

20 世纪中叶的美国正处于经济高度发展阶段，面对新时代的到来，民用住宅建筑也成为建筑业重要的组成部分，人们开始探索更加完美的住宅形式。建筑师库尼格（Pierre Koenig）继承了赖特早期草原式住宅，和欧洲现代建筑师辛德勒（Rudolph Schindler）单层滑动玻璃门窗建筑的建筑风格与特点，创造出一系列探索性的单层开放式住宅建筑，这些建筑主要运用钢铁架构和大面积落地门窗构成，有着水平延伸和开放式的空间，对现代住宅建筑的各种形式做了有益的尝试。

伊梅斯住宅

位于加利福尼亚州的这座住宅（No.8 Palisades）建于 1949 年，是由伊梅斯夫妇自己设计建造的。住宅主体使用了预制的钢架构拼装，再加以大片玻璃窗建成。室内的家具也由这对夫妇自己设计，都是极其简洁的形式，但却达到了室内外环境的高度融合。这座使用最普通的工业化产品创造出的建筑，也同样创造出温馨优美的住宅，由此也证明了现代建筑也并不一定代表着单调和冰冷。

第 21 号案例研究住宅

伊梅斯住宅

洛维住宅

这座位于沙漠边缘的建筑由建筑师福雷（Albert Frey）设计，他在建筑的一侧设计了细柱支撑并带有顶棚的围廊，既界定了建筑的范围，同时也巧妙地将内外部环境连为一体。在主体建筑上，建筑师也大胆地使用落地玻璃，并通过设置自然装饰物的方法与外部环境取得和谐的统一。

洛维住宅

参考文献

[1] 伦佐·罗西. 金字塔下的古埃及 [M]. 赵玲，赵青，译. 济南：明天出版社，2001.

[2] 西班牙派拉蒙出版社组织. 罗马建筑 [M]. 王洪勋，等译. 济南：山东美术出版社，2002.

[3] 罗格拉. 古罗马的兴衰 [M]. 宋杰，宋玮，译. 济南：明天出版社，2001.

[4] 陈志华. 外国古建筑二十讲 [M]. 北京：生活·读书·新知三联书店，2002.

[5] 陈志华. 外国建筑史 [M]. 北京：中国建筑工业出版社，1979.

[6] 王其钧. 永恒的辉煌：外国古代建筑史 [M]. 北京：中国建筑工业出版社，2005.

[7] 拉姆著. 西方人文史 [M]. 张月，王宪生，译. 天津：百花文艺出版社，2005.

[8] 纳特金斯. 建筑的故事 [M]. 杨惠君，等译. 上海：上海科学技术出版社，2001.

[9] 房龙. 房龙讲述建筑的故事 [M]. 谢伟，译. 成都：四川美术出版社，2003.

[10] 沃特金. 西方建筑史 [M]. 傅景川，等译. 长春：吉林人民出版社，2004.

[11] 建筑园林城市规划编委会. 中国大百科全书：建筑园林城市规划 [M]. 北京：中国大百科全书出版社，1988.

[12] 维特鲁威. 建筑十书 [M]. 高履泰，译. 北京：知识产权出版社，2001.

[13] 萨莫森. 建筑的古典语言 [M]. 张欣玮，译. 杭州：中国美术学院出版社，1994.

[14] 琼斯. 世界装饰经典图鉴 [M]. 梵非，译. 上海：上海人民美术出版社，2004.

[15] 王文卿. 西方古典柱式 [M]. 南京：东南大学出版社，1999.

[16] 罗小未，蔡琬英. 外国建筑历史图说 [M]. 上海：同济大学出版社，1988.

[17] 默里. 文艺复兴建筑 [M]. 王贵祥，译. 北京：中国建筑工业出版社，1999.

[18] 科尔. 世界建筑经典图鉴 [M]. 陈镌，等译. 上海：上海人民美术出版社，2003.

[19] 杜歇. 风格的特征 [M]. 司徒双，完永祥，译. 北京：生活·读书·新知三联书店，2004.

[20] 英国多林肯德斯林有限公司. 彩色图解百科（汉英对照）[M]. 邹映辉，等译. 北京：外文出版社，1997.

[21] 王天锡. 国外著名建筑师丛书：贝聿铭 [M]. 北京：中国建筑工业出版社，1990.

[22] 李大夏. 国外著名建筑师丛书：路易·康 [M]. 北京：中国建筑工业出版社，1993.

[23] 张钦哲，朱纯华. 国外著名建筑师丛书：菲利浦·约翰逊 [M]. 北京：中国建筑工业出版社，1990.

[24] 邱秀文，等. 国外著名建筑师丛书（第二辑）：矶崎新 [M]. 北京：中国建筑工业出版社，1990.

[25] 同济大学. 外国近现代建筑史 [M]. 北京：中国建筑工业出版社，2003.

[26] 王受之.世界现代建筑史 [M].北京：中国建筑工业出版社，2004.

[27] 吴焕加.20 世纪西方建筑名作 [M].郑州：河南科学技术出版社，1996.

[28] 吴焕加.现代西方建筑的故事 [M].天津：百花文艺出版社，2005.

[29] 傅朝卿.西洋建筑发展史话 [M].北京：中国建筑工业出版社，2005.

[30] 程世丹.现代世界百名建筑师作品 [M].天津：天津大学出版社，1993.

[31] 刘先觉.现代建筑理论 [M].北京：中国建筑工业出版社，2002.

[32] 诺夫里，达尔科.现代建筑 [M].刘先觉，等译.北京：中国建筑工业出版社，2000.

[33] 波利.福斯特：世界性的建筑 [M].刘亦昕，译.北京：中国建筑工业出版社，2004.

[34] 尼迈耶：巴西建筑大师 [M].张建华，译.沈阳：辽宁科学技术出版社，2005.

[35] 艾米利奥·匹兹.马里奥·博塔：巴西建筑大师 [M].陈丹.等译.沈阳：辽宁科学技术出版社，2005.

[36] 斯托勒.国外名建筑选析丛书：朗香教堂 [M].焦怡雪，译.北京：中国建筑工业出版社，2001.

[37] 斯托勒.国外名建筑选析丛书：环球航空公司候机楼 [M].赵新华，译.北京：中国建筑工业出版社，2001.

[38] 格兰锡.20 世纪建筑 [M].李洁修，段成功，译.北京：中国青年出版社，2002.

[39] 王其钧.古典建筑语言 [M].北京：机械工业出版社，2006.

[40] 亚伯克隆比.建筑的艺术观 [M].吴玉成，译.天津：天津大学出版社，2001.

[41] 薛恩伦，李道增.后现代主义建筑 20 讲 [M].上海：上海社会科学院出版社，2005.

[42] 吴焕加，刘先觉.现代主义建筑 20 讲 [M].上海：上海社会科学院出版社，2006.

[43] 米德尔顿，沃特金.新古典主义与 19 世纪建筑 [M].邹晓玲，向小林，等译.北京：中国建筑工业出版社，2000.

[44] 格罗德茨基.哥特建筑 [M].吕舟，洪勤，译.北京：中国建筑工业出版社，2000.

[45] 王瑞珠.世界建筑史：古埃及卷，上、下册 [M].北京：中国建筑工业出版社，2002.

[46] 王瑞珠.世界建筑史：西亚古代卷，上、下册 [M].北京：中国建筑工业出版社，2005.

[47] 王瑞珠.世界建筑史：古希腊卷，上、下册 [M].北京：中国建筑工业出版社，2003.

[48] Cyril M. Harris. Illustrated Dictionary Of Historic Architecture. Dover Publications, Inc., New York. Edited by Karen Vogel Nichols、Patrick J. Burke、Caroline Hancock.Michael Graves Buildings and Projects 1982—1989. Princeton Architectural Press.

[49] The way we build now form, Scale and Technique. Published by E & FN Spon, 1994.

[50] Arata Isozaki Architecture 1960—1990. Rizzoli International Publications, Inc, 1991.

索　引

C